普通高等教育"十一五"国家级规划教材

徐建华　施莹　主编

Linux操作系统与实训教程

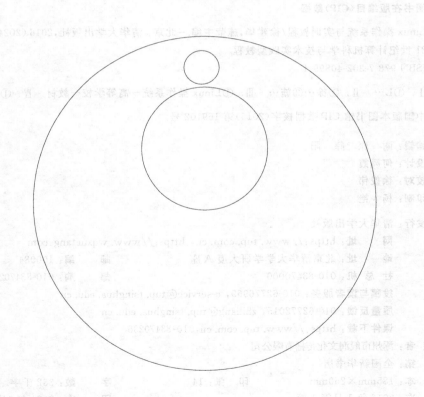

21世纪计算机科学与技术实践型教程

丛书主编　陈明

清华大学出版社
北京

内容简介

本书以目前被广泛应用的 CentOS 6.0 为平台，从实际应用角度全面介绍 Linux 网络操作系统管理和网络管理技术。在内容的选取、组织和编排上，强调先进性、实用性和技术性，淡化理论，突出实践，强调应用。全书共 13 章，其中第 1～5 章侧重于 Linux 系统使用与维护的讲解，第 6～12 章侧重于主要网络服务器技术的应用，最后一章简要介绍了 shell 编写知识。

本书由多年从事计算机网络系统管理教学工作、富有实际网络管理经验的多位教师编写而成，语言通俗易懂，内容丰富翔实，且源于作者的实际经验，可以帮助读者快速掌握实际应用中的各种经验和技巧。

本书既可作为应用型本科、高职高专院校职业教育和继续教育的教材，也可作为计算机专业技术人员的参考书籍。

图书在版编目(CIP)数据

Linux 操作系统与实训教程/徐建华，施莹主编. —北京：清华大学出版社，2016 (2024.7 重印)
21 世纪计算机科学与技术实践型教程
ISBN 978-7-302-40899-4

Ⅰ. ①L… Ⅱ. ①徐…②施… Ⅲ. ①Linux 操作系统—高等学校—教材 Ⅳ. ①TP316.89

中国版本图书馆 CIP 数据核字(2015)第 169102 号

责任编辑：谢 琛 薛 阳
封面设计：何凤霞
责任校对：徐俊伟
责任印制：杨 艳

出版发行：清华大学出版社
网　　址：https://www.tup.com.cn，https://www.wqxuetang.com
地　　址：北京清华大学学研大厦 A 座　　**邮　　编**：100084
社 总 机：010-83470000　　**邮　　购**：010-83470235
投稿与读者服务：010-62776969，c-service@tup.tsinghua.edu.cn
质量反馈：010-62772015，zhiliang@tup.tsinghua.edu.cn
课件下载：https://www.tup.com.cn，010-83470236
印 装 者：涿州市般润文化传播有限公司
经　　销：全国新华书店
开　　本：185mm×260mm　　**印　　张**：14　　**字　　数**：332 千字
版　　次：2016 年 1 月第 1 版　　**印　　次**：2024 年 7 月第 9 次印刷
印　　数：9001～9300
定　　价：39.00 元

产品编号：065761-02

《21世纪计算机科学与技术实践型教程》

序

21世纪影响世界的三大关键技术：以计算机和网络为代表的信息技术；以基因工程为代表的生命科学和生物技术；以纳米技术为代表的新型材料技术。信息技术居三大关键技术之首。国民经济的发展采取信息化带动现代化的方针，要求在所有领域中迅速推广信息技术，导致需要大量的计算机科学与技术领域的优秀人才。

计算机科学与技术的广泛应用是计算机学科发展的原动力，计算机科学是一门应用科学。因此，计算机学科的优秀人才不仅应具有坚实的科学理论基础，而且更重要的是能将理论与实践相结合，并具有解决实际问题的能力。培养计算机科学与技术的优秀人才是社会的需要、国民经济发展的需要。

制订科学的教学计划对于培养计算机科学与技术人才十分重要，而教材的选择是实施教学计划的一个重要组成部分，《21世纪计算机科学与技术实践型教程》主要考虑了下述两方面。

一方面，高等学校的计算机科学与技术专业的学生，在学习了基本的必修课和部分选修课程之后，立刻进行计算机应用系统的软件和硬件开发与应用尚存在一些困难，而《21世纪计算机科学与技术实践型教程》就是为了填补这部分空白。将理论与实际联系起来，使学生不仅学会了计算机科学理论，而且也学会了应用这些理论解决实际问题。

另一方面，计算机科学与技术专业的课程内容需要经过实践练习，才能深刻理解和掌握。因此，本套教材增强了实践性、应用性和可理解性，并在体例上做了改进——使用案例说明。

实践型教学占有重要的位置，不仅体现了理论和实践紧密结合的学科特征，而且对于提高学生的综合素质，培养学生的创新精神与实践能力有特殊的作用。因此，研究和撰写实践型教材是必需的，也是十分重要的任务。优秀的教材是保证高水平教学的重要因素，选择水平高、内容新、实践性强的教材可以促进课堂教学质量的快速提升。在教学中，应用实践型教材可以增强学生的认知能力、创新能力、实践能力以及团队协作和交流表达能力。

实践型教材应由教学经验丰富、实际应用经验丰富的教师撰写。此系列教材的作者不但从事多年的计算机教学，而且参加并完成了多项计算机类的科研项目，他们把积累的经验、知识、智慧、素质融于教材中，奉献给计算机科学与技术的教学。

我们在组织本系列教材过程中，虽然经过了详细的思考和讨论，但毕竟是初步的尝试，不完善甚至缺陷不可避免，敬请读者指正。

本系列教材主编　陈明

2005年1月于北京

前　　言

Linux 是一套免费使用和自由传播的类 UNIX 操作系统，用户可以无偿地得到它及其源代码，也可以无偿地获得大量的应用程序，并且可以任意地修改和补充它们。Linux 现已经广泛应用在一些关键的行业中，如政府、军队、金融、电信和证券等，随着 Linux 在各个行业的成功应用，企业对 Linux 人才的需求正持续升温。在 Linux 的应用开发、网络服务上，都急需大量的专业人才，这也是业界有识之士广泛关注的热点。

Linux 以它的高效性和灵活性著称，Linux 模块化的设计结构，使得它既能在价格昂贵的工作站上运行，也能够在廉价的 PC 上实现全部的 UNIX 特性，具有多任务、多用户的能力。Linux 是在 GNU 公共许可权限下免费获得的，是一个符合 POSIX 标准的操作系统。它能运行主要的 UNIX 工具软件、应用程序和网络协议，支持 32 位和 64 位硬件。Linux 继承了 UNIX 以网络为核心的设计思想，是一个性能稳定的多用户网络操作系统。

本书的实例是作者从实际工作中精选出来的，具有较强的应用性和示范作用。全部实例均在 CentOS 6.0 环境下测试通过，能够正常运行。建议在学习时采用 Windows 7＋VMware＋CentOS 6.0 环境，各个实例可结合知识点修改验证，以达到举一反三的目的。同时，书中所用语言浅显易懂，并辅以精选的配图，相信读者只要按照书中的步骤进行操作，一定能开发出预期的功能及效果。

本书实例丰富、可操作性强，既可作为应用型本科、高职高专院校职业教育和继续教育的教材，也可作为计算机专业技术人员的参考书籍。

为方便教学，本书配有电子课件，如有需要，可至清华大学出版社网站下载。

本书由正德职业技术学院的资深教师编写，编者多年从事计算机网络技术专业的教学工作，参与编写工作的教师有徐建华、施莹、张韬。同时感谢王珊珊、何光明所提供的帮助和支持。

在编写本书的过程中作者参考了许多书刊和文献资料，在实际操作方面也融入了作者的体会和经验。本书力求图文并茂，做到理论以够用为度，实用性为主，紧跟 Linux 网络操作系统技术的最新发展。但是，由于本书编写时间紧，且限于作者的学识水平，对书中的错误和失当之处，恳请读者给予批评指正。

编　者

2015 年 1 月

目　录

第 1 章 Linux 概述

1.1 操作系统引论

任何一个计算机系统，从 PC 到大型机都配置一种或多种操作系统。计算机用户大多具有使用操作系统的经验。用户启动计算机后，不管做什么，都是以操作系统为平台。不是直接面对操作系统，例如修改用户、磁盘分区等操作，就是面对在操作系统上运行的其他软件，例如听音乐、看电影等。

1.1.1 什么是操作系统

操作系统(Operating System)是用户和计算机之间的界面。一方面操作系统管理着所有计算机系统资源，另一方面操作系统为用户提供了一个抽象概念上的计算机使用界面。在操作系统的帮助下，用户使用计算机时，避免了对计算机系统硬件的直接操作。用户通过操作系统来使用计算机。

对计算机系统而言，操作系统是对所有系统资源进行管理的程序的集合；对用户而言，操作系统提供了对系统资源进行有效利用的简单而又有效的方法。

1.1.2 操作系统的功能与特征

1. 操作系统的功能

操作系统是计算机系统的资源管理者，负责合理管理各种资源、最大限度地实现各类资源的共享、提高资源利用率。操作系统具有 5 大功能。

(1) 处理器管理

处理器管理的关键是处理中断和进程管理。硬件只能发现中断，产生中断信号，但不能进行处理，只有操作系统才能对中断时间进行处理。进程管理主要处理 CPU 的调度、分配和回收，管理多道程序的并发执行。

(2) 存储管理

存储管理即内存管理，内存是存放正在运行的程序所需要的数据空间，容量有限。内存分配、保护、虚拟内存管理都属于存储管理。

(3) 设备管理

设备管理主要负责管理外部设备，完成用户的 I/O 请求。

(4) 文件管理

前面3点都是针对计算机的硬件资源管理,文件管理则是针对系统中的信息资源的管理。计算机用户都是把程序和数据以文件形式存放在硬盘上,这些文件如果不能采取良好的管理方式,就会导致混乱和破坏。文件管理负责硬盘上文件的组织和管理,包括信息的共享和保护。

(5) 用户接口

操作系统是用户与计算机之间的接口。不同的使用者,对操作系统的理解是不一样的。对于一个普通用户来说,一个操作系统就是能够运行自己应用软件的平台,为了给用户使用计算机提供一个良好的界面,使用户无需了解许多有关硬件和系统软件的细节,就能方便灵活地使用计算机。对于一个软件开发人员来说,操作系统提供一系列的功能、接口等工具,是可用来编写和调试程序的"裸机"。

对系统管理员而言,操作系统则是一个资源管理者,包括对使用者的管理、CPU和存储器等计算机资源的管理、打印机扫描仪等外部设备的管理,为了合理地组织计算机工作流程,管理和分配计算机系统硬件及软件资源,使之能为多个用户共享,对于网络用户,操作系统应能够提供资源的共享、数据的传输,同时操作系统能够提供对资源的排他、安全访问。

想发挥计算机的作用,操作系统仅仅是搭了一个戏台,真正实现特定功能和达到用户使用目的的是各种应用程序。

2. 操作系统的特点

(1) 并发性

计算机系统中存在若干个运行的程序,从宏观上看,这些程序在同时向前推进。注意并行性和并发性这两个概念的区别:并行性是指两个或多个事件在同一时刻发生(微观概念),而并发性是指两个或多个事件在同一时间的间隔内发生(宏观概念)。硬件之间的并行操作是一个微观概念,例如,当I/O设备在进行I/O操作时,CPU可以进行计算工作,而程序之间的并发执行则是一个宏观概念,一段时间内有多道程序在同时运行,而从微观上看,任意时刻只能有一道程序真正在CPU上执行。宏观上多道程序在并发运行,在微观上这些程序是交替执行的。

(2) 共享性

操作系统程序与多个用户程序共用系统中的各种资源,例如中央处理器、内外存储器、外部设备等。共享有两种形式,即互斥共享和同时共享。互斥共享包括一些特定的资源,虽然可以供多用户使用,但是每次只能供某一个用户程序使用,其他请求只能等待,例如打印设备。同时共享是指在同一时间内可以被多个程序同时访问,例如内存。微观上程序访问可能还是根据时间片分时交替进行。

共享性和并发性互为依存,一方面,资源的共享是因为程序的并发执行而引起的,若系统不允许程序并发执行,自然也就不存在资源共享问题。另一方面,若系统不能对资源共享实施有效管理,必然会影响到程序的并发执行。

(3) 随机性

操作系统是在随机的环境下运行的,这种随机环境的含义是:操作系统不可能对所运行的程序的行为以及硬件设备的情况做任何事先的假定。操作员发出命令或按按钮的时刻是随机的，各种硬件软件中断事件发生的时刻也是随机的。

(4) 虚拟性

虚拟性是操作系统中的重要特性，虚拟是指把物理上的一个实体变为逻辑上的多个对应物。例如，在操作系统中的分时技术、虚拟内存等应用。

1.2 Linux简介

1.2.1 Linux的历史与发展

任何一门知识都是先研究它的历史开始的，因为任何一门知识都不是一下子出现和成熟起来的，研究过去，是为了更了解现在。为什么说Linux是一套很稳定的操作系统呢？这是因为，Linux有个老前辈，那就是UNIX家族。有这个前辈的提携，让Linux很快成为一套稳定而优良的操作系统。所以，从UNIX到Linux的这一段历史非常关键。

1. UNIX的历史

UNIX操作系统的历史漫长而曲折，它的第一个版本是1969年由AT&T贝尔实验室的计算器科学研究中心(Computing Science Research Center)成员Ken Thompson实现的，运行在一台DEC PDP-7计算机上。这个系统非常粗糙，与现代UNIX相差很远，它只具有操作系统最基本的一些特性。后来Ken Thompson和Dennis Ritchie使用C语言对整个系统进行了再加工和编写，使得UNIX能够很容易地移植到其他的计算机(PDP-11)上。从那以后，UNIX系统开始了令人瞩目的发展。

(1) 一个游戏的开始

当时的Ken Thompson忙着使用Fortran语言将原本在一套失败的系统Multics中开发的游戏Space Travel(太空旅游)转移到大型计算机上。大型计算机的运算代价相当昂贵，于是Ken Thompson不得不寻找替代的开发环境。Thompson看上了一台很少被人使用的Digital Equipment Corporation PDP-7迷你计算机，当时PDP-7具有不错的图形处理能力。于是Ken Thompson便与Dennis Ritchie联手将程序设计转移到PDP-7型计算机上。Ken Thompson在移转工作环境的同时为了得到较好的发展环境，便与Dennis Ritchie共同动手设计了一套包含文件系统、进程子系统的操作系统，当时这套系统仅能支持两个用户。由于贝尔实验室对于Multics计划失败的阴霾还未消散，这位仁兄开玩笑地戏称这套新的操作系统为UNiplexed Information and Computing System，缩写为UNICS，之后大家取谐音便叫它为UNIX，没想到这个开玩笑的名字会被人叫到今天。

(2) 初期的自由发展

1973年，Ken Thompson和Dennis Ritchie成功地利用C语言重写了UNIX核心。至此UNIX在修改上更为便利，硬件的可移植性也较高，种种优点奠定了UNIX普及化的基础。

事实上该套UNIX系统在当时仅是私下被使用，也并没有得到多大的重视，玩家尽是一些工程师们，于是也种下了UNIX日后较难以被一般人所接受的命运。

(3) 走出贝尔实验室

由于此时AT&T贝尔实验室还没有把UNIX作为它的正式商品，因此研究人员只是在实验室内部使用并完善它。UNIX提供的强大功能更胜过当时昂贵的大型计算机的操作系统，其最大特点是以高级语言写成，仅需要做小部分程序的修改便可移植到不同的计算机平台上。正是由于UNIX被作为研究项目，其他科研机构和大学的计算机研究人员也希望能得到这个系统，以便进行自己的研究。AT&T便以分发许可证的方法，对UNIX仅收取很少的费用，大学和研究机构获得了UNIX的源代码以进行研究。UNIX的源代码被散发到各个大学，一方面使得科研人员能够根据需要改进系统，或者将其移植到其他的硬件环境中去，另一方面培养了懂得UNIX使用和编程的大量学生，这使得UNIX的普及更为广泛。

之后，UNIX开始走出学术界的象牙塔，通过授权(License)的方式进入商业市场。由于操作系统的开发相当困难，只有少数的计算机厂商，如IBM、Digital等大型公司，才拥有自己的操作系统，而其他众多生产计算机的硬件厂商则采用别人开发的操作系统。UNIX不需要太多的花费，因此很多厂商就选择了UNIX作为他们生产的计算机使用的操作系统。他们把UNIX移植到自己的硬件环境下，而不必从头开发一个操作系统。

(4) 一个重要的延续及发展——BSD UNIX

20世纪70年代末，在UNIX发展到了版本6之后，AT&T认识到了UNIX的价值，成立了UNIX系统实验室来继续发展UNIX。因此AT&T一方面继续发展内部使用的UNIX版本7，一方面由UNIX系统实验室开发对外正式发行的UNIX版本，同时AT&T也宣布对UNIX产品拥有所有权。几乎在同时，加州大学伯克利分校计算机系统研究小组(CSRG)使用UNIX对操作系统进行研究，他们对UNIX的改进相当多，增加了很多当时非常先进的特性，包括更好的内存管理、快速且健壮的文件系统等，大部分原有的源代码都被重新写过以支持这些新特性。很多其他UNIX使用者，包括其他大学和商业机构，都希望能得到CSRG改进的UNIX系统。因此CSRG中的研究人员把他们的UNIX组成一个完整的UNIX系统——BSD UNIX(Berkeley Software Distribution UNIX)向外发行。

而AT&T的UNIX系统实验室，同时也在不断改进他们的商用UNIX版本，直到他们吸收了BSD UNIX中已有的各种先进特性，并结合其本身的特点，推出了UNIX System V版本之后，情况才有了改变。从此以后，BSD UNIX和UNIX System V形成了当今UNIX的两大主流，现代的UNIX版本大部分都是这两个版本的衍生产品。

(5) 让UNIX自由

自从UNIX走出贝尔实验室后，研究机构与学术界就扮演了继承与发展的双重角色。在1979年到1984年这段期间，UNIX的拥有者AT&T，对于学术界的授权政策尚可用“大方”来形容，同时也对学术界做某种程度的资助与合作。当时的学术界，得助于AT&T的大方授权与分享程序源代码，研习UNIX这个分时操作系统开始在学术界蔚为一股风气，甚至可以说是一种潮流或一种流行。其中，像伯克利BSD对UNIX的贡献，就是一个公开的事实。但早期的BSD使用者，是必须向AT&T支付授权金的。这点，从产业界资助学术界的角度来看是一点也不值得惊讶的。因为资金的援助为的就是取得其成果。所以当时基于AT&T源代码所发展的成果，均归属AT&T所有，也就是说AT&T掌控了UNIX的所有权。到了1984年以后，AT&T开始更积极地保护UNIX的源代码，AT&T甚至还要求各大学的使用人员签订保密条约，想藉此防堵UNIX的源代码从学术单位流出，以影响到其商业利益。

虽然AT&T的UNIX System V也是非常优秀的UNIX版本，但是BSD UNIX在UNIX领域内的影响更大。AT&T的UNIX系统实验室一直关注着BSD的发展，在1992年，UNIX系统实验室指控一家发行商业BSD UNIX的公司，违反了AT&T的许可权，发布自己的UNIX版本，并进一步指控伯克利计算机系统研究组泄漏了UNIX的商业机密，但此时的4.3 BSD中来自AT&T UNIX的代码已经不足10%。这个官司影响了很多UNIX厂商，使他们不得不从BSD UNIX转向UNIX System V以避免法律问题，以至于当今大多数商业UNIX版本都是基于UNIX System V的。

这件有关UNIX版权的案子直到UNIX系统实验室被AT&T以8千万美金卖给了Novell公司后才得以解决，Novell不打算陷入这样的法律纷争中，因此就采用了比较友好的做法。伯克利的CSRG被允许自由发布BSD，但是其中来自于AT&T的代码必须完全删除。因此CSRG就对他们最新的4.4 BSD进行了修改，删除了那些来自于AT&T的源代码，发布了4.4 BSD Lite版本。由于这个版本不存在法律问题，4.4 BSD Lite成为了现代BSD系统的基础版本。

回顾UNIX的发展，可以注意到UNIX与其他商业操作系统的不同之处主要在于其开放性。在系统开始设计时就考虑了各种不同使用者的需要，因而UNIX被设计为具备很大可扩展性的系统。由于它的源码被分发给大学，从而在教育界和学术界影响很大，进而影响到商业领域。大学生和研究者为了科研目的或个人兴趣在UNIX上进行各种开发，并且不计较金钱利益，将这些源码公开，互相共享，这些行为极大丰富了UNIX本身。很多计算机领域的科学家和技术人员遵循这些方式，开发了数以千计的自由软件，包括FreeBSD在内。正因为如此，当今的Internet才如此丰富多彩，与其他商业网络不同，才能成为真正的全球网络。开放是UNIX的灵魂，也是Internet的灵魂。

2. GUN的发展

UNIX在商业上的问题让许多UNIX喜好者感到相当的忧心，其中一个就是有名的Richard M. Stallman先生。他认为，UNIX是一个相当好的操作系统，在这个系统上，如果大家能够将自己所学的贡献出来，那么这个系统将会更加优异。Stallman先生认为最大的快乐就是让自己开发的良好的软件让大家来使用。由于每个人的工作环境、软硬件平台可能都不太相同，所以，他强调应该要有开源(Open Source)的概念。他认为，有了开源(Open Source)之后，程序员的程序将有更多的人可以帮忙检验。为了自己的理想，Stallman在1984年实际创立了GNU与自由软件基金会(Free Software Foundation，FSF)，并创作了许多“自由软件”供大众来使用，此外，对于其作品以自由的GNU General Public License(GPL)的授权模式提供大众使用。

GNU程序计划开发出不少惊人的软件，尤其是GCC。GCC是GNU的C语言编译器(GUN C Compiler,GCC)。GCC 语言编译器对推广 GNU 计划,着实有莫大的帮助。

GNU 对于后来的 Linux 有相当深远的影响,由于 Stallman 先生在 GNU 这个计划中,主力推出各种方便而优异的工具软件,例如广为大家所知的 Emacs 文本编辑器、GCC、BASH……然而没有操作系统平台怎么使用这些软件呢？由于他倡导的自由软件,让开发人员能很快地接触源代码来发展软件,这就是后来的 Linux 的故事。

3. Linux 的由来

由于版权问题,UNIX 的源代码不再适用于教学,1987 年出现了 MINIX 作为教学的工具。MINIX 的意思为 mini-UNIX,它是一个简化的操作系统,适合入门者学习。因为简单,开始时它获得众人的青睐,但好景不长,主要还是因为过于简单的设计反而不切实用。

1991 年,芬兰郝尔辛基大学年仅 25 岁的学生 Linus Torvalds 做了件不寻常的事情。由于在使用 MINIX 时对其提供的功能不甚满意,他开始自行开发操作系统。

Linus 手边有 MINIX 系统,此外,当时又正好买了一部 386 的计算机,所以他就想,可不可以将 MINIX 移植到个人计算机(X86 架构)上来使用呢？好在由于 Stallman 提倡的开源风气,他得以接触到一些源代码,并很仔细地读取 MINIX 的核心,去除较为繁复的核心程序,将它改写成可以适用于一般个人计算机的 X86 系统上面。

之后,Linus Torvalds 利用 BBS 对全世界的 MINIX 使用者发布一篇帖子,大意是声明自己正在发展一套"免费"的操作系统,专供 386 或 486 AT 兼容计算机使用,希望贡献给所有 MINIX 的爱好者,并强调这套系统虽然有一点像 MINIX,但是完全没有使用 MINIX 的源代码,所以没有版权上的问题。这就是 Linux 的开端——kernel 0.01。

到了 1991 年,他终于将 0.02 版的 hobby 版本放到网络 BBS 上面供大家下载,并且由于 hobby 受到大家的肯定,相当多的网络爱好者一起投入这个工作中。终于到了 1994 年将第一个完整的核心 Version 1.0 发布,并且造成目前的大流行。

Linux 内核的发展是由"虚拟团队"所达成的,开发成员都是通过网络取得 Linux 的核心源代码,经由自己精心改造后再回传给 Linux 社区,进而一步一步地发展成完整的 Linux 系统,至于 Linus Torvalds,是这个社区中的发起者。由于群策群力的缘故,Linus Torvalds 将 Linux 定为同样造福大家的 GNU 授权模式。

早期的 UNIX 并不支持 X86 的个人计算机架构,一直到了 1991 年在 BBS 上 Linus Torvalds 贴了个小布告之后,才有了重大的转变。

当初他所发表的这个最新的系统核心就被称为 Linus's UNIX,简称为 Linux。当然,由于这个核心很像当时的 UNIX 系统,因此也称为类 UNIX 系统。如图 1-1 所示为整个 UNIX 操作系统家族历史演化简图。

1.2.2 Linux 的特点

首先,Linux 作为自由软件有两个特点：一是它免费提供源代码,二是爱好者可以按照自己的需要自由修改、复制和发布程序的源码,并公布在 Internet 上。这就吸引了世界各地的操作系统高手为 Linux 编写各种各样的驱动程序和应用软件,使得 Linux 不仅只

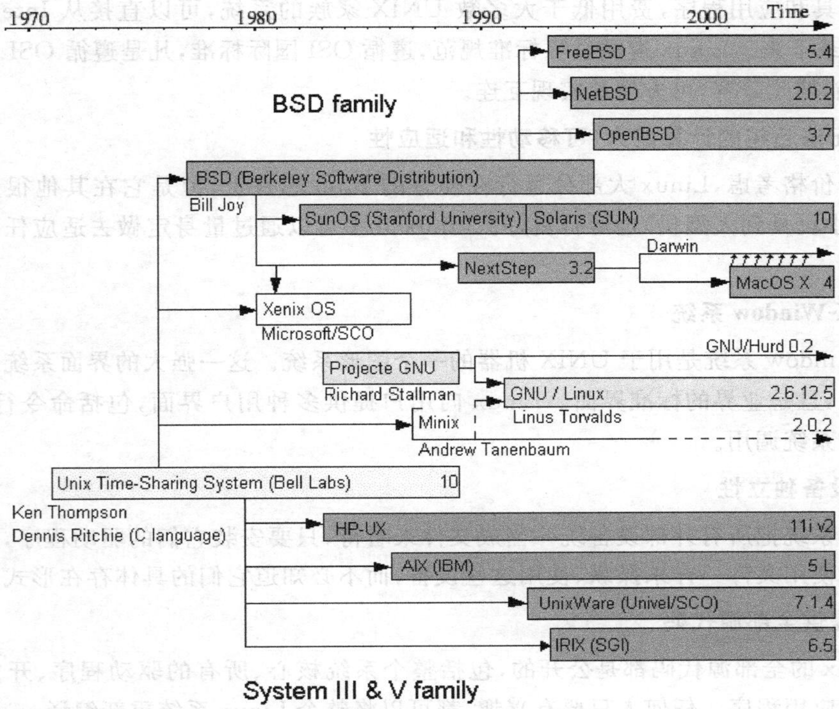

图 1-1 UNIX 家族历史演化简图

是一个内核，而是一个包括系统管理工具、完整的开发环境、开发工具及应用软件在内的操作系统，用户可以非常方便地获得它。另一方面，由于可以得到 Linux 的源代码，所以操作系统的内部逻辑可见，这样就可以准确地查明故障原因，及时采取相应对策，在必要的情况下，用户还可以随时为 Linux 打“补丁”，并根据操作系统的特点构建安全保障系统。

其次，究其根本，Linux 是 UNIX 系统的变种，因此也就具有 UNIX 系统的一系列优良特性，UNIX 上的应用程序可以很方便地移植到 Linux 平台上，这使得 UNIX 用户很容易掌握 Linux。Linux 的主要特点体现在以下几个方面。

1. 一个新潮的、非常稳定的、多用户、多任务的环境

Linux 基于非昂贵硬件，而且软件是免费的，或者近于免费，它是一个功能齐全而且强健的平台。不要错认为它是一个“穷人”才用的操作系统。Linux 免费且更稳定，运行相似的任务比 Windows 要求更少的硬件资源。

只有很少一些操作系统能提供真正的多任务能力，尽管许多操作系统声称支持多任务，但并不完全准确，如 Windows。而 Linux 则充分利用了 X86 CPU 的任务切换机制，实现了真正的多任务、多用户环境，允许多个用户同时执行不同的程序，并且可以给紧急任务以较高的优先级。

2. 标准的平台

Linux 非常标准，它基本上是一个 UNIX 系统的衍生品。Linux 包含了所有标准的

UNIX 工具和应用程序，费用低于大多数 UNIX 家族的系统，可以直接从 Internet 上把 Linux 下载下来。Linux 遵循世界标准规范，遵循 OSI 国际标准，凡是遵循 OSI 的硬件和软件，都能彼此兼容，可方便地实现互连。

3. 无法超越的计算能力、可移动性和适应性

出于价格考虑，Linux 大部分运行在便宜的 Intel 芯片上，但是它在其他很多硬件平台上(从小玩具到大型机)也运行良好。Linux 几乎可以通过量身定做去适应任何计算任务的需要。

4. X-Window 系统

X-Window 系统是用于 UNIX 机器的一个图形系统。这一强大的界面系统支持许多应用程序，且是业界的标准界面。Linux 向用户提供多种用户界面，包括命令行界面、图形界面和系统调用。

5. 设备独立性

操作系统把所有外部设备统一当成文件来看待，只要安装它们的驱动程序，任何用户都可以像使用文件一样来操纵、使用这些设备，而不必知道它们的具体存在形式。

6. 提供全部源代码

Linux 的全部源代码都是公开的，包括整个系统核心、所有的驱动程序、开发工具以及所有的应用程序。任何人只要有兴趣，都可以将整个 Linux 系统重新编译一遍，就像一个透明的发动机。

7. 具有强大的网络功能

实际上，Linux 就是依靠 Internet 才迅速发展起来的，因此 Linux 具有强大的网络功能也就不足为奇了。它可以轻松地与 TCP/IP、LANManager、Windows for Workgroups、Novell Netware 或 Windows NT 网络集成在一起，还可以通过以太网或调制解调器连接到 Internet 上。Linux 不仅能够作为网络工作站使用，更可以充当各类服务器，如 Web 服务器、X 应用服务器、文件服务器、打印服务器、邮件服务器、新闻服务器等。

1.2.3 Linux 的各种发布版本

虽然 Linux 是免费并开放源码的软件，可以自己下载单个的内核包，并对这些包进行编译。但如果真的通过自己编译内核来运行 Linux 的话，那就相当于自虐。大多数人是使用厂家打了包的发行版本来获得 Linux，可以花钱买 CD，或者下载 ISO 镜像文件。购买发行版本快速、容易，并解决了许多硬件和软件依赖问题，购买 CD 还能得到各种技术文档和一定程度上的技术支持。

经常有人将 Linux 和 Linux 的发行版本混为一谈，其实这是两个完全不同的概念。从本质上看，Linux 只是操作系统的内核，负责的是硬件控制、文件管理、任务调度等底层工作。Linux 本身并不负责向用户提供各种应用软件，如系统管理工具、网络工具、多媒体工具、办公套件、图形处理软件等。

那 Linux 不就是一个空架子吗？什么实际的事情也做不了，那用它做什么呢？的确，

Linux 操作系统再优秀，如果没有功能强大的应用程序可以使用，也无法发挥出它的作用，也就没办法用 Linux 来工作了。这就是 Linux 完全开放的原因，任何公司和组织都可以提供 Linux 技术支持和服务，开发各种应用于 Linux 的应用软件，从而使得 Linux 在各个领域得到广泛应用。

1. Linux 的内核版本

Linux 是一套免费软件，没有一个特定组织或团体垄断该软件的发行，只要遵守 GPL 原则，任何人都可以自由组装并发行一套自己的 Linux 软件。目前存在多种 Linux 发行版本，它们是由不同的 Linux 厂家为不同的目标组合而成的。Linux 的版本号又分两部分，即内核版本和发行版本。内核版本指的是在 Linus 领导下的开发小组开发出的系统内核的版本号，发行版本则由推出该版本的厂家决定。

Linux 内核目前的开发模式是 Linus Torvalds 制作的新版本的发布，也被称为 vanilla 或 mainline 的内核，这意味着它们包含了主要的、通用的开发分支。在 Linus Torvalds 进行初始一轮集成，几个回合的 Bug 修正预发布版的主要变化之后，这个分支大约每三个月正式发布一个新的版本。

Linux 内核有三个不同的命名方案。

(1) 早期版本

第一个版本的内核是 0.01。其次是 0.02，0.03，0.10，0.11，0.12(第一 GPL 版本)，0.95，0.96，0.97，0.98，0.99 及 1.0。从 0.95 版开始有许多的补丁发布于主要版本之间。

(2) 旧计划(1.0 和 2.6 版之间)

此时期的内核版本的序号由三部分数字构成，形式为“主版本号.次版本号.修订次数”，版本号为 A.B.C，其中 A、B、C 分别代表的意义如下。

① A：大幅度转变的内核。它很少发生变化，只有发生代码和核心的重大变化时才会发生。在历史上曾改变两次，包括 1994 年的 1.0 及 1996 年的 2.0。

② B：是指一些重大修改的内核。根据约定，次版本号为奇数时，表示该版本加入了新内容，但不一定很稳定，相当于测试版或实验版；次版本号为偶数时，表示这是一个可以使用的稳定版本(产品版)。

③ C：是指轻微修订的内核。当有安全补丁、Bug 修复、新的功能或驱动程序时，这个数字便会有变化。

(3) 目前版本

自 2.6.0(2003 年 12 月)发布后，人们认识到，更短的发布周期是有益的。自那时起，版本的格式为 A.B.C.D，其中 A、B、C、D 的意义如下。

① A 和 B 是无关紧要的；

② C 是内核的版本；

③ D 是安全补丁。

自 3.0(2011 年 7 月)发布后，版本的格式为 3.A.B，其中 A、B 的意义如下。

① A 是内核的版本；

② B 是安全补丁。

Linux 的测试版和稳定版是相互关联的，测试版最初是稳定版的备份，然后稳定版只修改错误，测试版继续增加新功能，当测试版测试稳定后拷贝成新的稳定版，如此不断循环。这样既能让用户用上稳定的 Linux 版本，又能方便软件人员开发测试版本，做到开发和使用两不误。

截至目前为止（2015 年 1 月），Linux 内核最新的稳定版本为 2015 年 1 月 16 日发布的 3.18.3，有关内核版本信息及下载，可访问 https://www.kernel.org/获取更多信息。

2. Linux 的发行版本

正如之前所说的，Linux 只是一个内核。然而，一个完整的操作系统不仅仅是内核而已。所以，许多个人、组织和企业开发了基于 GNU/Linux 的 Linux 发行版。这其中最著名的便是 Red Hat 公司的 Red Hat 系列以及社区（Community）组织的 Debian 系列。

下面简单地介绍一下目前比较著名、流行的 Linux 发行版本。由于不同发行版数量众多，因此在这里按照其包格式对其归类。

(1) 基于 RPM 包

① Red Hat

国内，乃至是全世界的 Linux 用户最熟悉、最耳熟能详的发行版想必就是 Red Hat 了。Red Hat 最早在 1995 年创建，而公司在最近几年才开始真正步入盈利时代，归功于收费的 Red Hat Enterprise Linux（RHEL，Red Hat 的企业版）。而正统的 Red Hat 版本早已停止技术支持，最后一版是 Red Hat 9.0。于是，目前 Red Hat 分为两个系列：由 Red Hat 公司提供收费技术支持和更新的 Red Hat Enterprise Linux，以及由社区开发的免费的 Fedora Core。

Fedora Core 1 发布于 2003 年年末，而 Fedora Core 的定位便是桌面用户。Fedora Core 提供了最新的软件包，同时，它的版本更新周期也非常短，仅 6 个月。目前最新版本为 FC10。这也是为什么服务器上一般不推荐采用 Fedora Core。Fedora Core 最初就是在 Red Hat Linux 9 的基础上开发的，所以 Fedora Core 本身是百分之百的开放源代码。由此看来，Fedora 也可以算作是 Red Hat Linux 的第二品牌。Red Hat 公司放弃了桌面 Linux，这确实让人有点灰心。不过摆脱了商业利益的 Fedora Project，也许更能贴近用户。

适用于服务器的版本是 Red Hat Enterprise Linux，而由于这是个收费的操作系统，国内外许多企业或空间商选择 CentOS。CentOS 可以算是 RHEL 的克隆版，但它最大的好处是免费。Red Hat Enterprise Linux 针对商用计算机，拥有同等或超越私有系统的功能。用户能利用 Red Hat Enterprise Linux 来建立一个可靠、安全及高效率的平台。它包含三个商业版本，是 Linux AS（Advanced Server）、Linux ES（Entry Server）及 Linux WS（Workstation Server），分别适用于不同的商业需求。无论在三个版本内选购任何一个版本，Red Hat Enterprise Linux 都会提供一个统一的程序管理用户环境。Red Hat Enterprise Linux 是企业机构的 Linux 标准，在全球最大的商业、政府及教育机构已经被启用。

优点：拥有数量庞大的用户，优秀的社区技术支持，许多创新。

缺点：免费版（Fedora Core）版本生命周期太短，多媒体支持不佳。

软件包管理系统：up2date（RPM），YUM（RPM）。

是否免费下载：取决于版本。

官方主页：http://www.redhat.com/。

② CentOS

作为2003年底才正式诞生的发行版，CentOS是一个旨在对Red Hat Enterprise Linux（简称RHEL）源代码进行重建，从而使其转化为可安装Linux版本的项目。由于出自同样的源代码，因此有些要求高度稳定性的服务器使用CentOS替代商业版的Red Hat Enterprise Linux，两者的不同在于CentOS并不包含封闭源代码软件。

作为一个团体，CentOS是一个开源软件贡献者和用户的社区。典型的CentOS用户包括这样一些组织和个人，他们并不需要专门的商业支持就能开展成功的业务。

CentOS是RHEL源代码再编译的产物，而且在RHEL的基础上修正了不少已知的Bug，相对于其他Linux发行版，其稳定性值得信赖。

CentOS在2014年初，宣布加入Red Hat，并继续不收费。

优点：经过非常严格的测试，具备极高的稳定性与可靠性，免费下载及使用，长达5年的免费安全更新周期。

缺点：缺乏最新Linux技术，项目偶尔无法实现提供定期安全更新及稳定发布的承诺。

软件包管理系统：使用RPM软件包的YUM图形化与命令行工具。

是否免费下载：是。

官方主页：http://www.centos.org/。

③ SUSE

SUSE是德国最著名的Linux发行版，在全世界范围也享有较高的声誉。SUSE自主开发的软件包管理系统YaST也大受好评。SUSE于2003年末被Novell收购。

SUSE之后的发布显得比较混乱，例如9.0版本是收费的，而10.0版本也许由于各种压力又免费发布。这使得一部分用户感到困惑，转而使用其他发行版本。但是，瑕不掩瑜，SUSE仍然是一个非常专业、优秀的发行版。

优点：专业，易用的YaST软件包管理系统。

缺点：FTP发布通常要比零售版晚1～3个月。

软件包管理系统：YaST（RPM）。

是否免费下载：取决于版本。

官方主页：http://www.suse.com/。

(2) 基于deb包

① Debian GNU/Linux

Debian最早由Ian Murdock于1993年创建，可以算是迄今为止，最遵循GNU规范的Linux系统。Debian系统分为三个版本分支（branch），即stable、testing和unstable。截至2005年5月，这三个版本分支分别对应的具体版本为Woody、Sarge和Sid。其中，unstable为最新的测试版本，包括最新的软件包，但是也有相对较多的Bug，适合桌面用户。testing的版本都经过unstable中的测试，相对较为稳定，也支持不少新技术（例如SMP等）。而Woody一般只用于服务器，上面的软件包大部分都有些过时，但是稳定性和安全性都非常高。

为何有如此多的用户痴迷于 Debian 呢？apt－get 及 dpkg 是原因之一。dpkg 是 Debian 系列特有的软件包管理工具，它被誉为最强大的 Linux 软件包管理工具。配合 apt-get，在 Debian 上安装、升级、删除和管理软件变得异常容易。许多 Debian 的用户都开玩笑地说，Debian 将他们养懒了，因为只要简单地敲一下“apt-get upgrade && apt-get update”，机器上所有的软件就会自动更新了。

优点：遵循 GNU 规范，100%免费，优秀的网络和社区资源，强大的 apt-get。

缺点：安装相对不易，stable 分支的软件极度过时。

软件包管理系统：APT (DEB)。

是否免费下载：是。

官方主页：http://www.debian.org/。

② Ubuntu

Ubuntu 就是一个拥有 Debian 所有的优点以及自己所加强的优点的近乎完美的 Linux 操作系统。也许，从前人们会认为 Linux 难以安装、难以使用，但是，Ubuntu 出现后，这些都成为了历史。Ubuntu 基于 Debian Sid，所以 Ubuntu 拥有 Debian 的所有优点，包括 apt-get。然而，不仅如此，Ubuntu 默认采用的 GNOME 桌面系统也将 Ubuntu 的界面装饰得简易而不失华丽。当然，Kubuntu 同样适合 KDE 的拥护者。

Ubuntu 的安装非常人性化，只要按照提示一步一步进行，安装和 Windows 同样简便。并且，Ubuntu 被誉为对硬件支持最好最全面的 Linux 发行版之一，许多在其他发行版上无法使用，或者默认配置时无法使用的硬件，在 Ubuntu 上都能轻松搞定。并且，Ubuntu 采用自行加强的内核(Kernel)，安全性方面更上一层楼。并且，Ubuntu 默认不能直接 root 登录，必须由第一个创建的用户通过 su 或 sudo 来获取 root 权限。这也许不太方便，但无疑增加了安全性，避免用户由于粗心而损坏系统。Ubuntu 的版本周期为 6 个月，弥补了 Debian 更新缓慢的不足。

优点：人气颇高的论坛提供优秀的资源和技术支持，固定的版本更新周期和技术支持，可从 Debian Woody 直接升级。

缺点：还未建立成熟的商业模式。

软件包管理系统：APT (DEB)。

是否免费下载：是。

官方主页：http://www.ubuntulinux.org/。

(3) 其他

① Mint

Linux Mint 是一份基于 Ubuntu 的发行，其目标是提供一份更完整意义上的即刻可用的体验，而这通过包含浏览器插件、多媒体编码解码器、DVD 播放支持、Java 及其他组件来实现。它也增加了一套定制桌面及各种菜单、一些独特的配置工具，以及一份基于 Web 的软件包安装界面。Linux Mint 兼容 Ubuntu 软件仓库。

② PCLinuxOS

PCLinuxOS 是一份纯英文的自启动运行光盘，它最初基于 Mandrake Linux。

PCLinuxOS 完全从一张可启动光盘运行，光盘上的数据实时地解压缩，从而使得这一张光盘上集成的应用程序多达 2GB。

③ Deepin

Deepin 是中国最活跃的 Linux 发行版，由武汉深之度科技有限公司开发。Deepin 的历史可以追溯到 2004 年，其前身 Hiweed Linux 是中国第一个基于 Debian 的本地化衍生版，并提供轻量级的可用 LiveCD，旨在创造一个全新的简单、易用、美观的 Linux 操作系统。

Deepin 拥有自主设计的特色软件，包括深度软件中心、深度截图、深度音乐播放器和深度影音，全部使用自主的 DeepinUI，其中有深度桌面环境、Deepin Talk(深谈)等。

1.2.4 Linux 的应用领域

Linux 从诞生到现在，已经在各个领域得到了广泛应用，显示了强大的生命力，并且其应用正日益扩大。Linux 广泛用于各类计算应用，不仅包括 IBM 的微型 Linux 腕表、手持设备(智能电话与平板)、因特网装置、瘦客户机、防火墙、工业机器人和电话基础设施设备，甚至还包括了基于集群的超级计算机。下面列举其主要应用领域。

(1) 教育领域：设计先进和公开源代码这两大特性使 Linux 成为了操作系统课程的好教材。

(2) 网络服务器领域：稳定、健壮、系统要求低、网络功能强使 Linux 成为现在 Internet 服务器操作系统的首选，现已达到了服务器操作系统市场三分之一的占有率。

(3) 企业 Intranet：利用 Linux 系统可以使企业用低廉的投入架设 E-mail 服务器、WWW 服务器、代理服务器、透明网关、路由器。

(4) 视频制作领域：Linux 在电影业中的应用，早就已经不再是什么新闻。事实上，现在绝大部分知名的电影工作室都依靠 Linux 来完成主要的动画和特效制作工作。许多耳熟能详的经典大片，例如《指环王》、《星球大战》、《哈利波特》及《阿凡达》等大制作影片，都是使用 Linux 制作的。Linux 不仅仅作为渲染平台服务器，更成为了顶级工作室中艺术家们的桌面平台。

(5) 桌面应用：新版本的 Linux 系统特别在桌面应用方面进行了改进，达到相当的水平，完全可以作为一种集办公应用、多媒体应用、网络应用等多方面功能于一体的图形界面操作系统。

(6) 嵌入式 Linux 系统：Linux 也在嵌入式市场上拥有优势，低成本的特性使 Linux 深受用户欢迎。在嵌入式应用的领域里，从因特网设备到专用的控制系统，Linux 操作系统的前景都很光明。所有新造的微型计算机芯片中大约有 95%都是用于嵌入式应用的。由于 Linux 功能强大、可靠、灵活而且具有伸缩性，再加上它支持大量的微处理器体系结构、硬件设备、图形支持和通信协议，这些都使得它作为许多方案和产品的软件平台而越来越流行。

(7) 移动领域：众所周知，谷歌的 Android 在移动操作系统领域取得了巨大的成功，而该系统的研发正是基于 Linux 内核。Android 是一种基于 Linux 的自由及开放源代码的操作系统，主要使用于移动设备，如智能手机和平板电脑，由 Google 公司和开放手机联盟领导及开发。

1.3 Linux 与其他操作系统的比较

1.3.1 Linux 与 UNIX 的比较

Linux 有比 UNIX 更聪明的命令行？基本上没有。Linux 比起其他任何的商用 UNIX 有更大的市场需求。精巧的图形用户界面也没有什么明显的不同，Linux 和其他的 UNIX 都使用标准的 X-Windows 系统。

最主要的不同点如下。

(1) Linux 是免费的，但是其他的“UNIX 们”都极其昂贵。对于应用程序也一样，很多非常优秀的应用程序在 Linux 上都可以免费得到。即使是要购买一些商业软件，在 Linux 平台上的价格也远远比在 UNIX 上要便宜得多。

(2) Linux 可以在很多不同的硬件平台上运行，其中大众化的 Intel 芯片和 IBM 兼容的个人计算机占据了主导地位。而典型的 UNIX 都是和提供商的专有硬件捆绑在一起的，这些硬件的价格更是远远高于一般 PC 的价格。

1.3.2 Linux 与 Windows 的比较

一旦 Linux 安装完毕，会有比 Windows 更精巧的鼠标点击？可以说几乎没有。Linux 的安装真的是一个不小的挑战。一般来说，当购买计算机的时候 Windows 已经被预先安装在计算机里了。

最主要的不同点如下。

(1) Linux 免费，微软的 Windows 必须付钱，应用程序也一样。

(2) Linux 的文件格式是免费的。而对于 Windows，一般的做法是：用户的“数据”被锁定在按软件提供商所规定的秘密文件格式里，如果想要访问自己的“数据”，必须付一定的钱给软件提供商来购买他们在“一定时间内有效”的“工具”才能打开文件。一个典型的例子是 Windows 系统必备的 Office 套件：“我们从微软得到三年的软件使用期来处理我们的健康记录，但是这些记录我们得保留 100 年”。

(3) 在 Linux 下面，看起来不太会触犯一些许可证协议，所有软件都是自己的。在 Windows 下，看起来好像会触犯无数的许可证协议，很有可能会被认为是一个“计算机盗贼”。

(4) 微软的 Windows 是基于 DOS 的，而 Linux 是基于 UNIX 的。微软的 Windows 图形用户界面基于微软专有的“市场驱动”的内部标准，而 Linux 的通信用户界面基于工业标准网络透明的 X-Windows。

(5) Linux 在很多方面都把 Window 比了下去，比如网络功能特征、开发平台、数据处理能力以及科研工作站。微软的 Windows 有更鲜锐的外观，一些运行良好的通用商业应用程序。

目前,新版本的自由软件和微软帝国的战争形势图已经更新了,软件领域的战争已经演变成了自由软件同微软专有软件之间的战争,非微软的厂商基本上都站在了自由软件这一边。在软件领域,同微软之间的战争已经演变成了一场全民战争,人们只有两个选择,微软或非微软,非微软都站在了开放源代码这一边。

习 题 1

一、选择题

1. 下列发行版中,不是 Linux 的是________。

   A. Fedora B. Debian C. Windows Vista D. SuSe

2. 下列发行版中,属于 Linux 的是________。

   A. Ubuntu B. FreeBsd C. Windows 8 D. Gnome

3. 下列发行版中,不是 Linux 的是________。

   A. Ubuntu B. FreeBsd C. CentOS D. PCLinuxOS

4. Linux 内核 1.0 的发布时间是________。

   A. 1991 B. 1993 C. 1992 D. 1994

5. 下列关于 Linux 发行版的描述,正确的是________。

   A. 不同的 Linux 发行版的作者都是 Linus Torvalds

   B. 不同的 Linux 发行版都是同样的,只是名字不一样

   C. 不同 Linux 的发行版都有着不同的风格和特点

   D. 所有的 Linux 发行版的桌面环境都是 GNOME

二、问答题

1. Linux 采用什么版权方式发行?这种版权与通常的商业软件有何区别?

2. 简述 Linux 的技术特点。

3. Linux 有哪些著名发布商和发布版本?可以上网了解现在市面上流行的 Linux 发行版本。

4. 简述 Linux 内核版本号的具体含义。

第 2 章　Linux 的安装

在实际安装 Linux 之前，要先做些准备，必须先了解准备安装 Linux 的主机所使用的 CPU、内存、显卡等硬件配置，以免无法安装。此外，同时需要考虑即将架设的 Linux 主机的主要用途，举例来说，若是一般的桌面类型的主机，那么 X-Window 及 GNOME 或 KDE 是不可或缺的，但如果是一般的服务器主机，X-Window 就可以不安装了。当然，作为初学者，要练习 Linux 架设，把所有的套件都安装上去是一个很好的开始。

2.1　安装的基本知识

2.1.1　硬件要求

由于 Linux 与硬件的关系相当密切，所以安装前必须先掌握一点硬件的概念，才比较容易进入状态。此外，由于每个人对主机的要求不同，因此，主机的配置自然也就不尽相同。

基本上，如果作为终端机使用，也就是当作工作机，并不对 Internet 提供其他服务，那么由于 Linux 所需的硬件资源很少，只要有 Pentium-133 以上的机器就可以运行得很顺畅。但是，如果要作为公司内部的邮件服务器或学校的网络服务器、代理服务器时，就必须选择高档一点的配置了，尤其是内存的大小和硬盘的容量。

另外，由于 Linux 是近年来才崛起的新事物，而且参与开发 Linux 核心的是一些“公益团体”，所以它可以支持的硬件相对比 Windows 要少很多。如果手上的设备很旧或者很新，则非常可能无法进行 Linux 的安装。因此，安装前有必要了解准备安装 Linux 的这台主机的硬件是否被 Linux 支持，可在每一版内核的文件资料中查询。

如果只是需要用 Linux 做 NAT(Network Address Translation，网络地址转换)功能的主机(所谓 NAT 主机也就是类似“IP 路由器”的设备)，而且这台主机处于规模很小的网络中，PC 数不多，那只需要 Pentium-166、32MB 内存及一块不太特殊的显卡和网卡就够了。当然，硬件的需求与服务对象的多寡有很大关系，大致的需求如下。

(1) CPU(中央处理器)：Pentium-166 以上等级即可。

(2) 内存：至少 32MB。其实，除了 CPU 之外，在 Linux 系统中最重要的就是内存的大小，因为如果服务开得太多，而内存不够大，势必要使用类似 Windows 中的“虚拟内存”的东西，在 Linux 中称为 Swap。这东西很费硬盘空间。所以，虽然内存最低 32MB，但是最好有 64MB 以上，尤其是如果还要使用 X-Window 的话。目前新发布的 Linux 版本中，由于提供的服务越来越多，且 X-Window 接口越做越好，所以对于内存的要求实际上也越来越高。事实上，最好能有 128MB 以上的内存。

(3) 硬盘：至少有 2GB 以上，当然越大越好，最好高于 3GB。同样的，目前的 Linux 提供的数据太多了，所以有些发行商提供的 Linux 在选择完整安装之后，硬盘竟然占用了 4.5GB 左右的空间。不过，在学会 Linux 之后，可以有选择地安装套件，将不需要那么多硬盘空间。

(4) 显卡：Linux 对于最新的显卡支持得并不够，如果不使用 X-Window，一块 1MB 内存的 S3-755 显卡就够了。Linux 对于 S3 旧的 VGA 卡支持的程度相当成熟。但是，如果想要配置 X-Window 的话，最好要有 8MB 以上的显卡内存，否则光是等待的时间，就会磨尽所有的耐心。

(5) 网卡：一块极其普通的 10/100MB 网卡就可以了。提醒一下，如果 Linux 用来架设大流量的网站，那么必须要用好一点的网卡，使用 Intel 或 3Com 的网卡是不错的选择。

以上提到的只适用于规模很小的主机系统，如果是企业内部的 Linux 主机，就需要不同对待。例如学校内部架设的代理系统，由于服务的机器数量非常多，建议配置如下。

(1) CPU 等级至少需要 Pentium-III 500 以上；

(2) 内存最重要，至少 512MB 以上，越大越好；

(3) 网卡最好选择百兆/千兆网卡；

(4) 硬盘至少需要数十 GB 以上，设置成多个分区，代理执行效率更好；

所以，不同规模的服务器，硬件要求等级也不相同。除此之外，不同的 Linux 发行版本对于硬件的要求也不一样。举例来说，Open Linux 的 Server 3.1.1 版本就"严格要求"系统必须是 i686(也就是 PII 等级以上的 CPU)，所以，必须了解即将安装的 Linux 所需的硬件需求。

2.1.2 硬盘分区

1. 认识硬盘

基本上，硬盘是由最小的单位扇区组成的，而整个扇区组成一个磁柱，最后构成整个硬盘的容量大小。硬盘当初设计的时候只设计成 4 个分割记录，这些分割记录就被称为主分区(Primary)和扩展分区(Extended)，也就是说，一块硬盘最多可以有 4 个分区，其中，扩展分区只能有一个。为什么要有扩展分区呢？这是因为如果我们要将硬盘分为 5 个区，就要用到扩展分区，扩展分区本身不能在任何系统上使用，还需要额外分割成逻辑驱动器才能使用，所以，借由这个扩展分区，我们就可以分割超过 5 个可用的分区了。

因此，硬盘有两种分区，即主分区和扩展分区，扩展分区又可以划分更多的逻辑驱动器，主分区就不能再分了。分区总数最多 4 个，主分区可以有 1～4 个，扩展分区可以有 0～1 个，在理论上扩展分区上的逻辑驱动器数目没有限制。

2. Linux 下的分区命名

无论是 Windows 还是 Linux，为了有效地存储数据，往往都是需要将硬盘分成好几个区域，称为分区。在 Linux 下，分区的命名比较复杂。首先，需要对每一个设备进行命名，Linux 是以文件的形式来命名设备的。Linux 使用字母和数字的组合来指代磁盘分区，这是一种比较灵活的命名方案，命名格式为“/dev/xxyN”。

(1) /dev/：所有设备文件所在的目录名，因为分区在硬盘上，而硬盘是设备，所以这些文件代表了在/dev/上所有可能的分区。

(2) xx：分区所在设备的类型，通常是 hd(IDE 磁盘)或 sd(SCSI 硬盘、U 盘)。

(3) y：分区所在的设备，即第几块磁盘。

(4) N：代表分区，分区(主分区或扩展分区)为 1～4，逻辑驱动器从 5 开始。

若两个 IDE 接口接满 4 块硬盘，则各硬盘的命名方式如下。

/dev/hda：IDE 接口 1 的第一块硬盘(主)。

/dev/hdb：IDE 接口 1 的第二块硬盘(从)。

/dev/hdc：IDE 接口 2 的第一块硬盘(主)。

/dev/hdd：IDE 接口 2 的第二块硬盘(从)。

分区的命名方式如下。

/dev/hda1：IDE 接口 1 的第一块硬盘的第 1 个主分区。

/dev/hda2：IDE 接口 1 的第一块硬盘的第 2 个主分区或扩展分区。

/dev/hdb1：IDE 接口 1 的第二块硬盘的第 1 个主分区。

/dev/hdb2：IDE 接口 1 的第二块硬盘的第 2 个主分区或扩展分区。

例如，/dev/hda3 是在第 1 个 IDE 硬盘上的第 3 个主分区或扩展分区，/dev/sdb6 是在第 2 个 SCSI 硬盘上的第 2 个逻辑驱动器。

再例如，在划分第 1 个 IDE 硬盘(/dev/hda)时，先创建了两个主分区，然后又创建了一个扩展分区，在其上建立了三个逻辑驱动器，则各分区命名如图 2-1 所示。

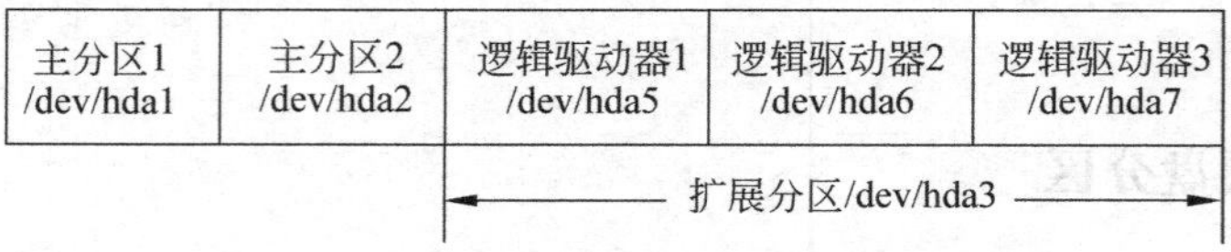

图 2-1 硬盘分区命名示意图

因为 1～4 号已经被预留下来，所以第一个逻辑驱动器的代号由 5 号开始，后面依次以累加的方式增加磁盘代号，而/dev/hda4 则是被保留下来的空代号。

3. 为 Linux 划分分区

硬盘的分区规划是相当重要的，同时，硬盘的规划对于 Linux 初学者而言是最让人头疼的事情，因为对 Linux 文件结构有相当程度的认知之后，才能掌握硬盘的分区技巧，对硬盘做比较完善的规划。对于 Linux 新手先只划出两个分区即可，一个是根分区/和虚拟内存 Swap，这是最简单的分区模式。如果硬盘很小，例如小于 1GB，那么使用这种分区方法会比较好。

(1) 根分区/

根分区/表示将该分区的加载点指定为 Linux 系统的根，指定大小。

在 Linux 中没有像 Windows C 盘、D 盘或 E 盘那样的分区，而是将每个分区当成整个文件系统中的一个目录来使用，称为挂载点（或加载点）。Linux 系统允许将不同的物理磁盘上的分区映射到不同的目录，这样，可以实现将不同的服务程序放在不同的物理磁盘上，一个坏了不会影响到其他物理磁盘。

(2) 交换分区

非常关键，专门提供给虚拟内存使用，一般设置为内存大小的 2 倍，但不要超过 2048MB。

一个 Linux 系统要正常运行，只需要根分区/和交换分区 Swap 就可以了，在以后熟悉后，还可以划分/、/boot、/usr、/home 等。

2.1.3 如何获得 Linux 安装程序

如同第 1 章中的说明，Linux 发行版本是各个不同的开发商开发的不同套件，但其架构差异不大。目前使用较流行的两个套件分别是 Ubuntu 和 CentOS，在发行版官方网站或国内各大 FTP 都有下载。由于本书主要针对于 Linux 为"服务器"的角色，因此选择号称完全兼容商业版 RHEL 的社区版本，就是 CentOS 6.x 版。

注意，所下载的文件为 image 文件，即所谓的映像文件，其扩展名为.iso，必须将该文件刻录成可从光驱引导的光盘后才能真正使用它。

各发行版需要的光盘文件大小不一，以 Ubuntu 和 Red Hat 9.0 为例，前者仅需要一张 CD 即可，后者却需要三张 CD。CentOS 的每个版本会同步推出 CD 或 DVD 镜像版本。

2.2 安装系统的不同方式

2.2.1 直接安装系统

要安装一个操作系统，一般来讲都要为它准备专门的分区。专门，意味着不能与其他操作系统合用一个分区，也意味着不要与用户自己的数据文件合用一个分区，前者是因为不同的操作系统可能需要不同格式的磁盘分区，后者则更多地出于用户数据安全和系统维护方便的考虑。所谓直接安装系统，即直接通过安装光盘启动 Linux 安装程序，将 Linux 安装在专门的硬盘分区上。

若由于工作原因，常常需要两个不同的操作系统处理日常生活与工作杂事，那么是否需要两台计算机呢？不需要，只要一台计算机使用多重启动的方式进行安装即可。理论上是如此，不过实际还需要一些小技巧。

1. 硬盘重新规划的多重启动系统

如果想在 Linux 机器上同时安装 Windows，可行吗？当然可行，况且目前很多人手边只有一台计算机啊，但是又想同时学习 Linux，那么安装多重系统就是必要的。

在这种情况下，就需要对硬盘进行重新规划，既要规划用于安装 Windows 的硬盘空间，还要规划用于安装 Linux 的硬盘空间。

安装过程中，需要先安装 Windows 系统，最后才安装 Linux，然后使用 Linux 的 GRUB 程序设定多重启动，这个动作我们会在安装过程中详谈。

2. 在既有的 Windows 系统中加装 Linux 系统

这个方法跟上一个方法有什么不同？最大的不同如下。

原来既有的 Windows 系统中的数据不想丢掉，并且也没有新的硬盘来暂存系统或备份。假设原本 20GB 的硬盘被分割成 10GB＋10GB 两个区，但是还想安装 Linux，且是在旧系统仍然存活的情况下，那该如何做？

这时我们可以使用第三方工具，对硬盘的空闲空间进行重新划分。假如原本的系统是 10GB＋10GB 两个区，但是全部用到的数据量只有 10GB 不到，也就是说还有空间用来安装 Linux。这时可以使用第三方工具，例如 Spfdisk，将硬盘的 FAT 分区表进行分割，注意，只是重新分割分区表，并没有格式化。不过这里的技术性非常高，需要特别注意。因为只是将分区表重新划分，所以数据必须在同一个分区内。这样，将原本的 10GB＋10GB 切割成 10GB＋4GB＋6GB 三个区，在第三方工具的帮助下，且没有任何数据遗失的情况下，顺利将硬盘由原先的两个区分割成三个区，这样就可以在原来 D 区的空闲空间里安装 Linux 了，方法如图 2-2 所示。

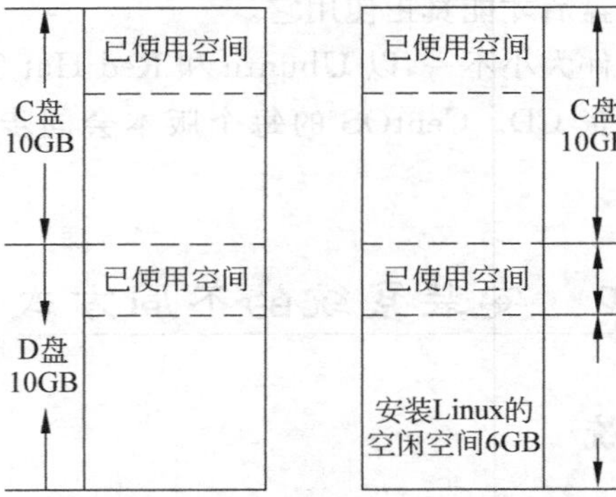

图 2-2 在既有的 Windows 系统下调整磁盘分割

特别提醒，此方法本身还是具有相当的风险，因此不是很建议使用，尤其是在已有数据很重要的时候。

2.2.2 在虚拟机中安装系统

虚拟机并不是一台实际工作的计算机，而是存在于真实计算机上通过软件模拟来实现的计算机。虚拟机中有自己的 CPU、主板、内存、BIOS、显卡、硬盘和光驱等。在 Windows 操作系统中安装虚拟机，用户可以利用虚拟机来安装 Linux。

先进的虚拟技术可以使模拟出来的虚拟机与真正的计算机没什么区别，所以用户可以在虚拟机中实现各种应用，如分区、格式化、安装系统和应用软件等。而这些操作对用户的实际计算机系统并没有任何影响。常用的虚拟软件有 VMware 和 Virtual PC。

VMware是一个老牌的虚拟机软件，它的产品主要有面向个人用户的VMware Workstation与面向企业的VMware GSX Server和VMware ESX Server。无论是在多操作系统的支持上还是在执行效率上都比Virtual PC明显高出一筹，同时它也是唯一能在Windows和Linux主机平台上运行的虚拟计算机软件。本书后续章节将以VMware为例介绍如何在虚拟机中安装CentOS 6.0。

Virtual PC原本是Connectix公司的虚拟产品，后来2003年2月被微软收购后，微软很快发布了新Microsoft Virtual PC。出于种种考虑，Microsoft Virtual PC被设计为只能运行于Windows系列操作系统，不再支持Linux、BSD UNIX、NetWare和Solaris等操作系统。经过测试，虽然可以在Virtual PC中安装和运行Linux操作系统，但速度非常慢。

1. VMware虚拟机软件安装

VMware Workstation虚拟机是一个在Windows或Linux计算机上运行的应用程序，它可以模拟一个基于x86的标准PC环境。这个环境和真实的计算机一样，都有芯片组、CPU、内存、显卡、声卡、网卡、软驱、硬盘、光驱、串口、并口、USB控制器、SCSI控制器等设备，提供这个应用程序的窗口就是虚拟机的显示器。

在使用上，这台虚拟机和真正的物理主机没有太大的区别，都需要分区、格式化、安装操作系统、安装应用程序和软件，总之，一切操作都跟一台真正的计算机一样。

VMware Workstation的安装过程非常简单，一般只需按照提示一步一步完成即可，启动安装程序后，选择“下一步”进入安装步骤，如图2-3所示。

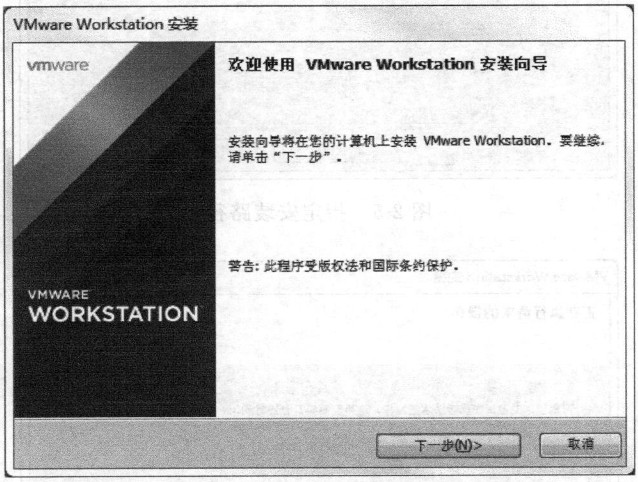

图2-3 VMware安装程序启动界面

接受许可协议后，在如图2-4所示的界面中，选择“典型”安装。

指定软件安装路径，默认路径为C:\Program Files(x86)\VMware\VMware Workstation，如图2-5所示。

单击“下一步”按钮后，进入自动安装进程，在此过程中，会安装VMware所需的各种系统服务与驱动，安装程序将显示安装进程条，提示安装进度，如图2-6所示。

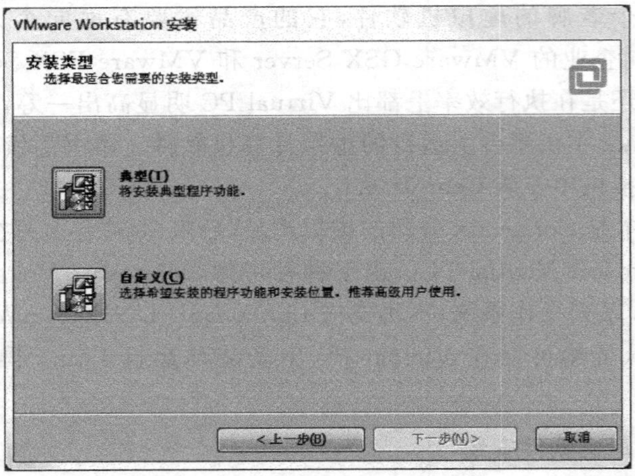

图 2-4　选择典型安装

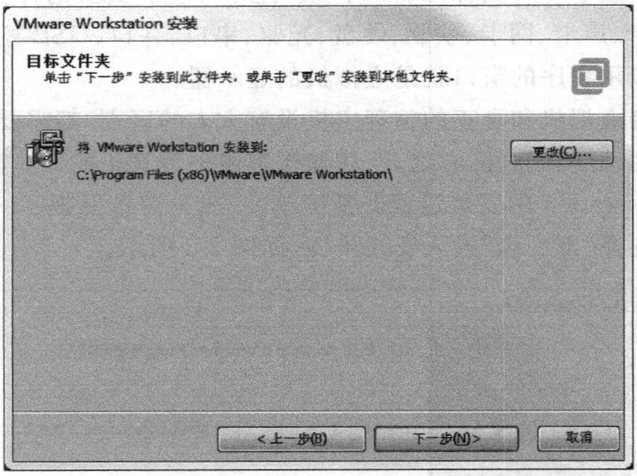

图 2-5　指定安装路径

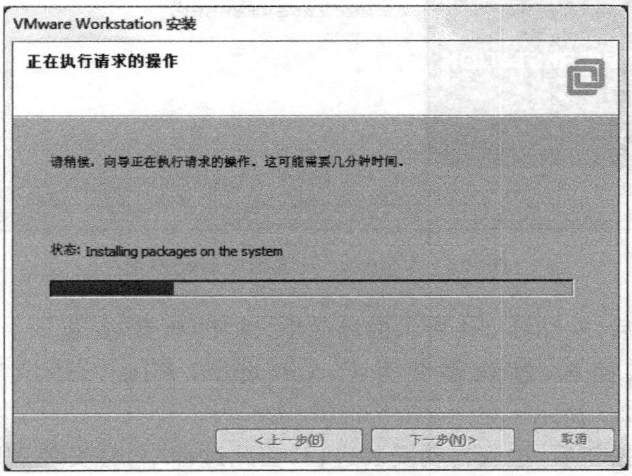

图 2-6　安装进程

进程条完成后，会提示输入许可证密钥，注册成功后则进入安装成功界面，如图 2-7 所示。

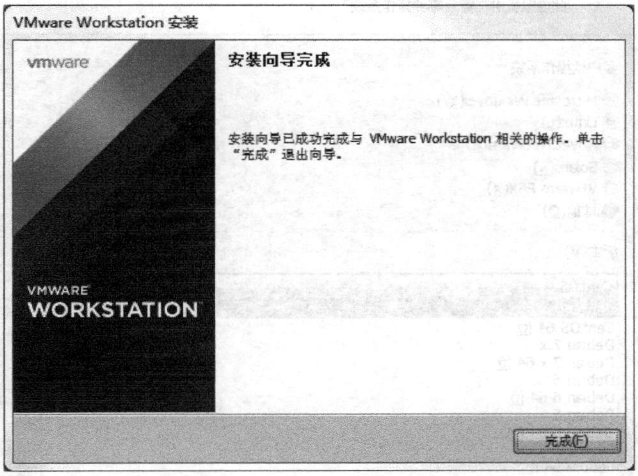

图 2-7 安装成功

单击“完成”按钮，完成软件安装，VMware 将提示需要重启系统，在重启系统后，所有的虚拟机服务将成功启动。

2. 构建虚拟机

VMware Workstation 软件安装成功之后，启动程序进入软件界面，如图 2-8 所示。

图 2-8 程序启动界面

单击“文件”→“新建虚拟机”，或起始页的“创建新的虚拟机”按钮，即可打开新建虚拟机向导，在弹出的欢迎页中单击“下一步”按钮。作为初学者，在“选择合适的配置”窗口中，选择“典型”配置即可，然后按照以下步骤操作。

(1) 进入“选择客户机操作系统”对话框，可以选择准备在虚拟机中安装哪一个客户操作系统。使用下拉列表选择适当的操作系统，我们测试使用的 CentOS 发行版本在下拉列表中，且下载的镜像文件为 32 位的版本，因此在这里选择 CentOS，如图 2-9 所示。

下拉列表是经过 VMware 测试可以与这个版本的产品一起使用的所有操作系统。在选择准备安装的客户操作系统之后，单击“下一步”按钮进入下一个屏幕。

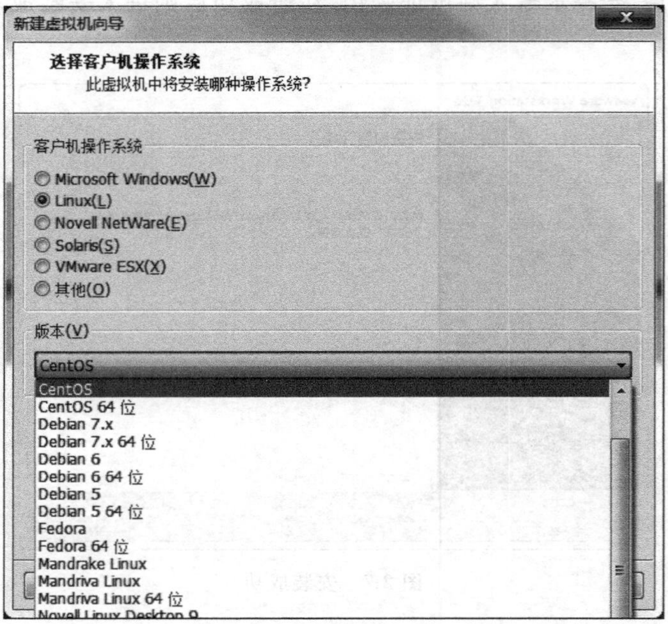

图 2-9　选择客户机操作系统

(2) 指定虚拟机的名称及虚拟机文件保存路径,如图 2-10 所示。这个路径其实就是虚拟机操作系统的安装路径,建议大家选择一个磁盘比较大的空间,并且新建一个文件夹。如果要备份该虚拟系统,只要备份这个文件夹就可以了。

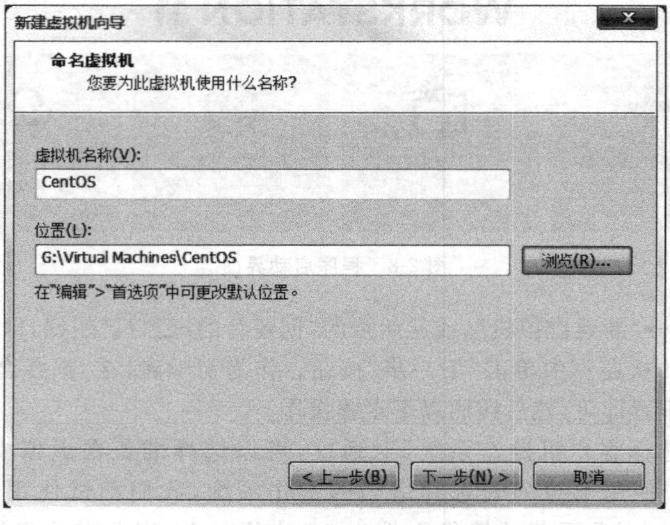

图 2-10　指定虚拟机名称及路径

(3) 单击"下一步"按钮继续配置虚拟机,进入"指定磁盘容量"界面,使用这个配置屏幕选择一个新虚拟磁盘的最大容量。高亮选择"最大磁盘大小(GB)"旁边的文本框,然后输入期望的大小,如图 2-11 所示。

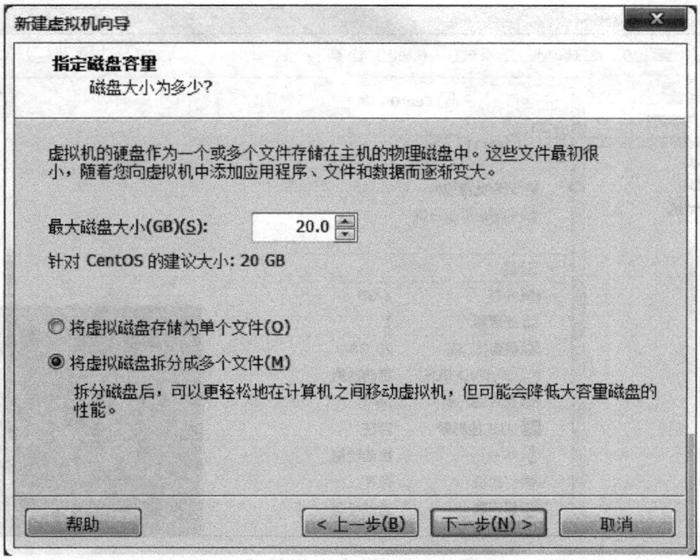

图 2-11 指定磁盘容量

(4) 单击“下一步”按钮完成配置，如图 2-12 所示，核对信息无误后，单击“完成”按钮成功建立新的虚拟机。

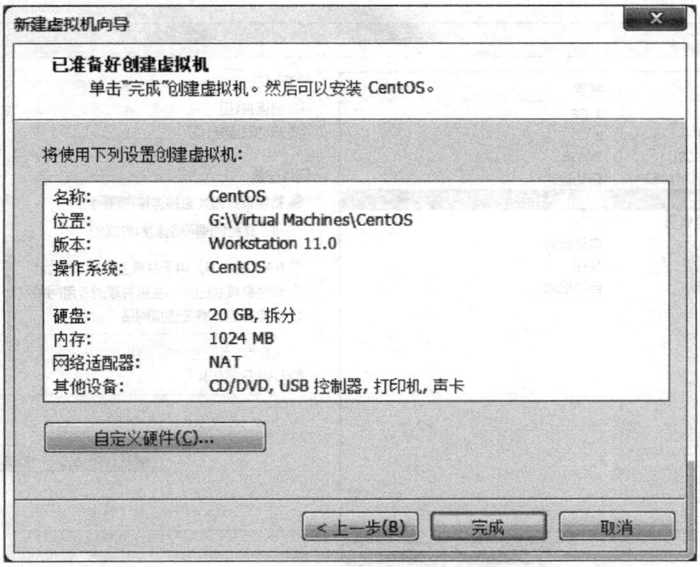

图 2-12 完成虚拟机配置

(5) 完成后在程序左侧边栏中将出现新建的虚拟机名，如图 2-13 所示。

(6) 进一步编辑虚拟机设置，双击“设备”下拉菜单中的任意项，进入硬件配置界面，如图 2-14 所示。安装操作系统之前，将网络连接类型修改为“桥接模式”，方便在安装虚拟机操作系统的过程中顺利访问 Internet，并及时进行软件下载或更新的操作，如图 2-14

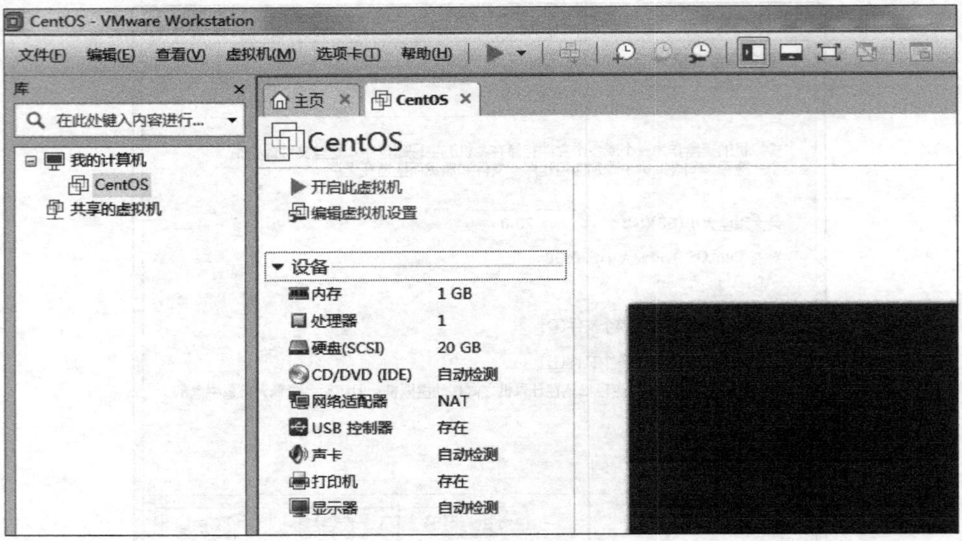

图 2-13 新建虚拟机成功

所示。同时,在此可调整光驱相关设置,使用 CentOS 6.0 的安装 DVD 文件作为 ISO 映像文件,在启动虚拟机时即可载入安装映像,如图 2-15 所示。

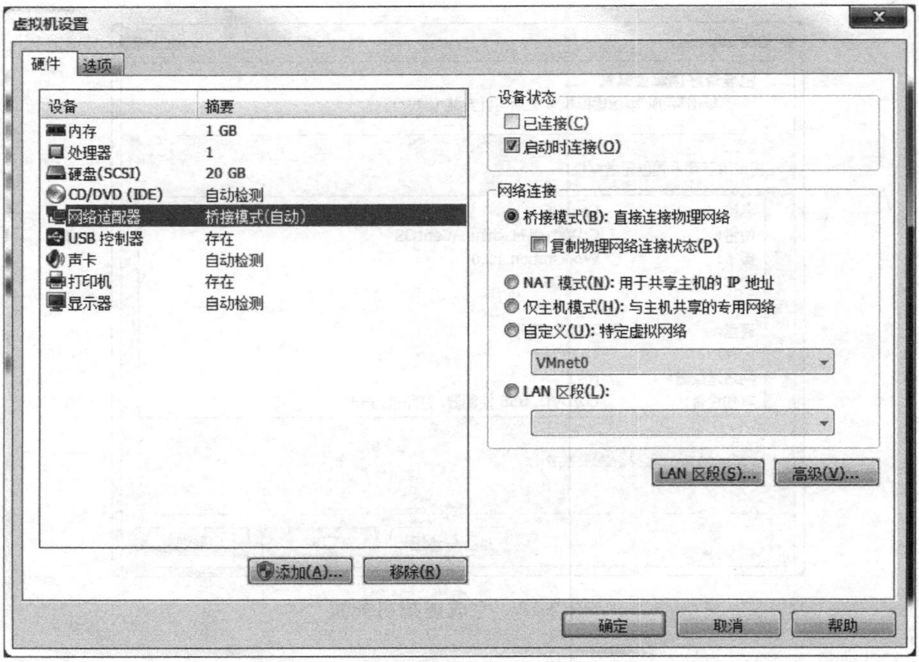

图 2-14 进一步配置网络连接类型

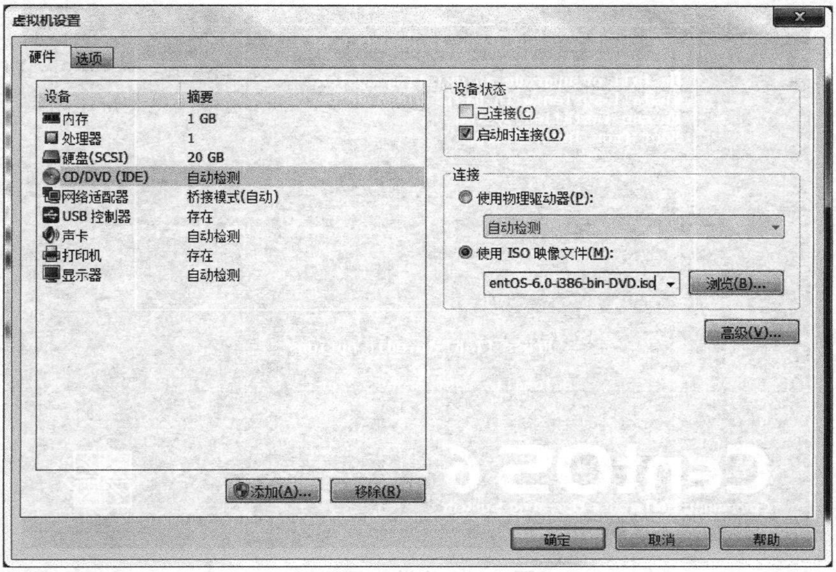

图 2-15 使用 ISO 映像文件

2.3 安装的过程

CentOS(Community Enterprise Operating System,社区企业操作系统)是 Linux 发行版之一,它是来自于 Red Hat Enterprise Linux 依照开放源代码规定释出的源代码所编译而成的。由于出自同样的源代码,因此有些要求高度稳定性的服务器以 CentOS 替代商业版的 Red Hat Enterprise Linux 使用。两者的不同,在于 CentOS 并不包含封闭源代码软件。如果选择更为直白的表达方式,那么 CentOS 其实就是 RHEL 的一套克隆版本。两种发行版之间唯一的技术性差异仅仅在于商标——CentOS 将原本的 Red Hat 商标换成了自己的名头。CentOS 通常被视为一套稳定可靠的服务器发行版。它采用的是与母公司 Red Hat Enterprise Linux 完全相同的、经过严格测试的稳定 Linux 内核与软件包配置。

下载 CentOS 的 DVD 镜像,官方下载地址为:http://www.centos.org/download/,选择合适镜像下载,然后刻录至 DVD 光盘即可开始安装。

在虚拟机中安装操作系统和在真实的计算机中安装没有什么区别,但在虚拟机中安装操作系统,可以直接使用保存在主机上的安装光盘镜像作为虚拟机的光驱。

选择光驱完成后,单击工具栏上的“播放”按钮,启动虚拟机,用鼠标在虚拟机工作窗口中单击一下,进入虚拟机。之后在虚拟机中安装操作系统,和在主机中安装的方法一样。

使用 DVD 启动后,应该会看到屏幕出现如图 2-16 所示的画面。

进入图形安装界面后首先会给出一个安装向导,这里选择第一项 Install or upgrade

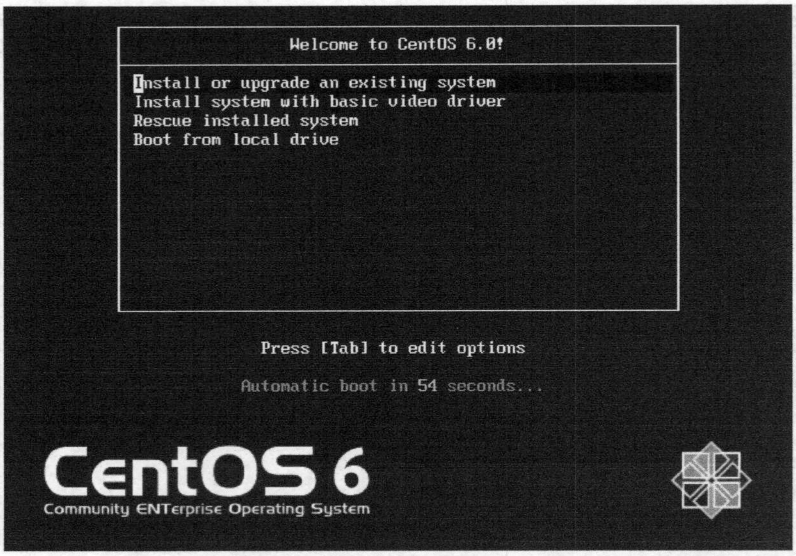

图 2-16 安装引导画面

an existing system。在这里要说明一下，第二项是安装过程中采用基本的显卡驱动、第三项是进入系统修复模式、第四项是退出安装从硬盘启动。

选择第一项之后，安装程序会开始检测硬件，检测的结果会回报到屏幕上，如果检测过程中没有问题，那么就会出现选择是否要进行存储媒体的检验画面，如图 2-17 所示。

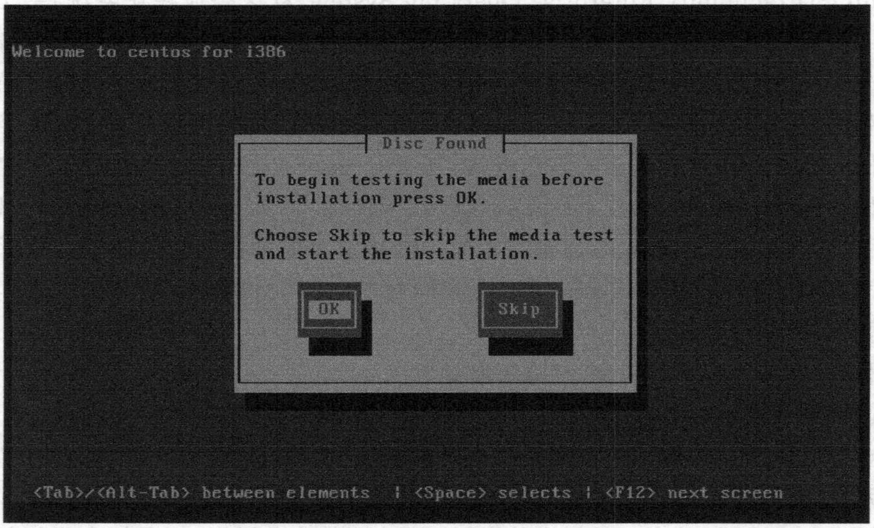

图 2-17 提示光盘检验

进入安装后，向导首先会询问是否检查安装包的完整性。一般情况下，如果不是网络下载过程中出现什么问题的话，不会出现什么大问题。直接选择 Skip 跳过。

接下来就是整个安装的程序了，安装初始画面如图 2-18 所示。

图 2-18 CentOS 6 安装初始界面

单击 Next 按钮，进入安装过程语言选择界面，如图 2-19 所示，选择“中文(简体)”。

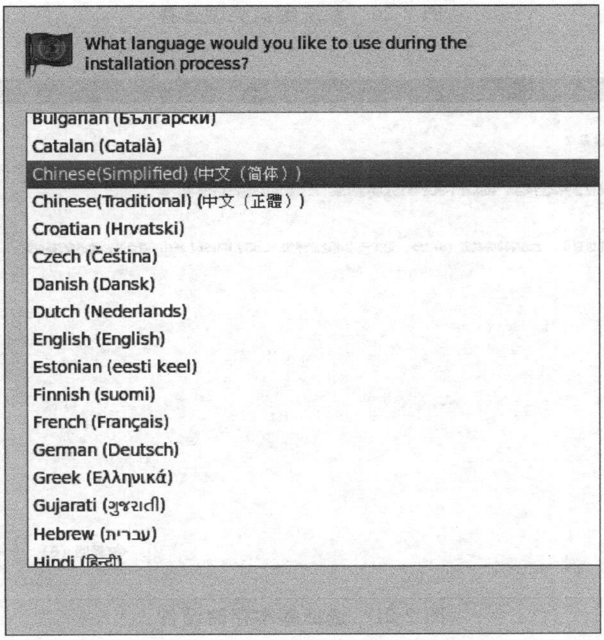

图 2-19 安装过程语言环境选择

单击 Next 按钮，进入系统键盘类型选择，如图 2-20 所示，键盘布局选择一般选默认的“美国英语式”就可以了。

单击“下一步”按钮，会提示安装设备，如图 2-21 所示，这里选择“基本存储设备”。

单击“下一步”按钮，弹出“处理驱动器时出错”对话框，如果在硬盘上没有找到分区

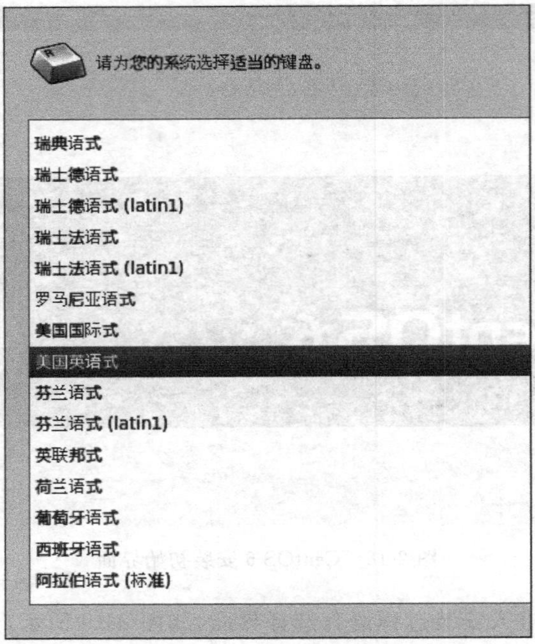

图 2-20　系统键盘类型选择

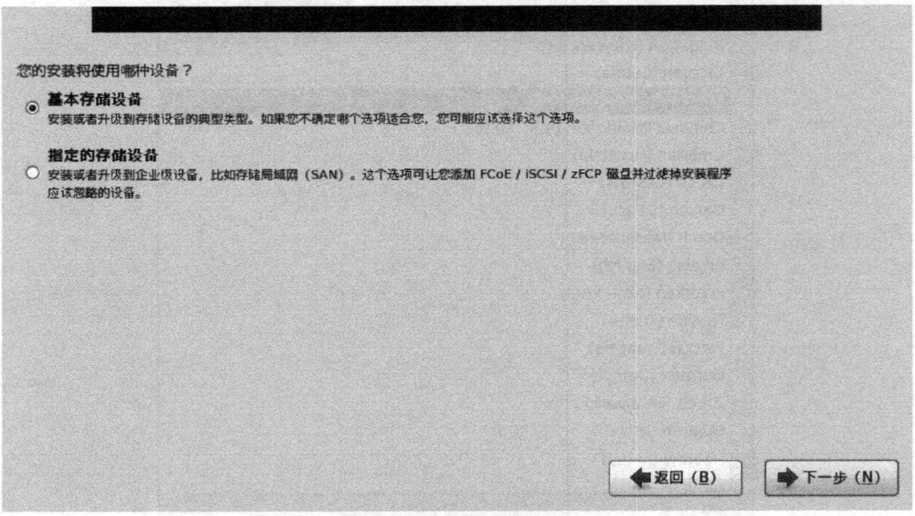

图 2-21　选择基本存储设备

表，安装程序会要求初始化硬盘。此操作使硬盘上的任何现有数据无法读取。由于虚拟机系统具有全新的硬盘且没有安装操作系统，可以删除硬盘上的所有分区，则单击“重新初始化”按钮，如图 2-22 所示。

进入网络主机名设置，如图 2-23 所示，也就是给安装的计算机起个名字，这一项随便填即可。

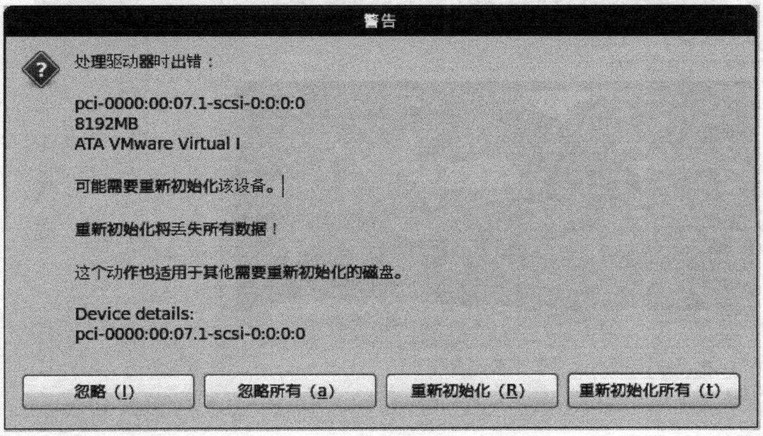

图 2-22 初始化驱动器

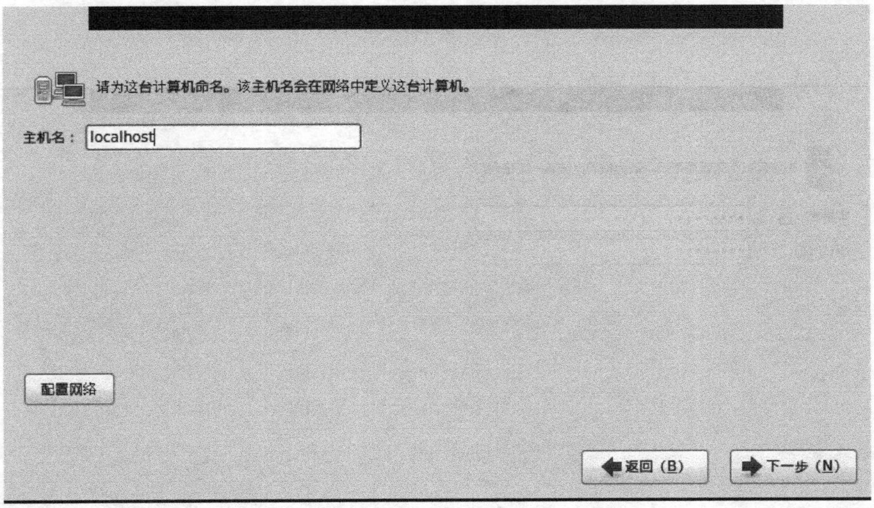

图 2-23 设置主机名

单击“下一步”按钮，选择系统时间，如图 2-24 所示，如果住在中国的话选择“亚洲/上海”就可以了，当然住在其他地方的话也可以选择其他的地名。

单击“下一步”按钮，填入系统 root 用户的管理密码，如图 2-25 所示。这个相当重要，如果密码设置得太简单，系统会提示复杂度不够。

单击“下一步”，选择安装系统的磁盘分区，在这里系统默认给了 5 种分区模式，分别如下。

(1) 使用所有空间：如果选择这种模式，硬盘里的分区会被 Linux 全部删除，并以安装程序的默认方式重新建立分区，使用时要特别注意。

(2) 替换现有 Linux 系统：在这个硬盘内，只有 Linux 的分区会被删除，然后再以安装程序的默认方式重新建立分区。

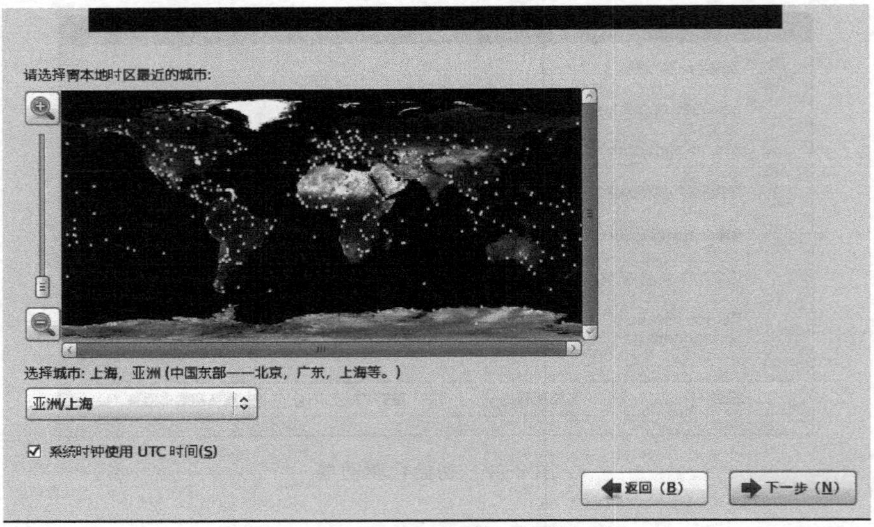

图 2-24 设置系统时间

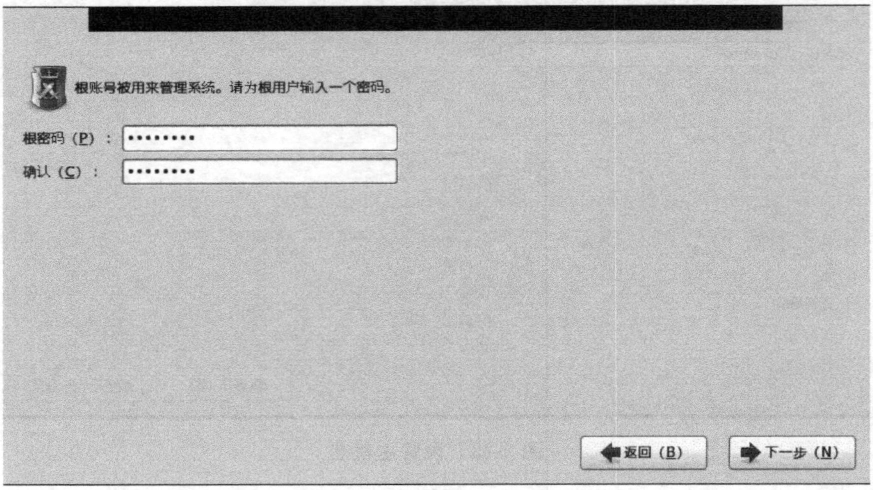

图 2-25 设置超级管理员密码(root 用户)

(3) 缩小现有系统：调整当前的数据和分区，安装在手动释放的空间、是一个默认的 Red Hat 企业 Linux 布局。

(4) 使用剩余空间：如果这块硬盘内还有未被分割的磁盘空间，注意，是未被分割，而不是该分区内没有数据，那么使用这个项目后，不会更动原有的分区，只会就剩余的未分割区块进行默认分割的设置。

(5) 创建自定义布局：就是我们要使用的，不要使用安装程序的默认分割方式，使用我们需要的分区方式来处理。

因为我们已经规划好要建立两个分区，分别是根分区与交换分区 Swap，所以不想使用安装程序默认的分区方式。因此如图 2-26 所示，使用的是“创建自定义布局”模式。

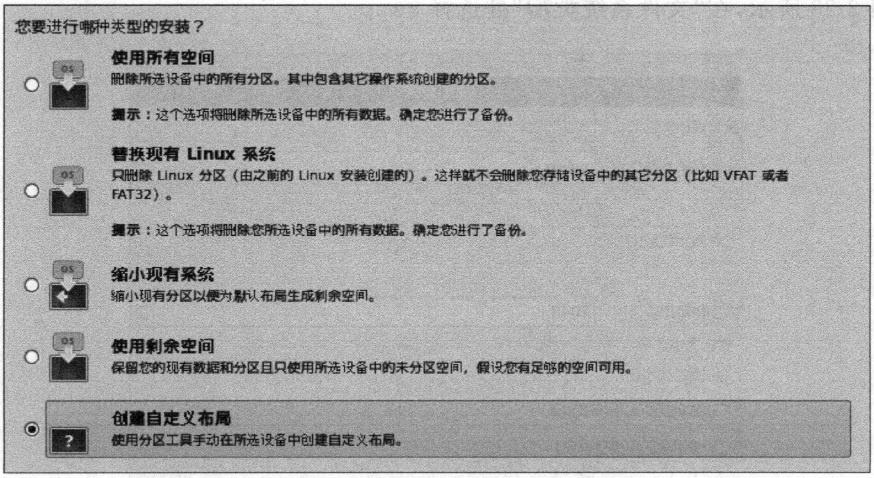

图 2-26　磁盘分区管理

单击“下一步”按钮后就会出现如图 2-27 的分区窗口。这个画面主要分为三大区块，最上方为硬盘的分割示意图，目前因为硬盘并未分割，所以呈现的就是一整块而且为“空闲”字样。中间则是每个分割槽的设备文件名、挂载点目录、文件系统类型、是否需要格式化、分区容量大小、开始与结束的磁柱号码等。下方则是按钮区。

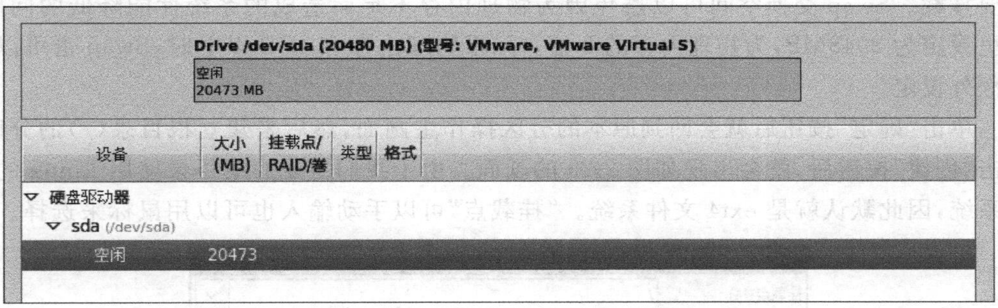

图 2-27　磁盘分区操作主画面

至于按钮区，总共有 4 个，作用如下。

(1)“创建”是增加新分区，也就进行分割磁盘动作，以建立新的磁盘分区。

(2)“编辑”则是编辑已经存在的磁盘分区，可以在实际状态显示区选择想要修改的分区，然后再单击“编辑”按钮即可进行该分区的编辑动作。

(3)“删除”则是删除一个磁盘分区，同样的，要在实际状态显示区选择想要删除的分区。

(4)“重设”则是恢复最原始的磁盘分区状态。

在图 2-27 中单击“创建”按钮来生成标准分区，首先处理内存交换空间。因为一共只有两个分区，而 Swap 分区的大小是可以确定的，一般为物理内存的 1.5～2 倍，所以先分 Swap，然后将剩余空间都给根分区。Swap 是内存交换空间，因此不需要有挂载点。所以，如图 2-28 所示，在“文件系统类型”处选择 swap。

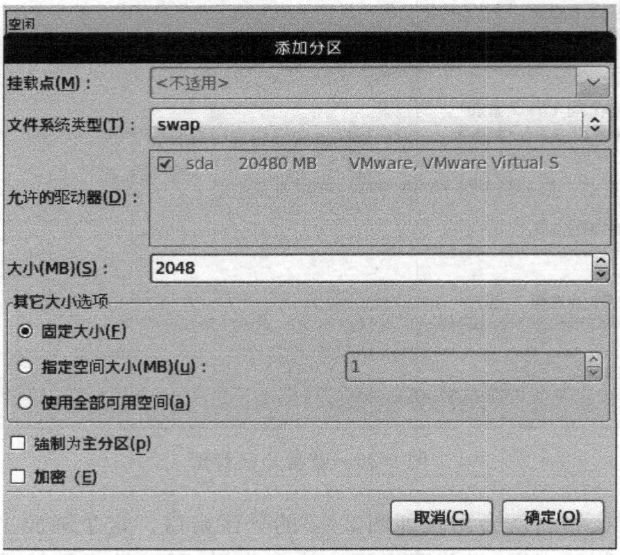

图 2-28 swap 文件系统的设置示意图

文件系统类型选择了 swap 之后，就会发现“挂载点”部分自动变成“不适用”，因为不需要挂载。Swap 交换空间可以避免因为物理内存不足而造成的系统性能降低的问题，这里设定为 2048MB，为物理内存的 2 倍。如果物理内存有 4GB 以上时，Swap 也可以不必额外设定。

单击“确定”按钮后就会回到原本的分区操作主画面，然后来建立根目录(/)的分区。单击“创建”按钮后，就会出现如图 2-29 的画面。由于我们需要的根目录使用 Linux 的文件系统，因此默认就是 ext4 文件系统。“挂载点”可以手动输入也可以用鼠标来选择。最

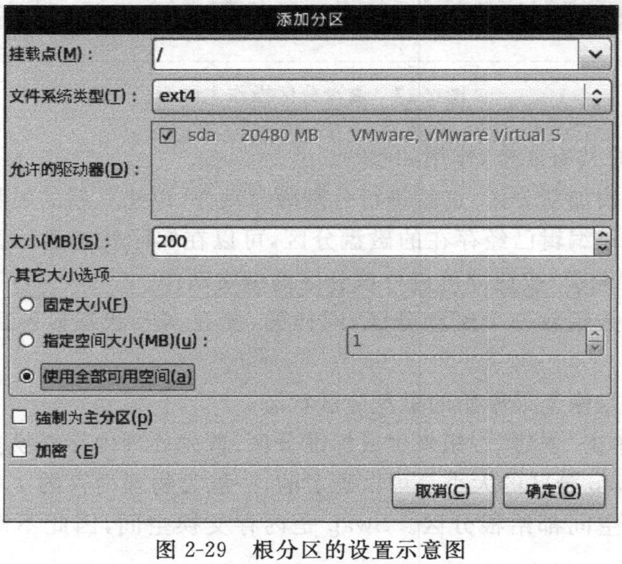

图 2-29 根分区的设置示意图

后在“大小”中选择“使用全部可用空间”。

单击“确定”按钮后就会回到原本的分区操作主画面，如图 2-30 所示。此时会看到分区示意图中有 sda1 和 sda2，且在实际分区区域显示中，也会看到/dev/sda1 对应到挂载点/、/dev/sda2 对应 Swap。在“格式”的项目中出现打勾的符号，那代表后续的安装会将这两个分区重新格式化。

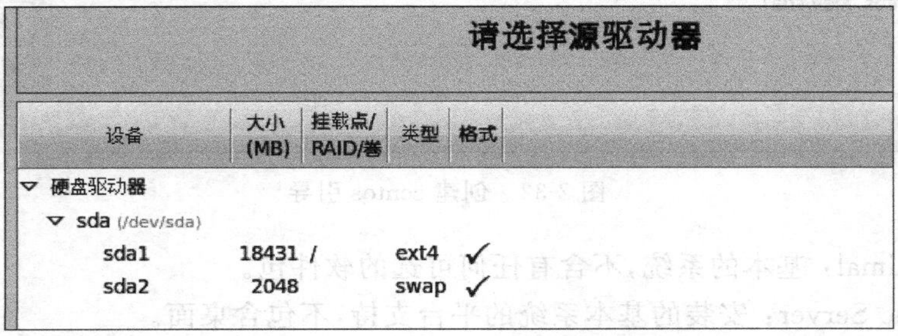

图 2-30　自定义分区结构显示

单击“下一步”按钮，系统提示需要格式化，单击“格式化”按钮后，会进行快速的格式化，并将分区信息写入磁盘，如图 2-31 所示。

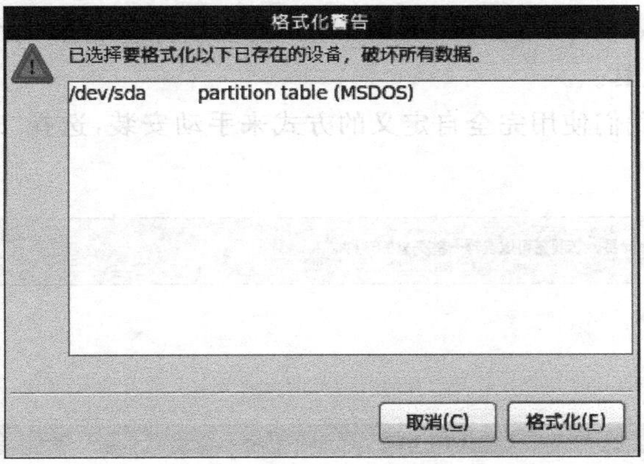

图 2-31　格式化警告

格式化完成后进入开机管理程序的安装，目前较新的 Linux 发行版大多使用 GRUB 管理程序。如果计算机系统当中还有其他的已安装操作系统时，而且想要让 Linux 在开机的时候就能够选择不同的操作系统开机，可以先单击“添加”按钮来配置。目前只有一个系统，所以仅显示 centos，且根目录所在位置为/dev/sda1，如图 2-32 所示。

单击“下一步”按钮进入软件安装初始界面。关于软件的安装，如果是初次接触 Linux 的话，当然是全部安装最好。如果是已经安装过多次 Linux 了，那么使用默认安装即可，以后有需要的其他软件时，再通过网络安装，这样系统也会比较干净。

软件包安装可选的类型说明如下。

(1) Desktop：基本的桌面系统，包括常用的桌面软件，如文档查看工具。

(2) Minimal Desktop：基本的桌面系统，包含的软件更少。

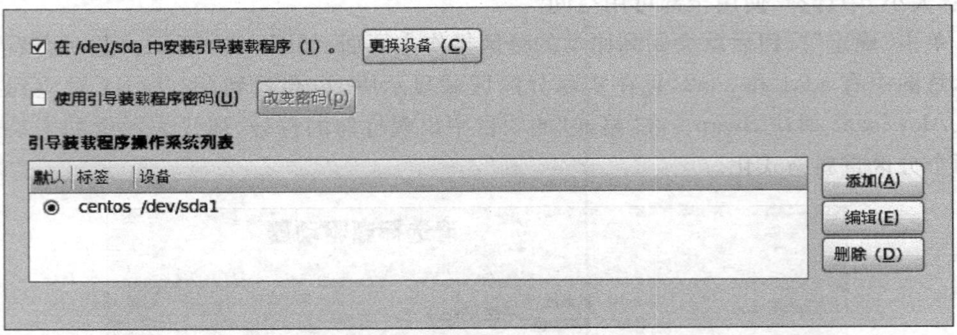

图 2-32 创建 centos 引导

（3）Minimal：基本的系统，不含有任何可选的软件包。

（4）Basic Server：安装的基本系统的平台支持，不包含桌面。

（5）Database Server：基本系统平台，加上 MySQL 和 PostgreSQL 数据库，无桌面。

（6）Web Server：基本系统平台，加上 PHP、Web server，还有 MySQL 和 PostgreSQL 数据库的客户端，无桌面。

（7）Virtual Host：基本系统加虚拟平台。

（8）Software Development Workstation：包含软件包较多，含基本系统、虚拟化平台、桌面环境、开发工具。

在这个练习中，我们使用完全自定义的方式来手动安装，选择“现在自定义”选项，如图 2-33 所示。

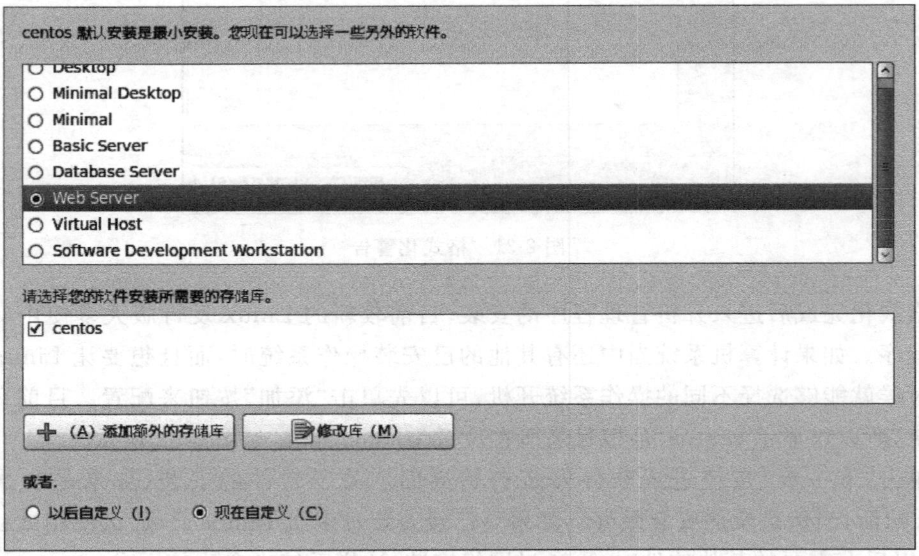

图 2-33 软件安装初始界面

在 Linux 的软件安装中，由于个别软件的功能非常庞大，很多软件的开发工具其实一般用户都用不到。如果每个软件都仅开放一个文件给我们安装，那么我们势必会安装很多不需要的文件。所以，Linux 开发商就将一项软件分成多个文件来给使用者选择。如图 2-34 所示，可查看各项专属的软件功能。

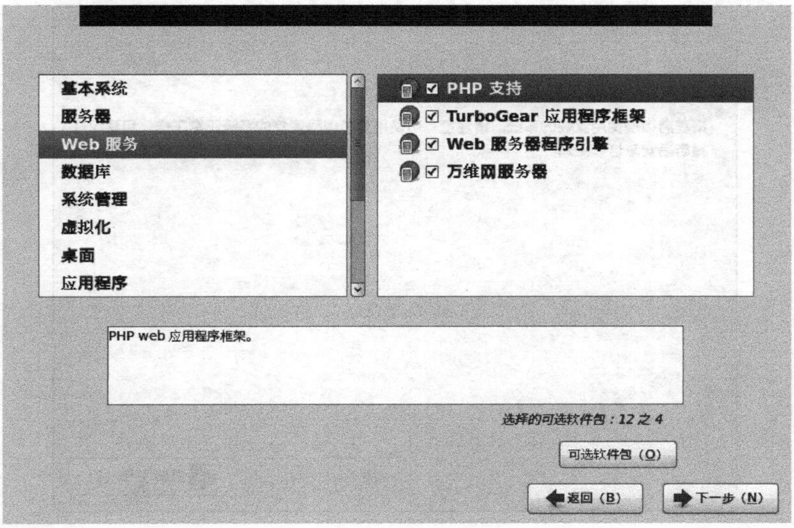

图 2-34 “Web 服务”软件包选择

图 2-34 为“Web 服务”对应的软件包选择，可自行选择所需软件。左列还可选择“基本系统”、“服务器”、“数据库”、“系统管理”、“虚拟化”、“桌面”、“应用程序”、“语言支持”等各项软件的对应软件包，可根据实际需要一一选择。

全部配置完毕后，单击“下一步”按钮，安装程序会去检查所选的软件有没有冲突(依赖性检查)，完成后立刻进入安装进度界面，开启安装进程，如图 2-35 所示，这个过程比较漫长，时间长短与硬件以及选择的软件数量有关。

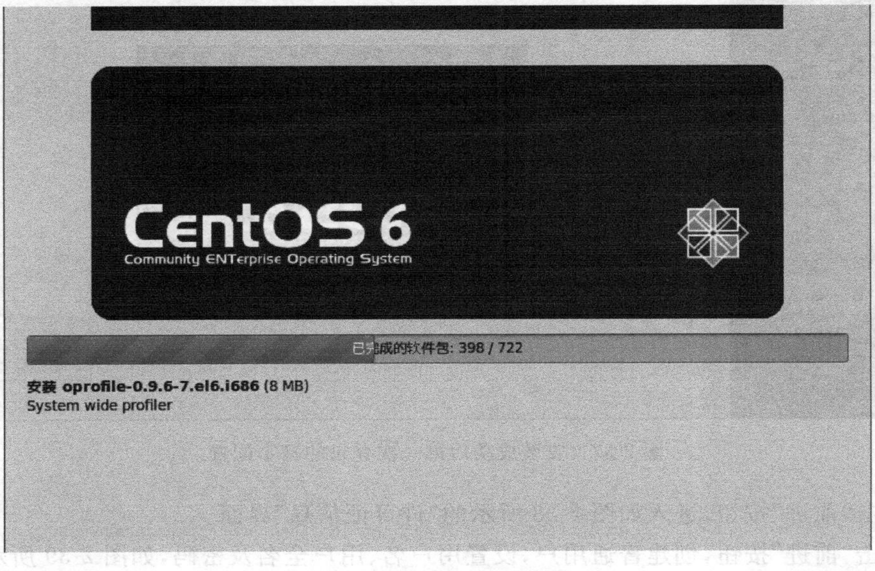

图 2-35 软件包安装过程

安装完成，会提示“重新引导”，如图 2-36 所示。此时可退出 DVD 光盘，让系统自动重新开机。

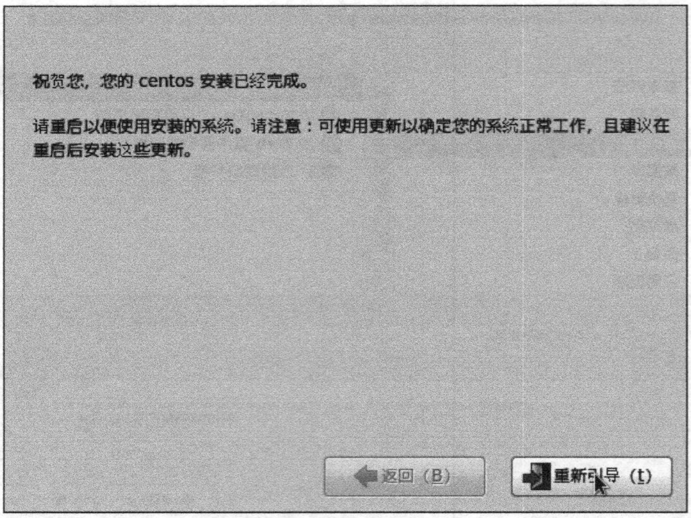

图 2-36　安装完成，重新引导

重新启动后，系统会进入欢迎画面，如图 2-37 所示。这是安装成功后第一次登录系统的基本配置。图 2-37 的左侧则是需要设定的项目。单击“前进”按钮继续配置。

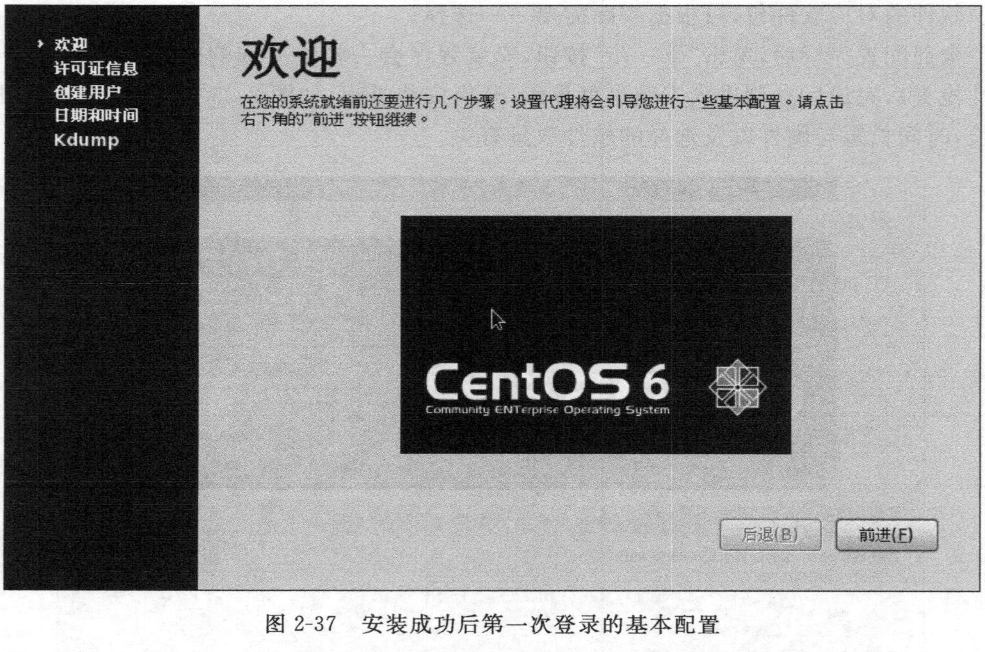

图 2-37　安装成功后第一次登录的基本配置

单击“前进”按钮，进入如图 2-38 所示的“许可证信息”界面。

单击“前进”按钮，创建普通用户，设置用户名、用户全名及密码，如图 2-39 所示。

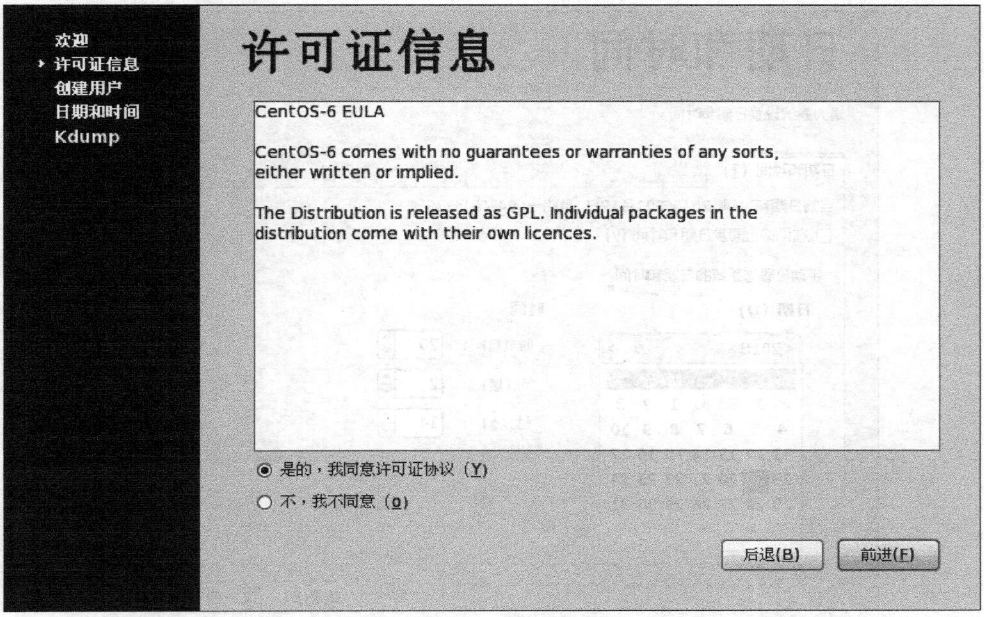

图 2-38 许可证信息

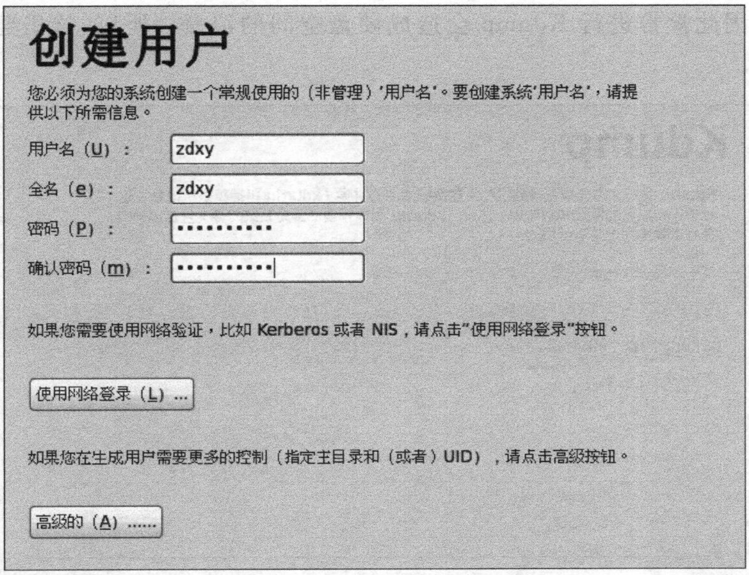

图 2-39 创建用户

单击“前进”按钮，进入日期与时间配置界面，如图 2-40 所示。

单击“前进”按钮后，会出现 Kdump 视窗，如图 2-41 所示。Kdump 是一个内核崩溃转储机制，当内核出现错误的时候，是否要将当时的硬盘内的数据写到文件中，而这个文件能够给内核开发者研究系统崩溃的原因。我们并不是内核开发者，而且硬盘内的资料

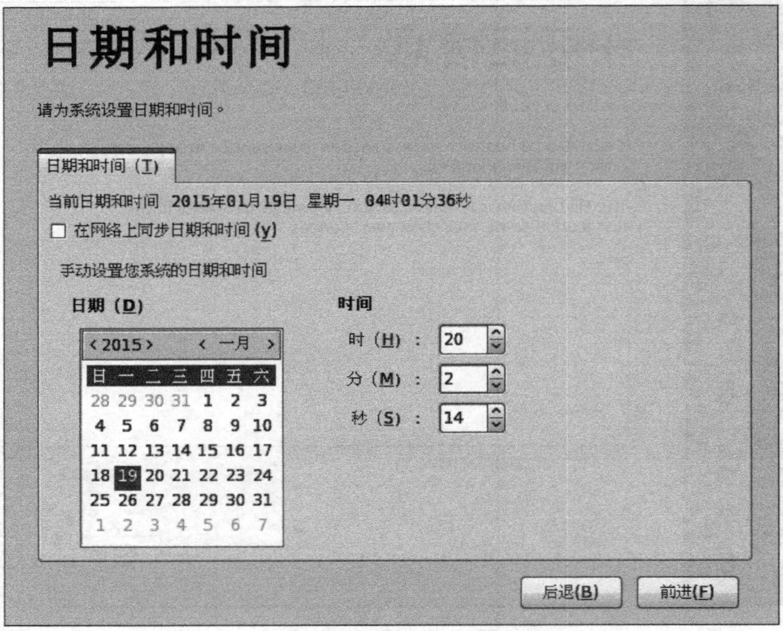

图 2-40 日期和时间

实在太大了,因此常常进行 Kdump 会造成硬盘空间的浪费。所以,这里建议不要启动 Kdump 功能。

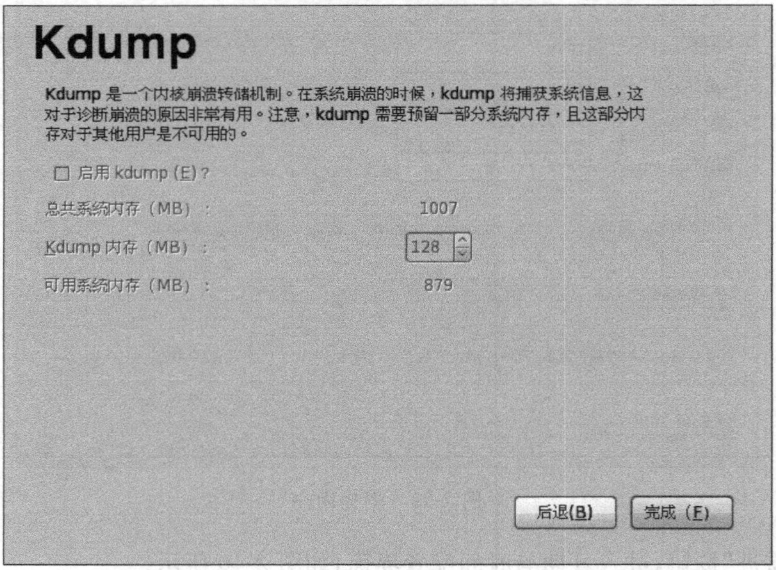

图 2-41 不需启用 Kdump

完成配置后,进入登录界面,用刚刚添加的普通用户登录,登录成功后进入系统,如图 2-42 所示。

图 2-42 成功登录 CentOS 系统

CentOS 不允许 root 登录图形界面，可以通过更改/etc/pam.d/gdm 文件实现 root 图形界面的登录，不过不提倡这种做法，通过命令能更好地了解 Linux。

2.4 安装后 Linux 系统的构成

每一个 Linux 都有一个内核(vmlinuz)，在这个内核上添加可以完成各种特定功能的模块，每个模块就体现在 Linux 中各种不同的目录上。当然，各种不同的发行套件，其目录有细小的差别，但主要结构都是一样的。

以下简单列出常用的文件夹名称及其用途，详细内容会在后续章节介绍。

/ ：系统的根目录，所有的文件或目录均被保存在此目录下，Linux 文件系统是从/开始的。

/boot：放置开机启动会用到的各个文件。

/home：主机上所有使用者的家目录。

/bin(或 sbin)：Linux 系统的各式各样的可执行文件。

/etc：各软件套件的偏好设定及系统管理的各种配置文件。

/dev：所有的外围设备，如鼠标、键盘等。

/lib：用来存放系统动态连接共享库，几乎所有的应用程序都会用到这个目录下的共享库。

/mnt：临时装载文件系统，系统管理员运行 mount 命令完成装载工作。

/opt：为较大型应用软件的安装提供空间。

/proc：目录存放了进程和系统的信息，可以在这个目录下获取系统信息。

/tmp：存放启动时产生的或程序运行时产生的临时文件。

/usr：存放用户使用的系统命令和应用程序等。

/usr/bin(及 sbin)：各软件套件的执行文件。

/usr/lib：各式函数库。

/usr/local：自己手动编译安装的软件放置处。

/usr/share：每个使用者的共享资源。

/usr/share/themes：各种背景主题。

/usr/share/icons：各种小图标(背景主题使用)。

/usr/share/doc：各软件套件的说明文件。

/var：记录文件、服务器的数据存放区。

/var/log：各式各样的记录文件。

/var/www：Apache Server 存取网页位置。

/var/samba：SAMBA Server 分享网络邻居数据的位置。

/var/mail/：各使用者的邮件暂存区。

2.5 Linux 的启动

1. 开机流程分析

开机过程其实就是引导系统的过程。引导，是启动计算机的专业说法。在此过程中操作系统所提供的正常功能还不能使用，因此必须通过引导程序让操作系统启动。在引导的过程中，内核被加载到内存并开始执行。各种初始化任务得以执行，然后用户就可以登录并使用系统了。

引导阶段是系统特别脆弱的阶段，配置文件的错误、丢失设备或者设备不可用及损坏的文件系统都会妨碍计算机的启动。引导的配置经常是系统管理员必须在新系统上执行的首批任务之一。

Linux 整个开机的程序是怎样的呢？开机时要加载内核，让内核来驱动整个硬件，这样才能算是一个最基础的操作系统，然后才能够执行各种程序的运作。同样的，开机的流程也是需要先加载内核的。不过，加载内核前，却需要一些前置进程作业，才能够正确无误地加载内核。

整个开机的程序简单概括如下。

(1) 加载 BIOS 的硬件信息，并取得第一个引导装置的代号(硬盘、软盘)；

(2) 读取第一个引导装置的主要引导扇区(Master Boot Record，MBR)，获取 MBR 的引导装载程序(GRUB 或 LILO)的开机信息；

(3) 加载操作系统内核信息，内核开始解压缩，并且尝试驱动所有硬件装置；

(4) 内核执行第一个进程 init 并取得 run-level 信息；

(5) init 执行/etc/rc. d/rc. sysinit 文件，启动内核的外挂模块(/etc/modprobe. conf)，执行 run-level 的各个批次脚本(Scripts)，然后执行/etc/rc. d/rc. local 文件；

(6) 执行/bin/login 程序，并等待使用者登录；

(7) 登录之后开始以 Shell 控管主机。

2. GRUB

GRUB 是一个引导装载程序，通过 GRUB 还可以引导其他操作系统，如 FreeBSD、NetBSD、OpenBSD 和 DOS，以及 Windows 系列的操作系统。

(1) 与硬盘的关系

GRUB 主程序安装在 MBR 当中，并且动态地搜寻配置文件的信息，那么 GRUB 到底是如何认识硬盘的呢？GRUB 对硬盘的编号设定与传统的 Linux 磁盘编号又是完全不同的。它的编号有点像：

```
(hd0,0)
```

与/dev/hda1 完全不相干，其实只要注意以下几点即可。

① 硬盘编号以小括号()括起来；

② 硬盘以 hd 表示，后面接一组数字；

③ 以“搜寻顺序”作为硬盘的编号，而不是依照硬盘排线的排序。第一个搜寻到的硬盘为 0 号，第二个为 1 号，以此类推。每个硬盘的第一个分区编号为 0，依序类推。

所以，第一个搜寻到的硬盘编号为(hd0)，而该硬盘的第一个分区为(hd0,0)。在传统的主板上面，通常第一个硬盘就会是/dev/hda，所以常常可能误会/dev/hda 就是(hd0)，其实不一定，关键还是要看 BIOS 的设定值。有的主板 BIOS 可以调整开机的硬盘搜寻顺序，那么就要注意了，因为 GRUB 的硬盘编号可能会跟着改变。

整个硬盘编号如表 2-1 所示。

表 2-1 GRUB 的硬盘编号

硬盘搜寻顺序	在 GRUB 当中的编号
第一个	(hd0) (hd0,0) (hd0,1) (hd0,4)....
第二个	(hd1) (hd1,0) (hd1,1) (hd1,4)....
第三个	(hd2) (hd2,0) (hd2,1) (hd2,4)....

第一个硬盘的 MBR 安装处的硬盘代号就是(hd0)，而第一个硬盘的第一个 MBR 的代号就是(hd0,0)，第一个硬盘的第一个逻辑驱动器的代号为(hd0,4)。

(2) 配置文件/boot/grub/menu. lst

GRUB 启动时会在/boot/grub/中寻找一个名字为 menu. lst 的配置文件，里面列出了多种操作系统的排名菜单。/boot/grub/menu. lst 文件与/boot/grub/grub. conf 文件的内容是一样的，修改其中任何一个文件，另一个也会跟着改动。这个配置文件帮助 GRUB 产生一个引导选择菜单以及设置一些选项。GRUB 不支持中文。

如图 2-43 所示，为 menu. lst 文件的配置信息。

以"#"开头的是注释行，这个文件可分为两个部分。

① 整体设定

在 title 以前的前 4 行，都属于 GRUB 的整体设定，包括默认的等待时间与默认的开机项目，还有显示的画面特性等项目。title 后面才是指定开机的内核文件或者是 boot

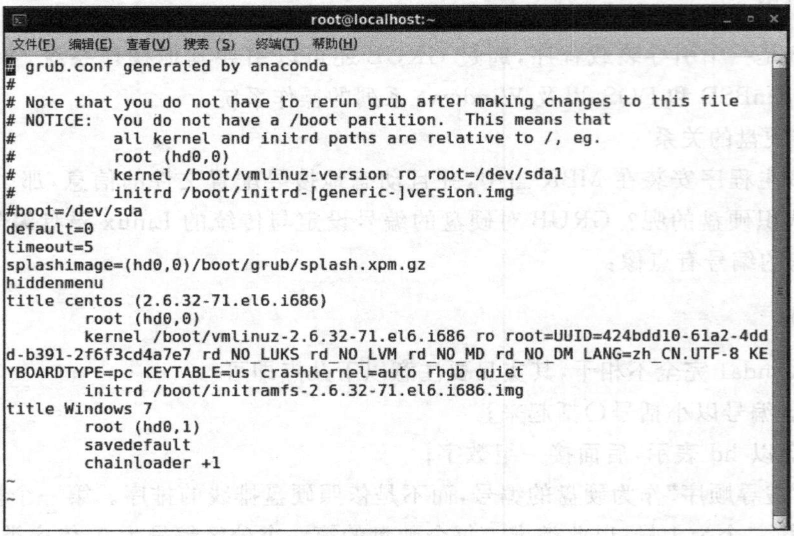

```
root@localhost:~
文件(F) 编辑(E) 查看(V) 搜索(S) 终端(T) 帮助(H)
# grub.conf generated by anaconda
#
# Note that you do not have to rerun grub after making changes to this file
# NOTICE:  You do not have a /boot partition.  This means that
#          all kernel and initrd paths are relative to /, eg.
#          root (hd0,0)
#          kernel /boot/vmlinuz-version ro root=/dev/sda1
#          initrd /boot/initrd-[generic-]version.img
#boot=/dev/sda
default=0
timeout=5
splashimage=(hd0,0)/boot/grub/splash.xpm.gz
hiddenmenu
title centos (2.6.32-71.el6.i686)
        root (hd0,0)
        kernel /boot/vmlinuz-2.6.32-71.el6.i686 ro root=UUID=424bdd10-61a2-4dd
d-b391-2f6f3cd4a7e7 rd_NO_LUKS rd_NO_LVM rd_NO_MD rd_NO_DM LANG=zh_CN.UTF-8 KE
YBOARDTYPE=pc KEYTABLE=us crashkernel=auto rhgb quiet
        initrd /boot/initramfs-2.6.32-71.el6.i686.img
title Windows 7
        root (hd0,1)
        savedefault
        chainloader +1
~
```

图 2-43　menu. lst 文件的配置信息

loader 控制权。在整体设定方面的项目主要常见的有：

- default＝0

这个必须要与 title 作为对照。以图 2-43 为例，图中有两个 title，按照前后顺序来排列，第一个 title 代表的是 0，第二个 title 代表的是 1，以此类推，这个 default 说的是：如果开机过程当中，并没有选择其他的项目，那么就会用默认值（第 1 个 title）来开机。

- timeout＝5

开机时会显示选单，提示需要启动的操作系统，如果在 timeout 指定的秒数内，例如这里设定为 5s，5s 内没有按下任何按键，那就会用 default 的设定值来进行开机。

- splashimage＝(hd0,0)/boot/grub/splash. xpm. gz

splashimage 是在选单上面显示的一些图片或者是相关的影像数据。在开机的过程当中并没有硬盘，所以必须要明确地指出某个文件在哪个分区内的哪个目录中。因此，上面的设定说的是：在(hd0,0)那个分区内的/boot/grub/splash. xpm. gz 文件为开机时显示的画面。

- hiddenmenu

设定开机时是否要显示选单。目前 FC10 默认是不要显示选单，如果想要显示选单，那就将这个设定值注释掉。

② 直接指定内核开机

既然要指定内核开机，所以当然要找到内核文件，此外，有可能还需要用到 initrd 的 RAM Disk 配置文件。但是如前说的，尚未开机完成，所以必须要以 GRUB 的硬盘认识方式找出完整的内核与 initrd 文件名。因此，需要用以下方式来设定。

设置 Linux 启动菜单步骤如下：

- 设置标题；

• 设置根分区；
• 设置内核的相应参数；
• 启动。

如果用 GRUB 来引导 Linux 和 Windows，当 Windows 出毛病重新安装后，会破坏 MBR 中的 GRUB，这时需要 Linux 安装光盘，用修复模式安装，恢复 GRUB。

3. 运行级别 runlevel 与配置文件/etc/inittab

init 的进程号是 1，它是系统所有进程的起点，Linux 在完成核内引导以后，就开始运行 init 程序，它是所有进程的祖先。init 程序需要读取配置文件/etc/inittab。inittab 是一个不可执行的文本文件，它由若干行命令所组成。确定 Linux 的运行级别，运行级别实际上是一种系统软件配置，在某个配置下只有一组选定的进程存在。Linux 下共有 7 个运行级别，设置都在配置文件/etc/inittab 中，可以设置默认启动运行级别。

init 这个进程会依据/etc/inittab 中所记载的内容进入不同的运行级别，并启动不同的进程，所以 inittab 的重要性可见一斑。

(1) run-level

那么什么是 run-level 呢？所谓 run-level 就是系统中定义了许多不同的级别(level)，而系统会随着级别的不同去启动不同的资源。Linux 就是借由设定 run-level 来规定系统使用不同的服务来启动，让 Linux 的使用环境不同。基本上，依据有无网络与有无 X-Window而将 run-level 分为 7 个等级，分别是：

① 0-系统直接关机；
② 1-单人维护模式，用在系统出问题时的维护；
③ 2-类似下面的 run-level 3，但无网络服务；
④ 3-完整的含有网络功能的纯文字模式；
⑤ 4-系统保留功能；
⑥ 5-X11(与 run-level 3 类似，但使用 X-Window)；
⑦ 6-reboot(重新开机)。

由于 run-level 0、4、6 不是关机、重新开机就是系统保留的，所以，不能将默认的 run-level 设定为这 4 个值，否则系统就会不断地自动关机或自动重新开机。

那么开机时，到底如何取得系统的 run-level 呢？当然是/etc/inittab 所设定的。如图 2-44 所示为/etc/inittab 中的部分内容：在/etc/inittab 这个文件中，每一列是一个进入点，假如仔细观察每一列的话，那就会很容易地发现，/etc/inittab 的每一列可以被分号":"分成好几个栏位。

(2) 规定开机 level

规定开机的默认 run-level 是纯文字(3)或者是具有图形接口(5)，可通过"id:5:initdefault:"中的数字来决定。

一般来说，默认都是使用 3 或者是 5 作为默认的 run-level。但有时可能需要进入 run-level 1，也就是单人维护模式的环境当中。run-level 1 有点像是 Windows 系统当中的"安全模式"，专门用来处理当系统有问题时的操作环境。此外，当系统发现有问

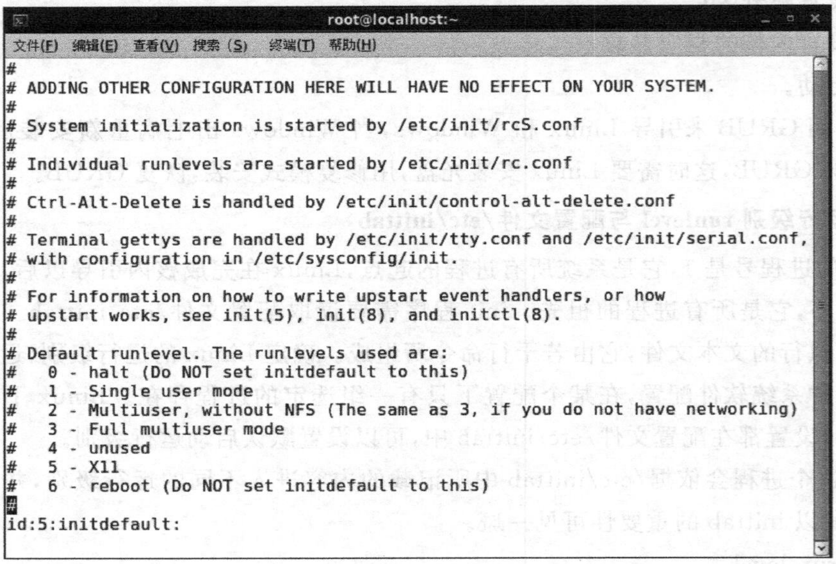

```
#
# ADDING OTHER CONFIGURATION HERE WILL HAVE NO EFFECT ON YOUR SYSTEM.
#
# System initialization is started by /etc/init/rcS.conf
#
# Individual runlevels are started by /etc/init/rc.conf
#
# Ctrl-Alt-Delete is handled by /etc/init/control-alt-delete.conf
#
# Terminal gettys are handled by /etc/init/tty.conf and /etc/init/serial.conf,
# with configuration in /etc/sysconfig/init.
#
# For information on how to write upstart event handlers, or how
# upstart works, see init(5), init(8), and initctl(8).
#
# Default runlevel. The runlevels used are:
#   0 - halt (Do NOT set initdefault to this)
#   1 - Single user mode
#   2 - Multiuser, without NFS (The same as 3, if you do not have networking)
#   3 - Full multiuser mode
#   4 - unused
#   5 - X11
#   6 - reboot (Do NOT set initdefault to this)
#
id:5:initdefault:
```

图 2-44 /etc/inittab 文件的部分配置信息

题时，举例来说，不正常关机造成文件系统的不一致现象时，系统会主动进入单人维护模式。

(3) run-level 的变换

要每次开机都执行某个默认的 run-level，则需要修改/etc/inittab 内的设定项目，也就是“id:5:initdefault:”里的数字。但如果仅只是暂时变更系统的 run-level 时，则使用命令 init [0－6]来进行 run level 的变更。但下次重新开机时，依旧会以/etc/inittab 的设定为准。

假设原本是以 run-level 5 登入系统的，但是因为某些因素，想要切换成 run-level 3 时，利用命令 init 3 即可切换。但是 init 3 这个动作到底做了什么呢？不同的 run-level 只是加载的服务不同罢了，也就是/etc/rc.d/rc5.d 还有/etc/rc.d/rc3.d 内有差异而已。所以说，当执行 init 3 时，系统会：

① 先比对/etc/rc.d/rc3.d/及/etc/rc.d/rc5.d 内的 K 与 S 开头的文件；

② 关闭/etc/rc.d/rc5.d 内有的服务，且该服务并不存在于/etc/rc.d/rc3.d 当中；

③ 启动/etc/rc.d/rc3.d/内有的服务，且该服务并不存在于/etc/rc.d/rc5.d 当中。

也就是说，两个 run-level 都存在的服务不会被关闭。如此一来，就很容易切换 run-level，而且还不需要重新开机。那如何知道当前的 run-level 是多少呢？直接在终端中输入命令 runlevel 即可，如图 2-45 所示。

4. 登录

进入 Linux 工作，使用 Linux 系统的一个前提条件是登录。登录实际上是向系统做自我介绍，又称验证身份，然后授权，访问哪些文件及权限。如果输入了错误的用户名或口令，就不会被允许进入系统。

Linux 是多用户操作系统，它允许多个用户同时使用一台计算机，这是与 Windows

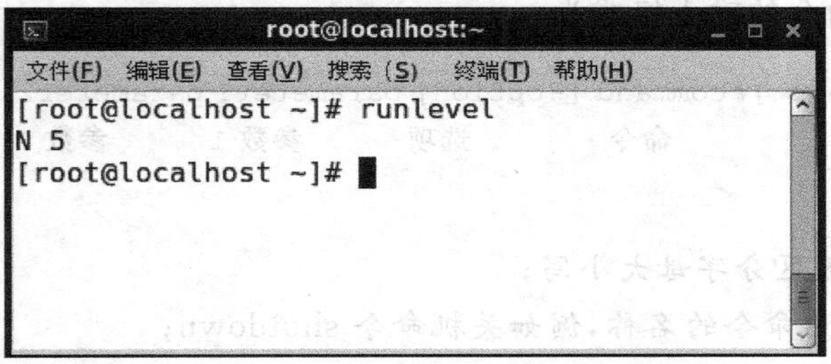

图 2-45 获取当前的 run-level

的最大区别之一，因此 Linux 有比 Windows 更严格的用户管理。系统加载后，就处于可使用的状态，但是任何用户都还无法从键盘输入任何操作命令，必须经过用户登录。不同的用户有不同的权限，有各自的专用工作目录。如图 2-46 所示，为 CentOS 的登录界面。

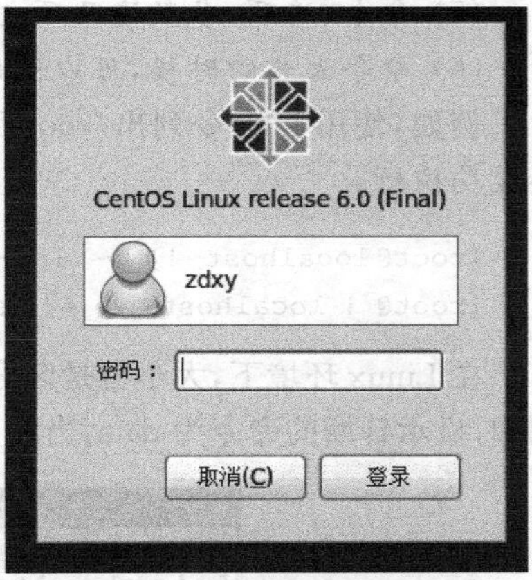

图 2-46 登录界面

登录界面还有几个菜单，即“语言”、“会话”、“重新引导”、“关机”。语言选择即登录后系统使用的语言，会话可以选择桌面环境 KDE 或 GNOME，重新引导可以使用户直接重新启动系统，关机允许在没有登录系统的情况下关闭系统。

Linux 系统有普通用户和超级用户之分。普通用户的用户名是任意的，也是任意个，而超级用户的用户名是 root，只有一个。Linux 系统是严格区分大小写的，无论是用户名、文件名、设备名都是如此，即 zdxy、Zdxy、ZDXY 是三个不同的用户名或文件名。

建议初学者不要使用超级用户 root 登录，避免误操作导致系统破坏。

5. 终端与命令入门

Linux 中的所有管理任务都可以在终端中完成。许多情况下，使用终端比使用图形化的程序更快捷，而且还可能实现额外的功能。不仅如此，所有的终端任务都可以写到脚本中，这样就可以自动执行。为了真正地驾驭 Linux 环境，需要掌握如何在终端中工作。

在典型的 Linux 系统中，通过组合键 Ctrl＋Alt＋(F1～F6)可以切换到另外的终端。每一个终端是系统中一个完全独立的会话，不同的用户可以同时使用。在图形模式下，可以打开一个虚拟终端以进入终端窗口。通常在桌面的任务条上会有终端的按钮，也可以从菜单中打开终端。

用户登录终端后，Linux 提供一个字符命令行方式的环境，这是命令解释器 Shell。Shell 用于接受用户的输入，分析后再传给其他程序或 L 内核。Shell 提供一个用户与操作系统之间的接口。

多数 Linux 默认的 Shell 类型是 bash。普通用户登录时的默认提示符是“$”，而超级用户 root 的提示符是“#”。

一般情况下，命令的输入格式为：

```
[root@localhost~]#command [-option] parameter1 parameter2 ...
                    命令        选项        参数 1      参数 2
```

说明：

(1) 命令与参数区分字母大小写；

(2) command 为命令的名称，例如关机命令 shutdown；

(3) 中括号[]实际并不存在，在进行参数设定时，通常为“－”号，若为完整参数名词，则输入“－－”符号；

(4) parameter1 parameter2……为跟在选项后面的参数，或是命令的参数；

(5) 命令、选项、参数这几项之间以空格分开，不论空几个格，都视为一个空格；

(6) 命令太长的时候，可以使用“\”符号使整条命令延续到下一行。

例如，使用 ls 命令列出/root 目录下的隐藏文件与相关的属性参数，以下两种用法都会成功执行：

```
[root@localhost~!] #~  ls-~al /root
[root@ ! localhost~ !] #! ls-al /root
```

在 Linux 环境下，大小写是区分的，所以，在输入命令时千万注意命令是大写还是小写。例如，显示日期的命令为 date，当输入大小写不同时，会有什么现象呢？如图 2-47 所示。

图 2-47 大小写区分的命令

一些按键的说明如下。

① Ctrl＋C：在 Linux 下，如果输入了错误的命令或参数，有时候系统会一直运行而不停止，这时，如果想让当前程序终止，可以按 Ctrl＋C，这是中断当前程序的按键。

② q：有很多程序在运行时（例如 man 或 more 命令），如果想跳出来，按下 q 即可。这是很多命令常定义的退出键。

更详细的命令操作方法会在后续章节中介绍。

6. 在线帮助

(1) man

不知道怎么使用 date 命令，可以求助 Linux 的在线帮助系统。找 man，这里的 man 是 manual（操作说明）的简写。只要输入 man date，马上就会有清楚的说明，如图 2-48 所示。

```
[root@localhost] # man date
```

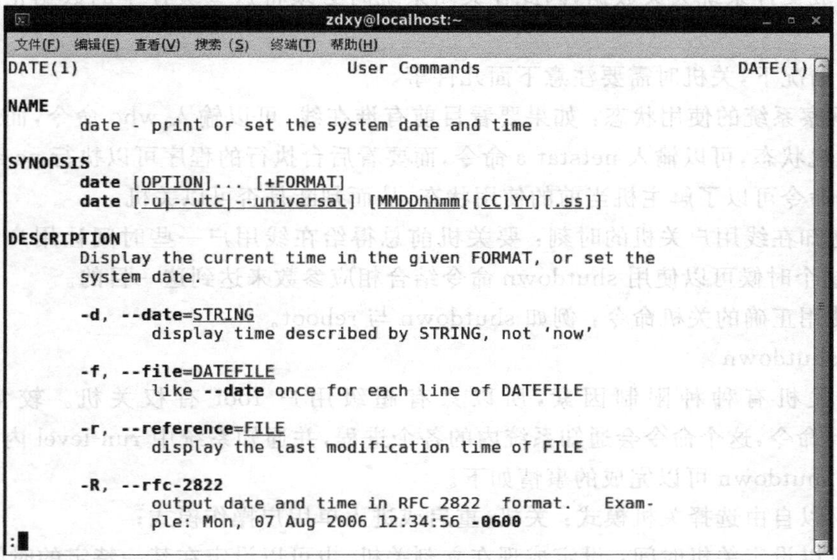

图 2-48 在线帮助文档

出现在这个屏幕中的内容称为 man page,可以在里面查询到它的用法和相关的参数说明。如果要向下翻页,可以按下键盘上的空格键。退出 man page 可以直接输入 q。总结一下,在 man page 中可以按的键有如下几个。

① 空格键:向下翻页;

② Page up:向上翻页;

③ Page down:向下翻页;

④ home:回到最前面;

⑤ end:转到最后一页;

⑥ /word:搜索 word 所代表的关键字。

这些 man page 其实都是实际的文档,一般存放在/usr/share/man 文件夹中。

(2) info

除了 man 之外,Linux 还提供另外一种查询方式,即 info,使用方法与 man 差不多:

```
[root@localhost~]#info command
```

info 后面跟要查询的命令名称。

7. 关机

在 Windows 中按着电源开关 4、5 秒可以关机,但是在 Linux 中则强烈建议不要这么做。因为在 Linux 下,由于每个程序(或者服务)都是在后台执行的,因此,其实可能有相当多人同时在这台主机上工作,例如浏览网页、传送信件、以 FTP 传送文件等,如果直接按下电源开关关机,则其他人的数据可能就此中断。此外,最大的问题是:若不正常关机,则可能造成文件系统的损毁。Linux 的文件系统缓存在内存上,时刻可能发生变化,而不是立刻回写到磁盘上，这种方案使得磁盘的I/O速度更快，但是当系统被强制终止时也会造成文件系统丢失数据，因此在关闭系统时必须将这些缓存中的数据正常回写到磁盘上。

正常情况下，关机时需要注意下面几件事。

① 观察系统的使用状态：如果要看目前有谁在线，可以输入 who 命令，而如果要看网络的联机状态，可以输入 netstat-a 命令，而要看后台执行的程序可以执行 ps-aux 命令。使用这些命令可以了解主机当前的使用状态，从而判断是否可以关机。

② 通知在线用户关机的时刻：要关机前总得给在线用户一些时间让用户结束他们的工作，这个时候可以使用 shutdown 命令结合相应参数来达到这一目的。

③ 使用正确的关机命令：例如 shutdown 与 reboot。

(1) shutdown

由于关机有种种限制因素，所以只有超级用户 root 有权关机。较常用的是 shutdown 命令，这个命令会通知系统内的各个进程，并通知系统中 run-level 内的一些服务关闭。shutdown 可以完成的事情如下。

① 可以自由选择关机模式：关机、重启或进入单用户操作模式；

② 可以设定关机时间：设定成现在立刻关机，也可以设定在某一特定的时间关机；

③ 可以自定义关机信息：在关机之前，可以将自己设定的信息传送给在线用户；

④ 可以仅发出警告信息：有时候可能要进行一些测试，而不想让其他用户干扰，或者是明白告诉用户某段时间要注意一下，这时可以用 shutdown 提醒用户，但却不是真的关机；

⑤ 可以选择是否要用 fsck 工具检查文件系统。

shutdown 简单的语法规则为：

```
[root@localhost~]#shutdown [-t 秒] [-arkhcfF] 时间 [警告信息]
```

实例：

```
[root@localhost~]#shutdown -h 10 'This server will shutdown after 10 mins'
```

它的参数有如下几个。

① -t sec：-t 后面跟秒数，过几秒后关机；

② -k：不是真的关机，只是发送警告信息；

③ -r：在将系统的服务停掉之后重启；

④ -h：将系统的服务停掉后，立刻关机；

⑤ -f：关机并开机后，强制略过 fsck 工具的磁盘检查；

⑥ -F：关机并开机后，强制执行 fsck 工具的磁盘检查；

⑦ -c：取消已经在进行的 shutdown 命令内容。

此外，需要注意的是，务必加入时间参数，否则会自动跳到 run-level 1（单人操作模式）。下面提供几个例子：

shutdown-h now　　立刻关机，其中 now 相当于时间为 0

shutdown-h 20:25　　系统在今天的 20:25 关机

shutdown-h＋10 系统再过 10min 后 0 自动关机
shutdown-r now 系统立刻重启
shutdown-r＋30 'The system will reboot'再过 30min 重启，并显示提示信息
shutdown-k 'The system will reboot' 仅发出提示信息，系统不会关机
(2) reboot
reboot 与 shutdown-r now 基本相同，用来立刻重新启动系统。

习 题 2

一、选择题

1. Linux 根分区的大小为________比较合适。
   A. 512KB　　B. 5GB
   C. 1MB　　D. 和内存同样的大小
2. Linux 的安装过程中磁盘分区选项不包括________。
   A. 自动分区　　B. Disk Druid 手工分区
   C. 使用已存在的 Windows 分区　　D. 使用已存在的 Linux 分区
3. Linux 安装界面中不包含________。
   A. 如果以图形化模式安装或升级 Linux，按 Enter 键
   B. 如果以文本模式安装或升级 Linux，输入"Linux text"，然后按 Enter 键
   C. 用列出的功能键来获取更多的信息
   D. Setup 图标
4. Linux 安装时，下面哪种说法不正确________。
   A. 在安装了 Windows 的计算机上，可以再安装一个 Linux 系统
   B. 在安装了 Linux 的计算机上，可以再安装一个 Linux 系统
   C. 如果硬盘没有分区，Linux 的安装光盘无法启动
   D. 如果硬盘没有分区，Linux 会先分区，再安装
5. Linux 安装时，下面哪种说法不正确________。
   A. 在进入 Windows 之后，放入 Linux 光盘，并等待其自动安装
   B. 重新启动计算机，将光盘放入，并设置成光盘启动
   C. 安装时，在分区的时候如果选择清空整个硬盘，则磁盘上原有分区会消失
   D. 安装完成后，grub 可以识别大多数操作系统并将其加入启动选择列表
6. 下列关于 GRUB 的描述，不正确的是________。
   A. GRUB 不能引导 Windows 操作系统
   B. GRUB 可以引导 Windows 操作系统
   C. GRUB 的系统选择菜单在配置文件/boot/grub/menu.lst 里面可以更改
   D. GRUB 的系统选择菜单里面可以有多个操作系统选项
7. 通常 Linux 的安装至少需要两个分区，分别是________。
   A. /和/root　　B. /root 和/home

C. /home 和/usr　　D. 根分区和交换分区

8. 若一台计算机的内存为128MB,则交换分区的大小推荐是________。

A. 64MB　　B. 128MB

C. 256MB　　D. 512MB

9. 重新启动 Linux 系统应使用________命令实现。

A. reboot　　B. poweroff

C. init 0　　D. restart

10. 关闭 Linux 系统(不重新启动)可使用命令________。

A. Ctrl＋Alt＋Del　　B. halt

C. shutdown-r now　　D. reboot

二、问答题

1. Linux 对于硬件的要求是什么？是否一定要有很高的配置才能安装 Linux?

2. 请写下目前您使用的个人计算机中,各项设备的主要等级与厂商或芯片组名称。

主板：	CPU：	内存大小：
硬盘容量：	显卡：	网卡：

3. 请问一个硬盘最多可以有几个主分区和扩展分区？

4. 如果一个硬盘是接在 IDE 接口 2 的第一块硬盘,请问这个硬盘的第一个逻辑驱动器的代号为多少?

5. 如果在分割磁盘时设定了 4 个主分区,但是磁盘还有空间,请问还能不能使用这些空间?

6. 想要知道 date 命令如何使用,应该如何查询?

7. 想在今天的 1:30 让系统自动关机,并发出提示信息提醒在线用户,要怎么做?

第3章 Linux用户管理

Linux用户的问题可大可小，大到可以限制用户使用Linux主机的各项资源，小到可以限定一般用户的密码制定规则，这就要看用户对安全的需求。

3.1 用户管理概述

Linux是一个多用户、多任务的操作系统，首先我们应该了解单用户多任务和多用户多任务的概念。

1. Linux的单用户多任务

例如以zdxy登录系统，进入系统后，要打开gedit来写文档，但在写文档的过程中，感觉少点音乐，所以又打开xmms来点音乐；当然听点音乐还不行，QQ还得打开，这样一来，在用zdxy用户登录时，执行了gedit、xmms以及QQ等应用程序，当然还有输入法fcitx。这样说来就简单了，一个zdxy用户，为了完成工作，执行了几个任务。当然除了zdxy这个用户，其他人还能以远程登录进来，也能做其他的工作。

2. Linux的多用户多任务

有时可能是很多用户同时用同一个系统，但并不是所有的用户都一定都要做同一件事。

例如某服务器，上面有FTP用户、系统管理员、Web用户、常规普通用户等，在同一时刻，可能有人正在访问论坛，有的可能在上传软件包管理子站，与此同时，可能还会有系统管理员在维护系统。浏览主页的用的是nobody用户，大家都用同一个，而上传软件包用的是FTP用户，管理员对系统的维护或查看可能用的是普通账号或超级权限root账号。不同用户所具有的权限也不同，要完成不同的任务得需要不同的用户，也可以说不同的用户，可能完成的工作也不一样。

值得注意的是，多用户多任务并不是大家同时挤到一起，使用接在一台机器的键盘和显示器来操作机器，多用户可能通过远程登录来进行，例如对服务器的远程控制，只要有权限，任何人都是可以上去操作或访问。

3. 用户的角色区分

用户在系统中是分角色的，在Linux系统中，由于角色不同，权限和所完成的任务也不同。值得注意的是，用户的角色是通过UID和GID识别的，特别是UID；在系统管理中，系统管理员一定要坚守 UID 唯一的特性。

(1) root 用户：系统唯一，是真实的，可以登录系统，可以操作系统任何文件和命令，拥有最高权限。

(2) 虚拟用户：这类用户也被称为伪用户或假用户，与真实用户区分开来，这类用户不具有登录系统的能力，但却是系统运行不可缺少的用户，例如 bin、daemon、adm、ftp、mail 等。这类用户都系统自身拥有的，而非后来添加的，当然也可以添加虚拟用户。

(3) 普通真实用户：这类用户能登录系统，但只能操作自己 home 目录的内容，权限有限，这类用户都是系统管理员自行添加的。

4. 多用户操作系统的安全

多用户系统从事实来说对系统管理更为方便。从安全角度来说，多用户管理的系统更为安全，例如 zdxy 用户下的某个文件不想让其他用户看到，只要设置一下文件的权限，只有 zdxy 一个用户可读可写可编辑就行了，这样一来，只有 zdxy 一个用户可以对其私有文件进行操作。Linux 在多用户下表现最佳，能很好地保护每个用户的安全，但也要注意，再安全的系统，如果没有有安全意识的管理员或管理技术，这样的系统也不是安全的。

从服务器角度来说，多用户下的系统安全性也是最为重要的，我们常用的 Windows 操作系统，它在系统权限管理的能力只能说是一般，根本没有办法和 Linux 或 UNIX 类系统相比。

3.2 用户账号和用户组

1. 用户(User)的概念

通过前面对 Linux 多用户的理解，我们明白 Linux 是真正意义上的多用户操作系统，所以可以在 Linux 系统中建若干用户。例如其他人想使用我的计算机，但我不想让他用我的用户名登录，因为我的用户名下有隐私内容，这时就可以给他建一个新的用户名，让他用我所开的用户名，这从计算机安全角度来说是符合操作规则的。

当然用户的概念理解还不仅仅于此，在 Linux 系统中还有一些用户是用来完成特定任务的，例如 nobody 和 ftp 等。访问网页程序，就是 nobody 用户；匿名访问 FTP 时，会用到用户 ftp 或 nobody。

2. 用户组(Group)的概念

用户组就是具有相同特征的用户的集合体。例如有时要让多个用户具有相同的权限，像是查看、修改某一文件或执行某个命令，这时就需要用户组，把用户都定义到同一用户组，通过修改文件或目录的权限，让用户组具有一定的操作权限，这样用户组下的用户对该文件或目录都具有相同的权限，这是通过定义组和修改文件的权限来实现的。

例如，为了让一些用户有权限查看某一文档，假设是一个时间表，而编写时间表的人要具有读写执行的权限，想让一些用户知道这个时间表的内容，而不让他们修改，可以把这些用户都划到一个组，然后来修改这个文件的权限，让用户组可读，这样用户组下面的每个用户都是可读的。

3. 用户和用户组的对应关系

用户和用户组的对应关系可以是一对一、多对一、一对多或多对多。

(1) 一对一：某个用户可以是某个组的唯一成员；

(2) 多对一：多个用户可以是某个唯一的组的成员，不归属其他用户组，例如 zdxy 和 jsjx 两个用户只归属于 zdxy 用户组；

(3) 一对多：某个用户可以是多个用户组的成员，例如 zdxy 可以是 root 组成员，也可以是 linux 用户组成员，还可以是 adm 用户组成员；

(4) 多对多：多个用户对应多个用户组，并且几个用户可以归属相同的组，其实多对多的关系是前面三种关系的扩展。

在管理 Linux 主机的用户时，还必须先来了解一下 Linux 到底是如何辨别每一个用户的。

4. 账户识别

虽然登录 Linux 主机的时候，输入的是用户名，但是，其实 Linux 主机并不会直接认识用户名称，它仅认识 ID，ID 就是一组号码，主机对于数字比较有概念，用户名只是为了让人们容易记忆而已。而 ID 与账户的对应就在配置文件/etc/passwd 当中。

那么到底有几种 ID 呢？每个登录的用户至少都会取得两个 ID，一个是用户 ID (User ID，UID)、一个是群组 ID(Group ID，GID)。

Linux 下的每一个文件都会有所谓的拥有者 ID 与拥有群组 ID，即 UID 与 GID，然后系统会依据/etc/passwd 的内容，去将该文件的拥有者与群组名称，使用用户的形式显示出来。

5. 如何登录 Linux 取得 UID/GID

到底是怎样登录 Linux 主机的呢？在登录过程中，系统会出现一个登录画面要求输入用户名，输入用户名与密码之后，Linux 会做以下操作。

(1) 检索配置文件/etc/passwd 里是否有这个用户。如果没有则跳出，如果有的话则将该用户对应的 UID 与 GID 读出来，另外，该用户的 home 目录与 Shell 设定也一并读出。

(2) 核对密码表。这时 Linux 会在配置文件/etc/shadow 里找出对应的用户与 UID，然后核对刚刚输入的密码与里面的密码是否相符。

(3) 如果上面操作都通过的话，就进入 Shell 控管的阶段。

当要登录 Linux 主机的时候，配置文件/etc/passwd 与/etc/shadow 就必须要让系统读取，这也是很多攻击者会将特殊用户写到/etc/passwd 里去的缘故。所以，如果要备份 Linux 系统的用户的话，那么这两个文件就一定需要备份。

6. 用户配置文件

用户管理最重要的两个文件就是/etc/passwd 与/etc/shadow。这两个文件可以说是 Linux 里最重要的文件之一。如果没有这两个文件的话，是无法登录 Linux 的。所以，下面先针对这两个文件来进行说明。当然，更详细的数据可以自行 man 5 passwd 及 man 5 shadow。

(1) /etc/passwd

这个文件的构造是这样的：每一行都代表一个用户，有几行就代表有几个用户在系统中，如图 3-1 所示。

```
root@localhost:~
文件(F) 编辑(E) 查看(V) 搜索(S) 终端(T) 帮助(H)
root:x:0:0:root:/root:/bin/bash
bin:x:1:1:bin:/bin:/sbin/nologin
daemon:x:2:2:daemon:/sbin:/sbin/nologin
adm:x:3:4:adm:/var/adm:/sbin/nologin
lp:x:4:7:lp:/var/spool/lpd:/sbin/nologin
sync:x:5:0:sync:/sbin:/bin/sync
shutdown:x:6:0:shutdown:/sbin:/sbin/shutdown
halt:x:7:0:halt:/sbin:/sbin/halt
mail:x:8:12:mail:/var/spool/mail:/sbin/nologin
uucp:x:10:14:uucp:/var/spool/uucp:/sbin/nologin
operator:x:11:0:operator:/root:/sbin/nologin
games:x:12:100:games:/usr/games:/sbin/nologin
gopher:x:13:30:gopher:/var/gopher:/sbin/nologin
ftp:x:14:50:FTP User:/var/ftp:/sbin/nologin
nobody:x:99:99:Nobody:/:/sbin/nologin
dbus:x:81:81:System message bus:/:/sbin/nologin
usbmuxd:x:113:113:usbmuxd user:/:/sbin/nologin
avahi-autoipd:x:170:170:Avahi IPv4LL Stack:/var/lib/avahi-autoipd:/sbin/nologi
n
vcsa:x:69:69:virtual console memory owner:/dev:/sbin/nologin
rpc:x:32:32:Rpcbind Daemon:/var/cache/rpcbind:/sbin/nologin
rtkit:x:499:499:RealtimeKit:/proc:/sbin/nologin
abrt:x:498:498::/etc/abrt:/sbin/nologin
nscd:x:28:28:NSCD Daemon:/:/sbin/nologin
tcpdump:x:72:72::/:/sbin/nologin
"/etc/passwd" 41L, 2074C
```

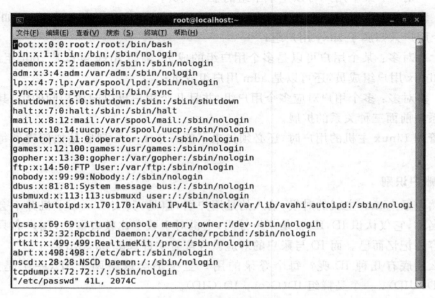

图 3-1 /etc/passwd 文件

不过需要特别留意的是，文件里的很多用户本来就是系统中必须要的，可以简称为系统用户，例如 bin、daemon、adm、nobody 等，这些用户是系统正常运作时所需要的，请不要随意地删掉。这个文件内容的结构类似这样：

```
root:x:0:0:root:/root:/bin/bash
bin:x:1:1:bin:/bin:/sbin/nologin
```

先来看一下每个 Linux 系统都会有的第一行，就是 root 系统管理员这一行，可以明显地看出来，每一个字段使用分号“:”分隔开，共有 7 个字段，分别介绍如下。

① 用户名称：对应 UID 用的，例如 root 就是默认的系统管理员的用户名称。

② 密码：早期的 UNIX 系统的密码是放在这个文件中的，但是因为这个文件是所有的程序都能够读取的，这样一来很容易造成数据被窃取，因此后来就将这个字段的密码数据改放到/etc/shadow 中了，关于/etc/shadow 这一部分下面再说。而这里会看到一个 x，别担心，这表示密码已经被移动到 shadow 这个加密过后的文件里了。

③ UID：这个就是用户识别码。通常 Linux 对于 UID 有几个限制，如表 3-1 所示。

④ GID：这个与配置文件/etc/group 有关。其实/etc/group 与/etc/passwd 差不多，只是它是用来规范用户组而已。

⑤ 用户信息说明栏：这个字段基本上并没有什么重要用途，只是用来解释这个用户的意义而已。不过，如果提供使用 finger 的功能时，这个字段可以提供很多的讯息。

表 3-1 UID的限制要求

UID 范围	该 ID 用户特性
0	当 UID 是 0 时,代表这个账号是"系统管理员",所以当要新建另一个系统管理员账号时,可以将该账号的 UID 改成 0。这也就是说,Linux 系统上面的系统管理员不见得只有 root。不过,不建议有多个账号的 UID 是 0
1～499	保留给系统使用的 ID,其实 1～65 535 之间的账号并没有不同,也就是除了 0 之外,其他的 UID 并没有不一样,默认 500 以前给系统作为保留账号只是一个习惯 一般来说,1～99 会保留给系统默认的账号,另外 100～499 则保留给一些服务来使用
500～65535	给一般用户使用。事实上,目前的 Linux 内核(2.6 版)已经可以支持到 4 294 967 295 ($2^{32}-1$) 这么大的 UID 号了

⑥ home 目录：这是用户的家目录,以上面为例,root 的家目录在/root,所以当 root 登录之后,当前目录就会变成/root。如果有个用户的使用空间特别大,想要将该用户的家目录移动到其他的硬盘上去,就可以在这里进行修改。默认的用户家目录在 /home/username。

⑦ Shell：所谓的 Shell 是用来沟通用户下达的命令与机器之间真正动作的界面。通常使用/bin/bash 这个 Shell 来进行命令的解释。登录 Linux 时为何默认是 bash 呢,就是在这里设定的。

(2) /etc/shadow

/etc/shadow 这个文件内容的结构类似这样,如图 3-2 所示。

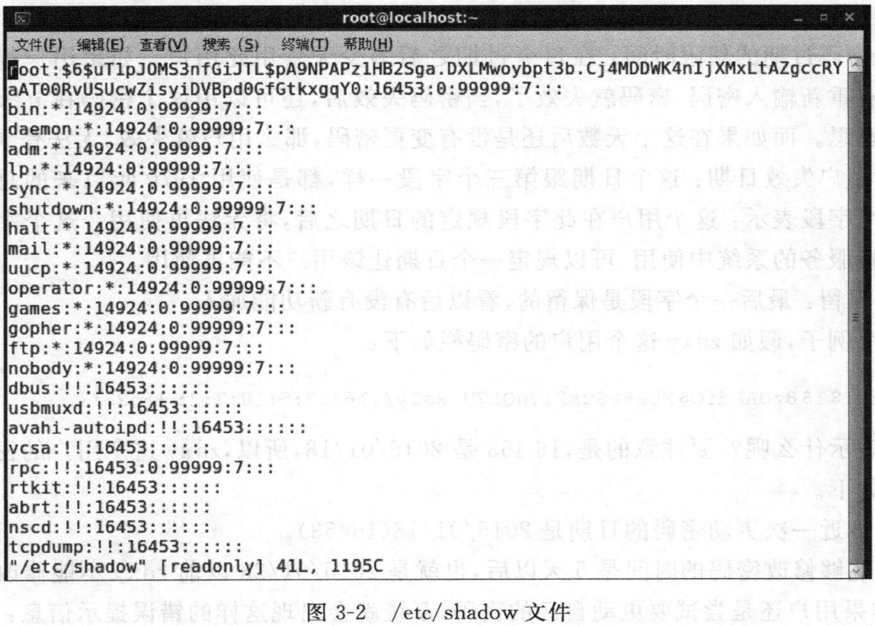

图 3-2 /etc/shadow 文件

```
root:$1$i9Ejldjfjio389u9sjl$jljsoi45QE/:12959:0:99999:7:::
bin:*:12959:0:99999:7:::
```

/etc/shadow 同样以分号":"作为分隔符,如果数一数,会发现共有 9 个字段,这 9 个字段的用途如下。

① 用户名称:由于密码也需要与用户对应,因此,这个文件的第一栏就是用户,必须要与/etc/passwd 相同。

② 密码:这个才是真正的密码,而且是经过编码加密过的密码,只能看到有一些特殊符号的字母。如果密码栏的第一个字符为 * 或者是!,表示这个用户并不会被用来登录,因为空密码不允许登录。

③ 最近更动密码的日期:这个字段记录了更动密码的日期,这个日期是从 1970 年 1 月 1 日开始计算,累加天数所得的。

④ 密码不可被更动的天数:记录了这个用户的密码需要经过几天才可以被变更。如果是 0,表示密码随时可以更动。这样的限制是为了怕密码被某些人一改再改而设计的。

⑤ 密码需要重新变更的天数:由于害怕密码被某些有心人士窃取而危害到整个系统的安全,所以有了这个字段的设计。必须要在这个时间之内重新设定密码,否则这个用户将会暂时失效。而如果是 99 999 的话,那就表示密码不需要重新输入。不过,如果是为了安全性,最好可以设定一段时间之后,严格要求用户变更密码。

⑥ 密码需要变更期限前的警告期限:当用户的密码失效期限快要到的时候,就是必须变更密码的那个时间时,系统会依据这个字段的设定,发出警告信息给这个用户,提醒他再过 n 天密码就要失效了,请尽快重新设定密码,例如上面的 bin 用户,则是密码到期之前的 7 天之内,系统会警告该用户。

⑦ 密码过期的恕限时间:在口令过期之后多少天禁用此用户。如果用户过了警告期限没有重新输入密码,密码就失效了,当密码失效后,还可以用这个密码在 n 天内进行登录的意思。而如果在这个天数后还是没有变更密码,那么用户就失效,无法登录。

⑧ 用户失效日期:这个日期跟第三个字段一样,都是使用 1970 年以来的总天数设定。这个字段表示:这个用户在此字段规定的日期之后,将无法再使用。这个字段通常是在收费服务的系统中使用,可以规定一个日期让该用户不能再使用。

⑨ 保留:最后一个字段是保留的,看以后有没有新功能加入。

举个例子,假如 zdxy 这个用户的密码栏如下:

```
zdxy:$1$8zdAKdfC$XDa8eSus2I7nQL7UjRsIy/:16453:5:10:7:2: 16523:
```

这表示什么呢?要注意的是,16 453 是 2015/01/18,所以,zdxy 这个用户的密码相关的意义如下。

① 最近一次更动密码的日期是 2015/01/18(16453)。

② 能够修改密码的时间是 5 天以后,也就是 2015/01/23 以前 zdxy 不能修改自己的密码;如果用户还是尝试要更动自己的密码,系统就会出现这样的错误提示信息:

```
You must wait longer to change your password
passwd: Authentication token manipulation error
```

③ 用户必须要在 2015/01/23～2015/2/2 的 10 天限制内修改自己的密码,若 2015/

2/2之后还是没有变更密码,该用户就会宣告失效。

④ 如果用户一直没有更改密码,那么在2015/2/2之前的7天内,系统会警告zdxy应该修改密码的相关信息。例如当zdxy登录时,系统会主动提示如下的信息:

```
Warning: your password will expire in 7 days
```

⑤ 如果该用户一直到2015/2/9都没有更改密码,由于还有两天的恕限时间,因此,zdxy还是可以在2015/2/11以前继续登录。

⑥ 如果用户在2015/2/11以前变更过密码,那么那个16 453的日期就会跟着改变,因此,所有的限制日期也会跟着相对变动。

⑦ 无论用户如何动作,到了16 523,是2015/3/29,该用户就失效了。

3.3 账号管理

3.3.1 用户账号的添加、删除与修改

既然要管理账号,当然是由添加与删除用户开始的。如何添加、删除与修改用户的相关信息?又要如何在Linux系统中添加一个用户呢?直接利用useradd即可,命令使用方法如下。

1. 添加用户useradd

语法:

```
[root@localhost~] #useradd [-u UID] [-g initial_group] [-G other_group]
                              -[Mm] [-c 说明栏] [-d home] [-s Shell] username
```

参数如下。

① -u:后面跟UID,是一组数字。直接指定一个特定的UID给这个账号。

② -g:后面跟初始群组名称,该GID会被放置到/etc/passwd的第4个字段内。

③ -G:后面跟的群组名称则是这个账号还可以支持的群组。注意:这个参数会修改/etc/group内的相关资料。

④ -M:强制不要建立用户家目录。

⑤ -m:强制要建立用户家目录。

⑥ -c:就是/etc/passwd的第5栏中的说明内容。

⑦ -d:指定某个目录成为家目录,而不要使用默认值。

⑧ -r:建立一个系统的账号,这个账号的UID会有限制(/etc/login.defs)。

⑨ -s:后面跟Shell名称,默认情况是/bin/bash。

【例3-1】 完全参考默认值建立一个用户,名称为zdxy1。

```
[root@localhost~]#useradd zdxy1
[root@localhost~]#ls -l /home
drwx------2 zdxy1 zdxy1 4096 Aug 30 17:33 zdxy1
```

```
[root@localhost~]#grep zdxy1/etc/passwd/etc/shadow/etc/group
/etc/passwd:zdxy1:x:502:502::/home/zdxy1:/bin/bash
/etc/shadow:zdxy1:!!:13025:0:99999:7:::
/etc/group:zdxy1:x:502:
```

这个范例只是让用户了解，其实系统已经规范好了一些添加用户时的参数了。因此，当我们使用 useradd 时，系统会主动地去修改/etc/passwd 与/etc/shadow，而这两个文件内的相关字段参考值，则会以一些配置文件的内容来规范。同时也要注意到，使用 useradd 添加用户时，这个用户的/etc/shadow 密码栏会是不可登录的(以!! 为开头)，因此还需要使用 passwd 命令来给 zdxy1 设置密码后，才算添加完毕。

【例 3-2】 目前系统当中有个群组名称为 users，且 UID 700 并不存在，请用这两个参数给 zdxy2 建立一个账号。

```
[root@localhost~]#useradd -u 700 -g users zdxy2
[root@localhost~]#ls -l /home
drwx------2 zdxy2 users 4096 Aug 30 17:43 zdxy2
[root@localhost~]#grep zdxy2 /etc/passwd /etc/shadow
/etc/passwd:zdxy2:x:700:100::/home/zdxy2:/bin/bash
/etc/shadow:zdxy2:!!:13025:0:99999:7:::
```

这里注意，UID 与初始群组确实改变成我们需要的了。

【例 3-3】 建立一个系统账号，名称为 zdxy3。

```
[root@localhost~]#useradd -r zdxy3
[root@localhost~]#grep zdxy3 /etc/passwd /etc/shadow /etc/group
/etc/passwd:zdxy3:x:101:102::/home/zdxy3:/bin/bash
/etc/shadow:zdxy3:!!:13025::::::
/etc/group:zdxy3:x:102:
```

这里注意，UID 是 101，而 GID 怎么会是 102，并且与/etc/group 有对应的关系？这就是-r 选项的作用。

useradd 命令改动的文件很多，这也是为什么说账号管理很复杂。这个命令至少可能会改动到的地方有：

(1) /etc/passwd；

(2) /etc/shadow；

(3) /etc/group；

(4) /etc/gshadow；

(5) /home/username。

2. 删除用户 userdel

这个命令的目的是删除用户，与它相关的文件有：

(1) /etc/passwd；

(2) /etc/shadow；

(3) /home/username。

整个命令的语法是：

```
[root@localhost~]#userdel [-r] username
```

参数如下。

-r：连同用户的家目录也一起删除。

【例 3-4】 删除 zdxy1，连同家目录一起删除。

```
[root@localhost~]#userdel -r zdxy1
```

使用这个命令的时候要小心，通常要删除一个账号的时候，可以手动地将/etc/passwd 与/etc/shadow 里头的该账号删掉。一般而言，如果该账号只是暂时不启用的话，那么将/etc/shadow 里头最后一个字段设定为 0 就可以让该账号无法使用，但是所有跟该账号相关的数据都会留下来。使用 userdel 的时机通常是"真的确定不要让该用户在主机上面使用任何数据了。"

另外，其实用户如果在系统上面操作过一阵子了，那么该用户其实在系统内可能会含有其他文件的。举例来说，他的邮件信箱(mail box)或者是例行性命令(crontab)之类的文件。所以，如果想要将某个账号完整地移除，最好可以在下达 userdel -r username 之前，先用"find/-user username"命令查出整个系统内属于 username 的文件，然后再加以删除。

3. 修改用户 usermod

有的时候会不小心在 useradd 的时候加入了错误的设定数据，或者在使用 useradd 后，发现某些地方还可以进行细部修改。此时，我们当然可以直接到/etc/passwd 或/etc/shadow 中去修改相对应字段的数据，不过，Linux 也有提供相关的命令来进行账号相关数据的微调，那就是 usermod 命令。usermod 不仅能改用户的 Shell 类型、所归属的用户组，也能改用户密码的有效期，还能改登录名。usermod 能做到用户账号大转移，例如把用户 A 改为新用户 B。

语法：

```
[root@localhost~]#usermod [-cdegGlsuLU] username
```

参数如下。

① -c：后面跟账号的说明，即/etc/passwd 第 5 栏中的说明栏，可以加入一些账号的说明。

② -d：后面跟账号的家目录，即修改/etc/passwd 的第 6 栏。

③ -e：后面跟日期，格式是 YYYY－MM－DD，也就是在/etc/shadow 内的第 8 个字段数据。

④ -g：后面跟群组名，修改/etc/passwd 的第 4 个字段，也就是 GID 字段。

⑤ -G：后面跟群组名，修改这个用户能够支持的群组，修改的是/etc/group。

⑥ -l：后面跟账号名称，修改账号名称，/etc/passwd 的第一栏。

⑦ -s：后面跟 Shell 的实际文件，例如/bin/bash 或/bin/csh。

⑧ -u：后面跟 UID 数字，即/etc/passwd 第三栏的资料。

⑨ -L：暂时将用户的密码冻结，让他无法登录，其实仅改/etc/shadow 的密码栏。

⑩ -U：将/etc/shadow 密码栏的！拿掉，解冻该用户。

【例 3-5】 修改用户 zdxy1 的说明栏，加上 User's test 的说明。

```
[root@localhost~]#usermod -c "User's test" zdxy1
[root@localhost~]#grep zdxy1 /etc/passwd
zdxy:x:501:501:User's test:/home/zdxy:/bin/bash
```

【例 3-6】 用户 zdxy1 密码在 2015/06/01 失效。

```
[root@localhost~]#usermod -e "2015-06-01" zdxy
[root@localhost~]#grep zdxy /etc/shadow
zdxy:$1$24ISJM4K$bbdijdreoieaVaBMAHsm6.: 14486:0:99999:7::15947:
```

【例 3-7】 暂时冻结 zdxy1 的密码。

```
[root@localhost~]#usermod -L zdxy1
[root@localhost~]#grep zdxy /etc/shadow
zdxy:!$1$24ISJM4K$bbdijdreoieaVaBMAHsm6.: 14486:0:99999:7:: 15947:
```

注意到，密码栏(第二栏)多了一个“！”号，那个感叹号会让密码无效。

```
[root@localhost~]#usermod -U zdxy        <==这样就解开了
```

【例 3-8】 万一 zdxy1 用户被建立时忘记建立家目录，该怎么办？

```
[root@localhost~]#usermod -d /home/zdxy2 -m zdxy1
```

如果是-d/home/zdxy2 表示仅修改/etc/passwd 第 6 栏的内容而已，如果加上 -m 这个参数，则表示新建一个家目录的意思。另外，如果原本的家目录是/home/zdxy1，那 -d/home/zdxy2 -m 会将原本的/home/zdxy1 更名为/home/zdxy2。

usermod 是系统管理员 root 用来管理账号身份的相关数据的命令，不过，这个 usermod 命令的功能其实也可以被很多其他的命令所取代。例如 chfn 与 chsh 等，不过，无论如何，还是可以用 usermod 来微调用户账号的相关资料。

3.3.2　用户账号口令管理

使用 useradd 建立了账号之后，在默认的情况下，该账号是暂时被封锁的，也就是说，该账号是无法登入的，可以去对照一下/etc/shadow 内的第二个字段。那该怎么办？直接给用户设定新密码就可以。设定密码就使用 passwd 命令。passwd 作为普通用户和超级权限用户都可以运行，但作为普通用户只能更改自己的用户密码，但前提是没有被 root 用户锁定；如果 root 用户运行 passwd，可以设置或修改任何用户的密码。

语法：

```
[root@localhost~]#passwd [username]
```

【例 3-9】 用 root 帮 zdxy 修改密码。

```
[root@localhost~]#passwd zdxy
```

```
Changing password for user zdxy.
New UNIX password:                       <==这里直接输入新的密码,屏幕不会有任何反应
BAD PASSWORD: it is based on a dictionary word      <==密码太简单时的错误
Retype new UNIX password:                           <==再输入一次同样的密码
passwd: all authentication tokens updated successfully. <==修改成功了
```

【例 3-10】 用 zdxy 这个用户修改自己的密码。

```
[zdxy@localhost~]$passwd
Changing password for user zdxy.
Changing password for zdxy
(current) UNIX password:                             <==这里输入"原有的旧密码"
New password:                                        <==这里输入新密码
BAD PASSWORD: it is based on your username           <==密码的规范是很严格的
New password:
BAD PASSWORD: it is based on your username
New password:
BAD PASSWORD: it is based on a dictionary word
passwd: Authentication token manipulation error
```

先来谈一谈上面的两个范例。要注意的是,passwd 这个命令由于用户的身份而有两种用法,如果是 root,由于 root 具有至高无上的权力,所以 root 可以利用 passwd [username]来修改其他用户的密码。因此,如果用户的密码不见了,root 是可以帮他们进行密码的修改,而不需要知道旧密码。另外,也只有 root 可以随便设定密码,即使该密码并不符合系统的密码验证要求。例如【例 3-9】,帮 zdxy 建立的密码太简单,系统会有提示警告,但在重复输入两次密码后,还是会看到 successfully(成功)的字样。

如果是一般身份的用户,或者是 root 想要修改自己的密码时,直接输入 passwd,就能够修改自己的密码了。一般身份用户输入的密码会经过系统的验证,验证的机制除了/etc/login.defs 里面规定的最小密码字符数之外,还会受到/etc/pam.d/passwd 这个 PAM 模块的检验。一般来说,输入的密码最好要符合下面的要求。

(1) 密码不能与账号相同;

(2) 密码尽量不要选用字典里面会出现的字符串;

(3) 密码需要超过 8 个字符。

如果无法通过验证,那么该密码就不被接受,还是只能使用旧密码。此外,仅能接受三次密码输入,如果输入的密码都不被接受,那只好重新执行一次 passwd。经过这个 passwd[username]的动作后,账号就会有密码,此时,如果查看一下/etc/shadow,就会知道密码内容被改过。

3.4 用户组管理

了解了账号的添加、删除与修改后,下面介绍群组的相关内容。基本上,群组的内容都与这两个文件有关:

(1) /etc/group;

(2) /etc/gshadow。

群组的内容其实很简单,都是上面两个文件内容的添加、修改与删除而已。

1. 添加新组 groupadd

语法:

```
[root@localhost~]#groupadd [-g gid] [-r]
```

参数如下。

-g:后面跟某个特定的 GID,用来直接指定某个 GID。

【例 3-11】 新建一个群组,名称为 group1。

```
[root@localhost~]#groupadd group1
[root@localhost~]#grep group1 /etc/group /etc/gshadow
/etc/group:group1:x:502:
/etc/gshadow:group1:!::
```

注意:在/etc/gshadow 里面可以发现,密码是不许登录的。

2. 修改群组 groupmod

跟 usermod 类似,这个命令仅仅是在进行群组相关参数的修改而已。

语法:

```
[root@localhost~]#groupmod [-g gid] [-n group_name]
```

参数如下。

① -g:修改既有的 GID 数字。

② -n:修改既有的群组名称。

【例 3-12】 将【例 3-11】中建立的 group1 名称改为 group2、GID 改为 503。

```
[root@localhost~]#groupmod -g 503 -n group2 group1
[root@localhost~]#grep group2 /etc/group /etc/gshadow
/etc/group:group2:x:503:
/etc/gshadow:group2:!::
```

不过,还是那句老话,不要随意地改动 GID,容易造成系统资源的错乱。

3. 删除群组 groupdel

groupdel 自然就是在删除群组,用法很简单。

语法:

```
[root@localhost~]#groupdel [groupname]
```

【例 3-13】 将刚刚的 group1 删除。

```
[root@localhost~]#groupdel group1
```

【例 3-14】 删除 zdxy 这个群组。

```
[root@localhost~]#groupdel zdxy
groupdel: cannot remove user's primary group.
```

为什么 group1 可以删除，但是 zdxy 就不能删除呢？原因很简单，有某个账号正在使用该群组。如果查阅一下，会发现在/etc/passwd 内的 zdxy 第 4 栏的 GID 就是/etc/group 内的 zdxy 群组的 GID，所以，当然无法删除，否则 zdxy 这个用户登录系统后，就会找不到 GID，那可是会造成很大的困扰。那么如果要删除 zdxy 这个群组呢？必须要确认/etc/passwd 内的账号没有任何人使用该群组作为初始群组才行。

所以可以这样操作：修改 zdxy 的 GID，或者是删除 zdxy 这个用户。

3.5 超级用户与伪用户

大家都知道，Windows 下的用户管理很简单，在用户管理里面，添加用户只需要使用默认选项，一直“下一步”就可以了。用户的属性也可以通过右击更改。但 Linux 下的用户和组管理与 Windows 下的有些许不同。

Linux 下的用户分为三类：超级用户、普通用户、伪用户。

(1) 超级用户：用户名为 root，具有一切管理权限，UID 为 0，可以创建多个管理员。

(2) 普通用户：在默认情况下，普通用户的 UID 是介于 500～60000 的。

(3) 伪用户：这些用户的存在是为了方便系统管理，满足相应的系统进程对文件属主的要求。伪用户不能够登录，它的 ID 值介于 1～499。

1. 超级用户(权限)在系统管理中的作用

超级权限用户(UID 为 0 的用户)到底在系统管理中起什么作用呢？主要表现在以下两点。

(1) 对任何文件、目录或进程进行操作。

但值得注意的是这种操作是在系统最高许可范围内的操作，有些操作就是具有超级权限的 root 也无法完成。

例如/proc 目录，/proc 是用来反应系统运行的实时状态信息的，因此即便是 root 也无能为力，就是这个目录，root 只有读和执行权限，但绝对没有写权限的。

```
[root@localhost/]#cd /proc
[root@localhost proc]#mkdir testdir
```

mkdir：无法创建目录‘testdir’，没有那个文件或目录

(2) 对于涉及系统全局的系统管理。

硬件管理、文件系统理解、用户管理以及涉及到的系统全局配置等，如果执行某个命令或工具时，提示无权限，大多是需要超级权限来完成。例如用 useradd 来添加用户，这个只能由超级用户 root 来完成。

2. 用户身份切换

由于超级权限在系统管理中的不可缺少的重要作用，为了完成系统管理任务，必须用

到超级权限。在一般情况下，为了系统安全，对于一般常规级别的应用，不需要 root 用户来操作完成，root 用户只是被用作管理和维护系统之用，例如系统日志的查看及清理、用户的添加和删除。

获取超级权限的过程，就是切换普通用户身份到超级用户身份的过程。当我们以普通权限的用户登录系统时，有些系统配置及系统管理必须通过超级权限用户完成，例如对系统日志的管理、添加和删除用户。而如何才能不直接以 root 登录，却能从普通用户切换到 root 用户下才能进行操作系统管理需要的工作，这就涉及到超级权限管理的问题。

出于安全角度考虑，我们都不希望直接以 root 的身份登入主机，但是一部主机又不可能完全不进行修改或者设定，这个时候要如何将一般用户的身份变成 root 呢？主要有两种方式，分别是如下。

（1）以 su 直接将身份变成 root，但是这个命令需要 root 的密码，也就是说，如果要以 su 变成 root 的话，一般用户就必须要有 root 的密码才行。

（2）若使用(1)中的方法，当有很多人同时管理一部主机的时候，那么 root 的密码不就有很多人知道？所以，如果不想要将 root 的密码流出去，可以使用 sudo 来进行工作。

3. su

su 命令就是切换用户的工具。例如以普通用户 zdxy 登录的，但要进行添加用户操作，执行 useradd 命令，zdxy 用户没有这个权限，这个权限由 root 所拥有。解决办法有两个，一是退出 zdxy 用户，重新以 root 用户登录，但这种办法并不是最好的；二是没有必要退出 zdxy 用户，可以用 su 来切换到 root 下进行添加用户的工作，等任务完成后再退出 root。通过 su 切换是一种比较好的办法。

通过 su 可以在用户之间切换，如果超级权限用户 root 向普通或伪用户切换不需要密码，而普通用户切换到其他任何用户都需要密码验证。

（1）用法

```
[root@localhost~]#su [-lcm] [username]
```

参数如下。

① -,-l：如果执行 su-时，表示该用户想要变换身份成为 root，且使用 root 的环境设定参数档，如/root/. bash_profile 等。例如 su-l zdxy，这个-l 的好处是，可使用欲变换身份者的所有相关环境设定配置。

② -c：仅进行一次指令，所以-c 后面可以加上命令。

【例 3-15】 由原本的 zdxy 这个用户，变换身份成为 root。

```
[zdxy@localhost~]$su
Password:                    <==这里输入 root 的密码
[root@localhost~]#env
USER=zdxy
USERNAME=root
MAIL=/var/spool/mail/zdxy
LOGNAME=zdxy
```

如果使用 su 没有加上－的话，那么原本用户的很多相关设定会继续存在，这也会造成后来的 root 身份在执行时的困扰。最常见的就是 PATH 这个变量的问题。

```
[root@localhost~]#exit        <==离开 su 的环境
[zdxy@localhost~]$su -
Password:                     <==这里输入 root 的密码
[root@localhost~]#env
USER=root
MAIL=/var/spool/mail/root
LOGNAME=root
```

所以，下次在变换成为 root 时，记得最好使用 su-。

【例 3-16】 使用 root 的身份，执行"head-n 3 /etc/shadow"命令。

```
[zdxy@localhost~]$su --c "head -n 3/etc/shadow"
Password:                     <==这里输入 root 的密码
root:$1$jaldj9843u29jlj9u839jljlcghjlE/:12959:0:99999:7:::
bin:*:12959:0:99999:7:::
daemon:*:12959:0:99999:7:::
```

【例 3-17】 zdxy 用户变换身份成为 zdxy2。

```
[zdxy@localhost~]$su -l zdxy2
Password:                     <==这里输入 zdxy2 的密码
```

这个 su 命令可以在不同的用户之间切换身份，当 su 后面没有加上用户账号时，那么默认就是以 root 作为要切换的身份。其实，这个命令最大的用途也是在这里，让一般用户变成 root。而要特别留意的则是 su 的使用方式，由于"是否读入欲切换的身份者的环境参数文件"的不同，所以必须要留意。

(2) 注意点

如果只是想要使用 root 的身份来操作系统，但是原有的环境参数并不想要改变，那么可以使用 su 直接切换身份成为 root，例如【例 3-14】所示。此时，MAIL/PATH/USER 等环境变量都还是原来的 zdxy。

无论如何还是建议，如果要切换成为某个身份，使用 su-或者是 su-l usename 会比较好一点，否则容易造成环境变量的差异。

另外，如果仅想要执行一次 root 的指令，那么可以参考-c"command"这种 su 的使用方式。

当 root 使用 su 切换身份时，并不需要输入密码。

(3) 优缺点

su 的确为管理带来方便，通过切换到 root 下，能完成所有系统管理工具，只要把 root 的密码交给任何一个普通用户，他都能切换到 root 来完成所有的系统管理工作。

但通过 su 切换到 root 后，也有不安全因素。例如系统有 10 个用户，而且都参与管理。如果这 10 个用户都涉及到超级权限的运用，作为管理员如果想让其他用户通过 su

来切换到超级权限的root，必须把root权限密码都告诉这10个用户；如果这10个用户都有root权限，通过root权限可以做任何事，这在一定程度上就对系统的安全造成了威协。

“没有不安全的系统，只有不安全的人”，我们绝对不能保证这10个用户都能按正常操作流程来管理系统，其中任何一人对系统操作的重大失误，都可能导致系统崩溃或数据损失。

所以su工具在多人参与的系统管理中，并不是最好的选择，su只适用于一两个人参与管理的系统，毕竟su并不能让普通用户受限使用。超级用户root密码应该掌握在少数用户手中。

4. sudo

使用su切换身份是很简单，不过，su却有一个很严重的问题，那就是必须要知道想要变成的那个用户的登录密码。如果我要变成root，那么就必须要知道root的密码，如果想要变成zdxy来工作，那么除非我是root，否则就必须要知道zdxy这个用户的密码才行。如果多人管理一部主机的话，大家都知道root的密码，那一定会存在安全隐患。

(1) sudo的适用条件

由于su对切换到超级权限用户root后权限的无限制性，所以su并不能担任多个管理员所管理的系统。如果用su切换到超级用户来管理系统，也不能明确哪些工作是由哪个管理员进行的操作。特别是对于服务器的管理有多人参与时，最好是针对每个管理员的技术特长和管理范围，有针对性地下放权限，并且约定其使用哪些工具来完成与其相关的工作，这时我们就有必要用到sudo。

通过sudo，我们能把某些超级权限有针对性地下放，并且不需要普通用户知道root密码，所以sudo相对于权限无限制性的su来说，还是比较安全的，所以sudo也被称为受限制的su。另外sudo是需要授权许可的，所以也被称为授权许可的su。

sudo执行命令的流程是当前用户切换到root(或其他指定切换到的用户)，然后以root(或其他指定的切换到的用户)身份执行命令，执行完成后，直接退回到当前用户。而这些的前提是要通过sudo的配置文件/etc/sudoers来进行授权。

这个时候，sudo就派得上用场，那么sudo是怎样工作的呢？过程如下。

① 当用户执行sudo时，系统会主动去寻找/etc/sudoers文件，判断该用户是否有执行sudo的权限；

② 若用户具有可执行sudo的权限后，便让用户输入用户自己的密码来确认；

③ 若密码输入成功，便开始进行sudo后续跟的指令；

④ root执行sudo时，不需要输入密码；

⑤ 若欲切换的身份与执行者身份相同，也不需要输入密码。

要注意的是，用户输入的是自己的密码，而不是欲切换用户的密码。举例来说，假设zdxy具有执行sudo的权限，那么当他以sudo执行root的工作时，他需要输入的是zdxy自己的密码，而不是root的密码。如此一来，大家可以使用自己的密码执行root的工作，而不必知道root的密码，安全多了。此外，用户能够执行的指令是可以被限制的。所以，我们可以设定zdxy仅能进行shutdown的工作，或者是其他一些简单的指令。

不过，是否具有 sudo 的执行权限是很重要的，而 sudo 的执行权限与文件/etc/sudoers 有关。在默认的情况下，只有 root 才能够使用 sudo。至于编辑/etc/sudoers 则需要 visudo 这个命令。

（2）sudo 的语法

```
[root@localhost~]#sudo [-u [username|#uid]] command
```

参数如下。

① -u：后面可以跟用户账号名称，或者是 UID。例如 UID 是 500，可以使用-u ＃500 命令来切换到 UID 为 500 的那位用户。

② -l：列出用户在主机上可用的和被禁止的命令。一般配置好/etc/sudoers 后，要用这个命令来查看和测试是不是配置正确。

【例 3-18】 一般身份用户使用 sudo 在/root 下建立目录。

```
[zdxy@localhost~]$sudo mkdir /root/testing
We trust you have received the usual lecture from the local System
Administrator. It usually boils down to these three things:
    #1) Respect the privacy of others.
    #2) Think before you type.
    #3) With great power comes great responsibility.
Password:                          <==这里输入 zdxy 自己的密码
zdxy is not in the sudoers file. This incident will be reported.
```

因为 zdxy 不在/etc/sudoers 中，所以他就无法执行 sudo。

【例 3-19】 假设 zdxy 已经具有 sudo 的执行权限，在/root 下面建立目录。

```
[zdxy@localhost~]$sudo mkdir /root/testing
Password:                          <==这里输入 zdxy 自己的密码
```

【例 3-20】 将 sudo 与 su 搭配使用。

```
[zdxy@localhost~]$sudo su -
```

【例 3-21】 zdxy 想要切换身份成为 zdxy2 来进行 touch。

```
[zdxy@localhost~]$sudo -u zdxy2 touch /home/zdxy2/test
```

上面进行了 4 个例子，不过，要注意的是，若是以 zdxy 来进行，那么在接下来的 5min 内，如果持续使用 sudo 来工作时，就不需要再次输入密码。这是因为系统相信在 5min 内用户不会离开而有第二个人跑来操作系统。不过如果两次 sudo 操作的间隔超过 5min，那就得要重新输入一次密码。

（3）编写 sudo 配置文件/etc/sudoers

上面这 4 个例子都是以 zdxy 这个用户来进行的，但是，在默认的情况中，该用户应该是不能使用 sudo 的，这是因为还没有设定/etc/sudoers。所以，如果要测试上面的例子之前，是需要修改/etc/sudoers 的。不过，因为/etc/sudoers 需要一些比较特别的语法，因此，直接以 vi 去编辑时，如果输入的字句错误，可能会造成无法启用 sudo 的困扰，因此，建议一定要使用 visudo 去编辑/etc/sudoers，而且 visudo 必须要使用 root 的身份来执行，如图 3-3 所示。

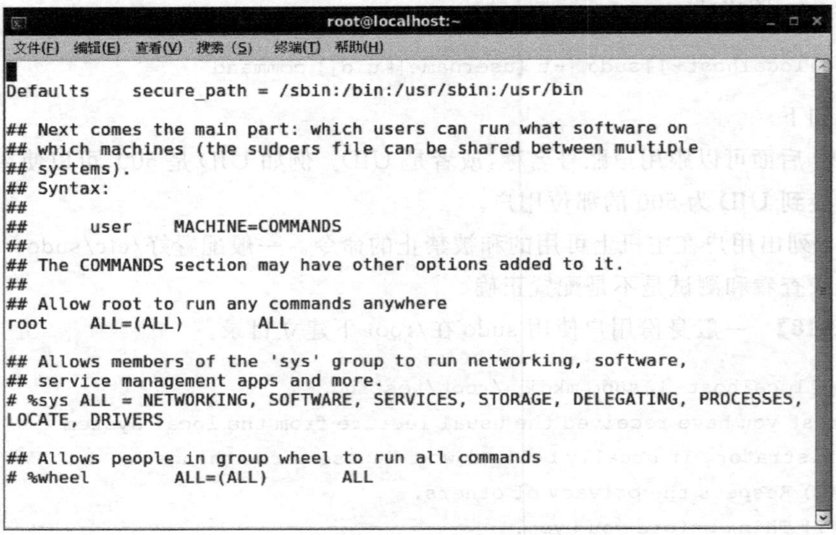

图 3-3 使用 visudo 编辑/etc/sudoers

```
[root@localhost~]#visudo
#sudoers file.
#This file MUST be edited with the 'visudo' command as root.
#See the sudoers man page for the details on how to write a sudoers file.
#
#Host alias specification
#User alias specification
#Cmnd alias specification
#Defaults specification
#Runas alias specification
#User privilege specification
root      ALL=(ALL) ALL
zdxy      ALL=(ALL) ALL          <==这里将 zdxy 制作成具有全权

#Uncomment to allow people in group wheel to run all commands
#%wheel  ALL=(ALL)     ALL
#Same thing without a password
#%wheel  ALL=(ALL)     NOPASSWD: ALL
#Samples
#%users ALL=/sbin/mount/cdrom,/sbin/umount/cdrom
#%users localhost=/sbin/shutdown -h now
```

使用 visudo 之后，其实就会出现一个 vi 的画面，以 vi 来开启/etc/sudoers，不过，当存储离开时，visudo 会额外去检查/etc/sudoers 内部的语法，以避免用户输入错误的信息。上面只有加入一行，就是让 zdxy 成为可以随意使用 sudo 的身份。基本上，/etc/sudoers 的结构可以使用 man sudoers 去查阅，说明内容说得很清楚，而且还有一些例子。“zdxy ALL=(ALL) ALL”一行代表的意义是：

用户账号 登录的主机=(可以变换的身份)可以下达的指令

这三个要素缺一不可，但在动作之前也可以指定切换到特定用户下，在这里指定切换的用户要用小括号“()”括起来，如果不需要密码直接运行命令，应该加 NOPASSWD 参数，但这些可以省略。因此，上面这一行的意义是：“zdxy 这个用户，不论来自何方，可以变换成任何 Linux 本机上有的所有账号，并执行所有的指令”。

假如系统里有个 Web 的软件是以 www 用户来进行编辑的，想要让 zdxy 用户可以用 www 账号进行编辑，那么就应该写成：

```
zdxy ALL= (www) ALL
```

如果错写成：

```
shiying ALL=ALL
```

即没有加上身份宣告的话，那么默认是仅能进行 root 的身份切换，这可是很重要的一个观念。

【例 3-22】 定义 zdxy ALL=/bin/shutdown。

如果在/etc/sudoers 中添加这一行，表示 zdxy 可以在任何可能出现的主机名的系统中，可以切换到 root 用户下执行/bin/ shutdown 命令，通过 sudo-l 来查看 zdxy 在这台主机上允许和禁止运行的命令。

值得注意的是，在这里省略了指定切换到哪个用户下执行/bin/ shutdown 命令，在省略的情况下默认为是切换到 root 用户下执行。

习 题 3

一、选择题

1. 增加一个用户使用的命令是________。

A. useradd　　B. addusr　　C. addaccount　　D. usradd

2. Linux 中权限最大的账户是________。

A. admin　　B. root　　C. guest　　D. super

3. 创建一个新用户之后，该用户的家目录在________目录内。

A. /home　　B. /root　　C. /share　　D. /usr

4. 如果使用一个普通账户 telnet 远程登录到 Linux 系统中，如何改变身份以 root 权限管理系统？

A. chusr　　B. chgrp　　C. chmo　　D. su

二、问答题

1. root 的 UID 与 GID 是多少？基于这个理由，要让 test 账号具有 root 的权限，应该怎么做？

2. 在设定密码时，可以随便设置吗？

3. 在使用 useradd 时，添加账号中的 UID、GID 及其他相关的密码控制，都是在哪几个文件中设定的？

第 4 章 Linux 文件管理

4.1 Linux 文件与目录操作

4.1.1 Linux 文件

Linux 可以支持长达 256 个字符的文件名称，且文件名是区分大小写的，“abc”与“ABC”所代表的是不同的文件。

Linux 的文件类型与 Windows 的文件类型不同。在 Windows 中，file. txt、file. doc、file. sys、file. mp3、file. exe 等，根据文件的后缀就能判断文件的类型。但在 Linux 中一个文件是否能被执行，和后缀名没有太大的关系，主要和文件的属性有关。

Linux 文件类型和 Linux 文件的文件名所代表的意义是两个不同的概念。通过一般应用程序而创建的例如 file. txt、file. tar. gz 等文件，这些文件虽然要用不同的程序来打开，但放在 Linux 文件类型中衡量的话，大多是常规文件，也被称为普通文件。

现在的 Linux 桌面环境和 Windows 一样智能化，文件的类型是和相应的程序关联的。在打开某个文件时，系统会自动判断用哪个应用程序打开。如果从这方面来说，Linux 桌面环境和 Windows 桌面没有太大的区别。

在 Linux 中，带有扩展名的文件，只能代表与程序的关联，并不能说明文件是可以执行的，从这方面来说，Linux 的扩展名没有太大的意义。例如，以下文件：

file. tar. gz、file. tgz、file. tar. bz2、file. rar、file. gz、file. zip 都是归档及压缩文件，要通过相应的工具来解压或提取；

file. php 是能用 php 语言解释器进行解释，能用浏览器打开的文件；

file. so 是类库文件；

file. doc file. obt 是 OpenOffice 能打开的文件。

用一些工具创建的文件，其后缀也不相同，例如 Gimp、gedit、OpenOffice 等工具，创建出来的文件的后缀名也不一样。

Linux 文件类型常见的有普通文件、目录、链接文件、设备文件、管道文件等。

(1) 普通文件：计算机用户和操作系统用于存放数据、程序等信息的文件，一般又分为文本文件和二进制文件，如 C 语言源代码、Shell 脚本、二进制的可执行文件等。

(2) 目录文件：是文件系统中一个目录所包含的目录文件，包括文件名、子目录名及指针。用户进程可以读取目录文件,但不能对它们进行修改。

(3) 链接文件：又称符号链接文件,通过在不同的文件系统之间建立链接关系来实现对文件的访问,它提供了共享文件的一种方法。

(4) 设备文件：在 Linux 系统中,把每一种 I/O 设备都映射成为一个设备文件,可以像普通文件一样处理,这就使得文件与设备的操作尽可能统一。

(5) 管道文件：主要用于在进程间传递数据。Linux 对管道的操作与文件相同,它把管道作为文件处理。管道文件又称为先进先出普通文件,是用户最经常面对的文件。

4.1.2 目录结构

当使用 Linux 的时候,通过 ls-a/就会发现,在/下包涵很多的目录,如图 4-1 所示,例如 etc、usr、var、bin 等目录,而在这些目录中,也有很多的目录或文件。文件系统在 Linux 下看上去就像树形结构,所以可以把文件系统的结构形象地称为树形结构。

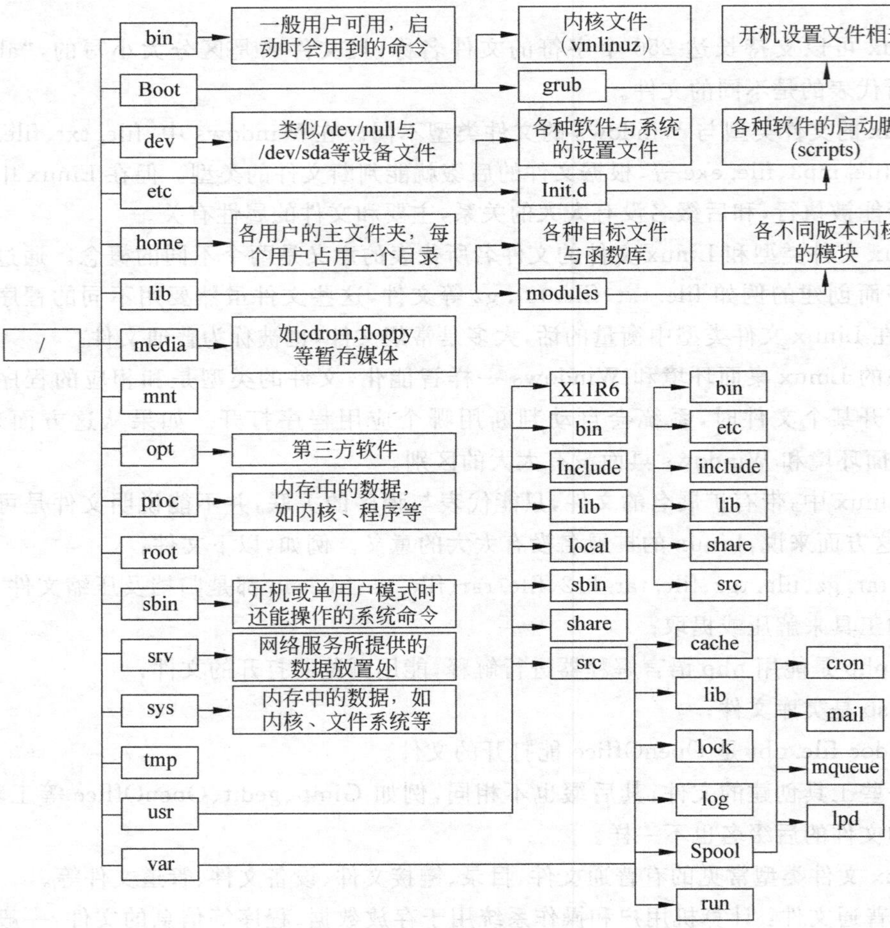

图 4-1 Linux 的树形目录结构

查看文件系统的结构，可以通过 tree 命令来实现：

```
[root@ localhost ~]#tree
```

由 tree 命令的输出结果来看，最顶端应该是/，我们称/为 Linux 的根，也就是 Linux 操作系统的文件系统。Linux 的文件系统的入口就是/，所有的目录、文件及设备都在/之下，/就是 Linux 文件系统的组织者，也是最上级的领导者。

当列/目录时，所看到的/usr、/etc、/var 等目录是做什么用的，这些目录是不是有些特定的用途呢？无论哪个版本的 Linux 系统，都有这些目录，这些目录应该是标准的。当然各个 Linux 发行版本也会存在一些小小的差异，但大体还是差不多的。

Linux 发行版本之间的差别其实很少，差别主要表现在系统管理的特色工具以及软件包管理方式的不同，除此之外，没有什么大的差别。例如 CentOS 软件包管理工具是 rpm，而 Slackware 是 pkgtool 或 installpkg 等。

1. 文件系统组织结构

(1) /：Linux 文件系统的入口，也是最高一级的目录。

(2) /bin：基础系统所需要的命令位于此目录，也是最小系统所需要的命令，例如 ls、cp、mkdir 等命令。功能和/usr/bin 类似，这个目录中的文件都是可执行的，普通用户都可以使用的命令。作为基础系统所需要的最基础的命令就是放在这里。

(3) /boot：Linux 的内核及引导系统程序所需要的文件，例如 vmlinuz initrd.img 文件就位于这个目录中。在一般情况下，GRUB 或 LILO 系统引导管理器也位于这个目录。

(4) /dev：设备文件存储目录，例如声卡、磁盘等设备。

(5) /etc：系统配置文件的所在地，一些服务器的配置文件也在这里，例如用户账号及密码配置文件。

(6) /home：普通用户家目录默认存放目录。

(7) /lib：库文件存放目录。

(8) /lost+found：在 ext2 或 ext3 文件系统中，当系统意外崩溃或机器意外关机，而产生的一些文件碎片放在这里。当系统启动的过程中 fsck 工具会检查这里，并修复已经损坏的文件系统。有时系统发生问题，有很多的文件被移到这个目录中，可能会用手工的方式来修复，或移动文件到原来的位置上。

(9) /media：即插即用型存储设备的挂载点自动在这个目录下创建，例如 USB 盘系统自动挂载后，会在这个目录下产生一个目录。CDROM/DVD 自动挂载后，也会在这个目录中创建一个目录，类似 cdrom 的目录。这个只有在最新的发行套件上才有。

(10) /mnt：这个目录一般是用于存放挂载存储设备的挂载目录的，例如有 cdrom 等目录。有时我们想让系统开机自动挂载文件系统，把挂载点放在这里也是可以的，例如光驱可以挂载到/mnt/cdrom。

(11) /opt：表示的是可选择的意思，有些软件包也会被安装在这里，也就是自定义软件包，例如在 CentOS 中，OpenOffice 就安装在这里。有些我们自己编译的软件包，也可以安装在这个目录中。

(12) /proc：操作系统运行时，进程（正在运行中的程序）信息及内核信息（例如

CPU、硬盘分区、内存信息等)存放在这里。/proc 目录伪装的文件系统 proc 的挂载目录，proc 并不是真正的文件系统。

(13) /root：Linux 超级权限用户 root 的家目录。

(14) /sbin：大多存放的是涉及系统管理的命令，是超级权限用户 root 的可执行命令存放地，普通用户没有权限执行这个目录下的命令，这个目录和/usr/sbin、/usr/X11R6/sbin 或/usr/local/sbin 目录是相似的。凡是目录 sbin 中包含的都是 root 权限才能执行的命令。

(15) /tmp：临时文件目录，有时用户运行程序的时候会产生临时文件，/tmp 就是用来存放临时文件的。/var/tmp 目录和这个目录相似。

(16) /usr：这个是系统存放程序的目录，例如命令、帮助文件等。这个目录下有很多的文件和目录。当安装一个 Linux 发行版官方提供的软件包时，大多安装在这里。如果有涉及服务器的配置文件，会把配置文件安装在/etc 目录中。/usr 目录下包括字体目录/usr/share/fonts，帮助目录 /usr/share/man 或/usr/share/doc，普通用户可执行文件目录/usr/bin、/usr/local/bin 或/usr/X11R6/bin，超级权限用户 root 的可执行命令存放目录，例如/usr/sbin、/usr/X11R6/sbin 或/usr/local/sbin。还有程序的头文件存放目录/usr/include。

(17) /var：这个目录的内容是经常变动的，看名字就知道，可以理解为 vary 的缩写。/var/log 是用来存放系统日志的目录：/var/www 目录是 Apache 服务器站点存放的目录；/var/lib 用来存放一些库文件，例如 MySQL 的，以及 MySQL 数据库的存放地。

2. 一些比较重要的目录的用途

(1) /etc/init. d：这个目录是用来存放系统或服务器以 System V 模式启动的脚本，这在以 System V 模式启动或初始化的系统中常见。

(2) /etc/xinit. d：如果服务器是通过 xinetd 模式运行的，它的脚本要放在这个目录下。

(3) /etc/rc. d：这是 Slackware 发行版有的一个目录，是 BSD 方式启动脚本的存放地，例如定义网卡、服务器开启脚本等。

(4) /etc/X11：是 X-Windows 相关的配置文件存放地。

(5) /usr/bin：这个目录是可执行程序的目录，普通用户就有权限执行；当我们从系统自带的软件包安装一个程序时，它的可执行文件大多会放在这个 6 目录，例如安装 gaim 软件包时。相似的目录是/usr/local/bin。有时/usr/bin 中的文件是/usr/local/bin 的链接文件。

(6) /usr/sbin：这个目录也是可执行程序的目录，但大多存放涉及系统管理的命令，只有 root 权限才能执行。相似目录有/sbin、/usr/local/sbin 或/usr/X11R6/sbin 等。

(7) /usr/local：这个目录一般用来存放用户自编译安装软件的存放目录；一般是通过源码包安装的软件，如果没有特别指定安装目录的话，一般是安装在这个目录中。

(8) /usr/lib：和/lib 目录相似，是库文件的存储目录。

(9) /usr/share：系统共用的东西存放地，例如/usr/share/fonts 是字体目录，是用户都共用的。

(10) /usr/share/doc 和/usr/share/man：帮助文件，也是共用的。

(11) /usr/src：是内核源码存放的目录，下面有内核源码目录，例如 linux 、linux-2. xxx. xx目录等。有的系统也会把源码软件包安装在这里，例如 CentOS/Redhat。当我们安装 file. src. rpm 的时候，这些软件包会安装在/usr/src/redhat 相应的目录中。另外 CentOS 的内核源码包的目录位于/usr/src/kernels 目录下的某个目录中（只有安装后才会生成相应目录）。

(12) /var/adm：例如软件包安装信息、日志、管理信息等，在 Slackware 操作系统中是有这个目录的。

(13) /var/log：系统日志存放，分析日志要看这个目录的东西。

(14) /var/spool：打印机、邮件、代理服务器等假脱机目录。

3. 工作目录与用户主目录

从逻辑上讲，用户在登录到 Linux 系统之后，每时每刻都"处在"某个目录之中，此目录被称作工作目录或当前目录(Working Directory)。工作目录是可以随时改变的。用户初始登录到系统中时，其主目录(Home Directory)就成为其工作目录。工作目录用"."表示，其父目录用".."表示。

用户主目录是系统管理员增加用户时建立起来的（以后也可以改变），每个用户都有自己的主目录，不同用户的主目录一般互不相同。

用户刚登录到系统中时，其工作目录便是该用户的主目录，通常与用户的登录名相同。

4.1.3 路径

路径，顾名思义，是指从树形目录中的某个目录层次到某个文件的一条道路。Linux 文件系统是从"/"开始的，在 Linux 操作系统的文件管理中，命令行模式（在控制台或终端下）的文件或目录管理，要涉及路径这一概念，这是 Linux 命令行操作的基础。如果我们了解了路径的概念，就可以随心所欲地进入任何目录，进行我们想要作的工作。

Linux 文件系统呈树形结构，是以"/"作为入口，"/"（也被称为根目录）下有子目录，例如 etc、usr、lib 等，在每个子目录下又有文件或子目录，这样就形成了一个树形结构，这种树形结构比较单一。而 Windows 文件系统呢？它引入了 C 盘、D 盘类似的磁盘概念，使得习惯 Windows 操作的用户在转向 Linux 时，会发现 Linux 根本就有 C 盘、D 盘的概念，有时甚至会不知所措。

引入路径概念的最终目的是找到所需要的目录或文件，任一文件在文件系统中的位置都是由相应的路径决定的。

路径是由目录或目录和文件名构成的。例如/etc/X11 就是一个路径，而/etc/X11/xorg. conf 也是一个路径。也就是说路径可以是目录的组合，分级深入进去，也可以是目录＋文件构成的。例如想用 vi 编辑 xorg. conf 文件，在命令行下输入 vi /etc/X11/xorg. conf，如果想进入/etc/X11 目录，就可以通过 cd /etc/X11 来实现。

用户在对文件进行访问时，要给出文件所在的路径。路径又分相对路径和绝对路径。

1. 绝对路径

绝对路径是指从“根”开始的路径，也称为完全路径，例如/usr、/etc/X11。如果一个路径是从“/”开始的，它一定是绝对路径。

在 Linux 操作系统中，每一个文件有唯一的绝对路径名，它是沿着层次树，从根目录开始，到相应文件的所有目录名连接而成，各目录名之间以“/”隔开。绝对路径名总是以“/”开头，它表示根目录。如果要访问的文件在当前工作目录之上，那么，使用绝对路径名往往是最简便的方法。绝对路径名也称作全路径名，使用 pwd 命令可以在屏幕上显示出当前工作目录的绝对路径名。

2. 相对路径

相对路径是以“.”或“..”开始的，“.”表示用户当前操作所处的位置，而“..”表示上级目录。在路径中，“.”表示用户当前所处的目录，而“..”表示上级目录，要把“.”和“..”当作目录来看。相对路径是从用户工作目录开始的路径。

为了访问在当前工作目录中和当前工作目录之上的文件，可以在相对路径名中使用特殊目录名“.”和“..”。例如，当前工作目录是/home/zdxy/lib，想列出/home/liu 目录的内容，可使用命令“ls ../../liu”。

注意：相对路径名不能以“/”开头。在每个目录中都有“..”目录文件。在上面的示例中，/home/zdxy/lib 的父目录是/home/zdxy，后者的父目录是/home。也可以连续使用“../”形式表示父目录，直至根目录。所以，系统中的每个文件都可以利用相对路径名来命名。

应该注意到，在树形目录结构中到某一确定文件的绝对路径和相对路径均只有一条。绝对路径是确定不变的，而相对路径则随着用户工作目录的变化而不断变化。这一点对于以后使用某些命令，如 cp 和 tar 等大有好处。

用户要访问一个文件时，可以通过路径名来引用。并且可以根据要访问的文件与用户工作目录的相对位置来引用它，而不需要列出这个文件的完整的路径名。

3. 在路径中一些特殊符号的说明

以下这些符号在相对路径中应用，能带来方便。

(1) .：表示用户所处的当前目录；

(2) ..：表示上级目录；

(3) ～：表示当前用户自己的家目录；

(4) ～USER：表示用户名为 USER 的家目录，这里的 USER 是在/etc/passwd 中存在的用户名。

4. 文件与目录相关命令

(1) 探索导航命令

① cd(变换目录)

语法：

```
[root@localhost~] #cd [相对路径或绝对路径]
```

参数说明：

路径有相对路径与绝对路径之分。

例：

```
[root@localhost/root]#cd ..                 <==回到上一层目录
[root@localhost/root]#cd .. /home           <==相对路径的写法
[root@localhost/root]#cd /var/www/html      <==绝对路径的写法
[root@localhost/root]#cd                    <==回到用户的家目录
[root@localhost/root]#cd~                   <==回到用户的家目录
[root@localhost/root]#cd~zdxy               <==回到 zdxy 用户的家目录
```

cd 是 Change Directory 的缩写，这是用来变换工作目录的指令。注意，目录名称与 cd 指令之间存在一个空格。一旦登录 Linux 系统后，系统管理员 root 的工作目录会自动切换到其家目录(即/root)下，而用户会自动转到/home/username 下。回到上一层目录可以用 cd ..。利用相对路径的写法必须要确认目前的工作目录才能正确地去到想要去的目录。

其实，终端的提示字符，也就是[root@localhost ～]# 当中，就已经指出目前的工作目录了，刚登录时会到自己的家目录，而家目录还有一个代码，那就是"～"符号。例如从上面的例子可以发现，使用 cd ～可以回到个人的家目录。另外，针对 cd 的使用方法，如果仅输入 cd 时，用法与 cd ～相同，也会回到自己的家目录。

② pwd(显示目前所在的目录)

语法：

```
[root@localhost~]#pwd
```

例：

```
[root@localhost~]#cd /home/zdxy
[root@localhost zdxy]#pwd
/home/zdxy                          <==显示当前的工作目录
```

pwd 是 Print Working Directory 的缩写，也就是显示目前所在目录的指令，例如上例的目录是/home/zdxy，但提示字符仅显示 zdxy，如果想要知道目前所在的目录，输入 pwd 即可。此外，由于很多的套件所使用的目录名称都相同，例如/usr/local/etc、/etc，但是通常 Linux 仅列出最后面那一个目录而已，这个时候就可以使用 pwd 来知道自己的所在目录。

(2) mkdir 与 rmdir

如何建立或删除目录？很简单，就用 mkdir 与 rmdir，它们是 Make/Remove Directory 的缩写。

① mkdir(建立目录)

语法：

```
[root@localhost~]#mkdir [-p] 目录名称
```

参数说明：

-p:当父目录不存在时，连同父目录一起建立。例：

```
[root@localhost~]#mkdir test        <==在当前目录建立名为 test 的目录
```

要建立新目录，就使用 mkdir，不过，目录需要一层一层地建立。假如要建立一个目录为/home/zdxy/testing/test1，那么首先必须要有/home 然后建立/home/zdxy，再是/home/zdxy/testing，这些必须都存在才可以建立 test1 这个目录。碰到这种情况，可以使用-p 命令，当父目录不存在时，连同父目录一起建立。

例：

```
[root@localhost~]#mkdir -p /home/zdxy/testing/test1 <==递归建立父目录到子目录
```

② rmdir(删除目录)

语法：

```
[root@localhost~]#rmdir [-p] 目录名称
```

参数说明：

-p: 删除子目录时，若父目录为空则一并删除。

例：

```
[root@localhost~]#rmdir test  <==删除当前目录建立名为 test 的目录
[root@localhost~]#rmdir -p /temp/test
                    <==删除/temp/test 时，若/temp 为空，则连/temp 一起删除
```

(3) 文件与目录管理

文件与目录的管理不外乎显示属性、复制、删除文件及移动文件或目录等。文件与目录的管理在 Linux 中很重要，尤其是每个用户家目录的数据也需要管理。

① ls(查看文件与目录)

语法：

```
[root@localhost~]#ls [-adhlnSt] 目录名称
```

选项的含义如下。

- -a：全部的文件，连同隐藏文件(开头为 . 的文件)。
- -d：仅列出目录本身，而不列出目录内的文件数据。
- -h：将文件容量以较易读的方式(例如 GB、KB)列出来。
- -l：长列表输出，包含文件的属性与权限等数据。
- -n：列出 UID 与 GID 而非使用者与群组的名称。
- -S：以文件容量大小排序，而不是用文件名排序。
- -t：依时间排序，而不是用文件名。

在 Linux 系统当中，ls 命令可能是最常被执行的。因为我们随时都要知道文件或者是目录的相关信息，不过，Linux 的文件所记录的信息实在是太多了，ls 没有必要全部都列出来，所以，当只下达 ls 命令时，默认显示的只有非隐藏文件的文件名、以文件名进行

排序及文件名代表的颜色显示而已。

那如果还想要加入其他的显示信息，可以加入上头提到的那些有用的选项。举例来说，可以用到-l这个长列表显示数据内容，以及将隐藏文件也一起列出来的-a选项。

【例 4-1】 将家目录下的所有文件列出来(含属性与隐藏文件)。

```
[root@localhost~]#ls -al ~
total 156
drwxr-x---    4 root root  4096 Sep  24 00:07 .
drwxr-xr-x   23 root root  4096 Sep  22 12:09 ..
-rw-------    1 root root  1474 Sep  4   18:27 anaconda-ks.cfg
-rw-------    1 root root  955 Sep   24  00:08 .bash_history
-rw-r--r--    1 root root  24 Jan    6   2007 .bash_logout
-rw-r--r--    1 root root  191 Jan   6   2007 .bash_profile
-rw-r--r--    1 root root  176 Jan   6   2007 .bashrc
drwx------    3 root root  4096 Sep  5   10:37 .gconf
-rw-r--r--    1 root root  42304 Sep 4  18:26 install.log
-rw-r--r--    1 root root  5661 Sep  4   18:25 install.log.syslog
```

其实ls的用法还有很多，包括查阅文件所在i-node号码的ls-i选项，以及用来进行文件排序的-S选项，还有用来查阅不同时间的动作的--time=atime等选项。而这些选项的存在都是因为Linux文件系统记录了很多有用的信息的缘故。

无论如何，ls最常被使用到的功能还是-l选项，为此，很多发行版在默认的情况下，已经将ll(L的小写)设定为ls-l的意思了。也就是说，直接输入ll和输入ls-l是一样的。

② cp(复制文件或目录，copy缩写)

```
[root@localhost~]#cp [-iru] 源文件 目标文件
```

选项的含义如下。

- -i：若目标文件已经存在时，在覆盖时会先询问。
- -r：可以进行目录的复制。
- -u：若源文件较新，或者没有目标文件，才会进行复制，可用于备份操作。

例：

```
[root@localhost~]#cp .bashrc bashrc
```

将.bashrc复制成bashrc文件

```
[root@localhost~]#cp -r /bin/tmp/bin
```

用来复制整个目录的参数

```
[root@localhost~]#cp -u /root/.bashrc /home/zdxy/.bashrc
```

先检查/home/zdxy/.bashrc与/root/.bashrc是否相同，不同就复制一份，相同则不做任何动作。

这个复制命令的功能很多，由于常常会进行一些数据的复制，所以也会常常用到这个命令。另外,如果要备份很大的文件,偏偏这个文件的更新率很低,那么每次备份都要复制一份吗?不需要,可是灵活使用“cp-u”命令,这样,当文件被改变后,才会进行复制操作。

③ rm(移除文件或目录,remove 缩写)

语法:

```
[root@localhost~]#rm [-fir] 文件或目录
```

选项的含义如下。

- -f:就是 force 的意思,强制删除。
- -i:互动模式,在删除前会询问使用者是否动作。
- -r:递归删除,最常用在目录的删除,这是非常危险的选项。

例:

```
[root@localhost~]#cp .bashrc bashrc          <==建立一个新文件 bashrc
[root@localhost~]#rm bashrc                  <==会提示,询问是否确认删除
rm: remove 'bashrc'?
[root@localhost~]#mkdir testing
[root@localhost~]#cp .bashrc testing
[root@localhost~]#rmdir testing    <==由于 testing 中有 .bashrc 文件,所以不能删除
rmdir: 'testding':Directory not empty
[root@localhost~]#rm -rf testing             <==连续删除该目录下的所有文件
```

这是删除命令,通常在 Linux 系统下,为了怕文件被误删,所以很多发行版都已经默认加入-i 这个选项了。而如果要连目录下的东西都一起删掉的话,例如子目录里面还有子目录时,那就要使用-r 这个选项。不过,使用“ rm-r”命令之前请千万小心,因为系统不会再次询问是否确认删除,所以一旦执行,该目录或文件一定会被删除,而且不经过回收站,不可恢复。不过,如果确定该目录不要了,那么使用 rm-r 来循环删除是不错的方式。

④ mv(移动文件与目录,或重命名,move 缩写)

语法:

```
[root@localhost~]#mv [-fiu] 源文件 目标文件
```

选项的含义如下。

- -f:force,强制的意思,如果目标文件已经存在,不会询问而直接覆盖。
- -i:若目标文件已经存在,就会询问是否覆盖。
- -u:若目标文件已经存在,且源文件比较新,才会覆盖。

例:

```
[root@localhost~]#cp .bashrc bashrc
[root@localhost~]#mv bashrc bashrc.bak         <==可以用来重命名文件
[root@localhost~]#mv bashrc.bak /tmp           <==将 bashrc.bak 移动到/tmp 目录下
```

这个命令有两个用法,第一个是移动文件。在要移动文件或目录时这个命令很重要。

同样,也可以使用-u 测试新旧文件,看是否需要覆盖。另外一个用途就是重命名。

4.1.4 通配符与多文件操作

1. 通配符

在 Shell 的操作环境中还有一个非常有用的功能,那就是通配符。这些通配符搭配一些特殊符号可以更好地利用命令。下面列出一些常用的通配符,如表 4-1 所示。

表 4-1 常用通配符

符号	内 容
*	任意字符(0 到多个)
?	代表一个字符
[]	中间为字符组合,例如[abcd]代表"一定有一个字符,可能是 a、b、c、d 这 4 个中的任何一个"
[-]	若有减号在中括号内时,代表"在编码顺序内的所有字符",例如[0-9]代表 0~9 之间的所有数字
[^]	若中括号内的第一个字符为指数符号(^),那表示"反向选择",例如[^abc]代表"一定有一个字符,只要是非 a、b、c 的其他字符就接受"

下面看几个简单的例子。

【例 4-2】 找出当前目录下以 test 为开头的文件。

```
[root@localhost~]#ls test*
                    <==*代表后面不论跟几个字符都予以接受(没有字符也接受)
```

【例 4-3】 找出当前目录下文件名以 test 开头、长度为 5 个字符的文件。

```
[root@localhost~]#ls test?          <==?代表后面一定要跟一个字符
```

【例 4-4】 找出当前目录下文件名以 test 开头并含有数字 1~5 的文件。

```
[root@localhost~]#ls test[1-5]      <==将找出 test1、test2、test3、test4、test5
```

【例 4-5】 找出/etc 目录下文件名开头为非小写字母的文件。

```
[root@localhost~]#ls /etc/[^a-z]*   <==注意中括号左边没有*
```

以上为 Shell 环境中常见的通配符,理论上,文件名尽量不要使用到上述的字符。

2. 多文件操作

若要将两个命令先后写在一起,可以这样写:

```
command1;command2
```

两个命令用分号";"分隔,这个分号的意思是:不论 command1 执行结果如何,command2 都会被执行。那么如果是两个相关的命令,第一个 command1 的执行结构如果有错误,第二个就不会被执行,如何实现呢?可以使用如下两种格式:

```
command1 && command2
command1 || command2
```

&&代表：当 command1 执行结构返回值为 0 时，也就是没有错误信息时，command2 才会开始执行。‖恰恰相反，是指当 command1 有错误信息时，command2 才会执行。例如，假设系统中不存在/zdxy 这个目录，所以执行 ls /zdxy 会产生错误信息，所以：

```
[root@localhost~]#ls /zdxy ; ls /
[root@localhost~]#ls /zdxy && ls /
[root@localhost~]#ls /zdxy||ls /
```

上面三行命令的返回结果会各不相同，自己可以动手试试看。

4.1.5 硬链接与符号链接

Linux 具有为一个文件起多个名字的功能，称为链接。被链接的文件可以存放在相同的或不同的目录下。如果在同一目录下，二者必须有不同的文件名，而不用在硬盘上为同样的数据重复备份。如果在不同的目录下，那么被链接的文件可以与原文件同名，只要对一个目录下的该文件进行修改，就可以完成对所有目录下同名链接文件的修改。对于某文件的各个链接文件，我们可以给它们指定不同的存取权限，以控制对信息的共享和增强安全性。

1. 关于 inode

inode 译成中文就是索引节点。每个存储设备或存储设备的分区(存储设备是硬盘、软盘、U 盘等)被格式化为文件系统后，应该有两部分，一部分是 inode，另一部分是 Block。Block 是用来存储数据用的；而 inode 用来存储这些数据的信息，这些信息包括文件大小、属主、归属的用户组、读写权限等。inode 为每个文件进行信息索引，所以就有了 inode 的数值。操作系统根据指令，能通过 inode 值最快地找到相对应的文件。

做个比喻，例如一本书，存储设备或分区就相当于这本书，Block 相当于书中的每一页，inode 就相当于这本书前面的目录，一本书有很多的内容，如果想查找某部分的内容，可以先查目录，通过目录能最快地找到我们想要看的内容。

当用 ls 查看某个目录或文件时，如果加上-i 参数，就可以看到 inode 节点了。例如：

```
[root@localhost~]#ls -li lsfile.sh
2408949 -rwxr-xr-x 1 root root 7 08-21 12:47 lsfile.sh
```

由此得到 lsfile. sh 的长列表输出格式，第一栏为 inode 值，lsfile. sh 的 inode 值是 2408949，第二栏为文件读取权限，第三栏为文件的链接个数，查看一个文件或目录的 inode，要通过 ls 命令的-i 参数。

2. 硬链接

inode 相同的文件是硬链接文件。在 Linux 文件系统中，inode 值相同的文件是硬链接文件，也就是说，不同的文件名，inode 可能是相同的，一个 inode 值可以对应多个文件。

在 Linux 中，链接文件是通过 ln(link 缩写)命令来创建的。

(1) 创建硬链接

建立硬链接时，是在另外的目录或本目录中增加目标文件的一个目录项，这样，一个文件就登记在多个目录中。

用 ln 创建文件硬链接的语法为：

```
[root@localhost~]##ln    源文件    目标文件
```

【例 4-6】 为 sun.txt 创建其硬链接 sun002.txt，然后看一下 sun.txt 和 sun002.txt 的属性变化。

```
[root@localhost~]#ls -li sun.txt            <==查看 sun.txt 的属性
2408263 -rw-r--r--1 root root 29 08-22 21:02 sun.txt
[root@localhost~]#ln sun.txt sun002.txt
                             <==通过 ln 来创建 sun.txt 的硬链接文件 sun002.txt
[root@localhost~]#ls -li sun*               <==查看 sun.txt 和 sun002.txt
2408263 -rw-r--r--2 root root 29 08-22 21:02 sun002.txt
2408263 -rw-r--r--2 root root 29 08-22 21:02 sun.txt
```

可以看到 sun.txt 在没有创建硬链接文件 sun002.txt 的时候，第三栏链接个数是 1(也就是-rw-r--r--后的那个数值)，创建了硬链接 sun002.txt 创建后，这个值变成了 2。也就是说，每次为 sun.txt 创建一个新的硬链接文件后，其硬链接个数都会增加 1。

(2) 硬链接和源文件关系

ln 命令用来创建链接，默认情况下，ln 命令创建硬链接。ln 命令会增加链接数，rm 命令会减少链接数。一个文件除非链接数为 0，否则不会物理地从文件系统中被删除。创建硬链接后，已经存在的文件的节点号(inode)会被多个目录文件项使用。一个文件的硬链接数可以在目录的长列表格式的第三字段中看到，无额外链接的文件的链接数为 1。

inode 值相同的文件，它们的关系是互为硬链接的关系。当修改其中一个文件的内容时，互为硬链接的文件的内容也会跟着变化。如果删除互为硬链接关系的某个文件时，其他的文件并不受影响。例如把 sun.txt 删除后，还是一样能看到 sun002.txt 的内容，并且 sun02.txt 仍是存在的。

可以这么理解，互为硬链接关系的文件，它们好像是克隆体，它们的属性几乎是完全一样的。

【例 4-7】 把 sun.txt 删除，然后检查一下能不能看到 sun002.txt 的内容。

```
[root@localhost~]#rm -rf sun.txt
[root@localhost~]#more sun002.txt
```

对硬链接有如下限制：

① 不能对目录文件做硬链接；

② 不能在不同的文件系统之间做硬链接，也就是说，链接文件和被链接文件必须位于同一个文件系统中。

3. 符号链接

(1) 创建符号链接(也被称为软链接)的语法

```
[root@localhost~]#ln -s  源文件或目录    目标文件或目录
```

符号链接也叫软链接,它和硬链接有所不同,符号链接文件只是其源文件的一个标记。符号链接,是将一个路径名链接到一个文件。这些文件是一种特别类型的文件。事实上,它只是一个小文本文件,其中包含它所链接的目标文件的绝对路径名。被链接文件是实际上包含所有数据的文件。所有读写文件的命令,当它们涉及符号链接文件时,将沿着链接方向前进,找到实际的文件。

用 ln-s 命令建立符号链接时,源文件最好用绝对路径名,这样可以在任何工作目录下进行符号链接。当源文件用相对路径时,如果当前的工作路径和要创建的符号链接文件所在路径不同时,就不能进行链接。当删除了源文件后,链接文件不能独立存在,虽然仍保留文件名,但却不能查看符号链接文件的内容了。

【例 4-8】 为 test1. txt 创建其符号链接 test2. txt,然后看一下 test1. txt 和 test2. txt 的属性变化。

```
[root@localhost~]#ls -li test1.txt
2408274 -rw-r--r--1 root root 29 08-22 21:53 test1.txt
[root@localhost~]#ln -s test1.txt test2.txt
[root@localhost~]#ls -li test1.txt test2.txt
2408274 -rw-r--r--1 root root 29 08-22 21:53 test1.txt
2408795 lrwxrwxrwx 1 root root 15 08-22 21:54 test2.txt ->test1.txt
```

上面的例子,来进行如下对比。

首先,对比一下 inode 值,两个文件的 inode 值不同;

其次,两个文件的归属种类不同,test1. txt 是“-”普通文件,而 test2. txt 是“l”,是一个链接文件;

第三,两个文件的读写权限不同,test1. txt 是 rw-r--r--,而 test2. txt 的读写权限是 rwxrwxrwx;

第四,两者的硬链接个数相同,都是 1;

第五,修改(或访问、创建)时间不同。

注意:test2. txt 后面有一个箭头标记“->”,这表示 test2. txt 是 test1. txt 的符号链接文件。

(2) 符号链接与源文件的关系

值得注意的是,当修改链接文件的内容时,就意味着在修改源文件的内容。当然源文件的属性也会发生改变,链接文件的属性并不会发生变化。当把源文件删除后,链接文件只存在一个文件名,因为失去了源文件,所以符号链接文件也就不存在了。这一点和硬链接是不同的。

【例 4-9】 把 test1. txt 删除,然后检查一下是不是能看到 test2. txt 的内容。

```
[root@localhost~]#rm -rf test1.txt          <==删除 test1.txt
```

```
[root@localhost~]#ls -li test2.txt                <==查看 test2 的属性
2408795 lrwxrwxrwx 1 root root 15 08-22 21:54 test2.txt ->test1.txt
[root@localhost~]#more test2.txt                  <==查看 test2.txt 的内容
test2.txt: 没有那个文件或目录                       <==得到提示,test2.txt 不存在
```

上面的例子告诉我们,如果一个符号链接文件失去了源,就意味着它已经不存在了。

可以看到符号链接文件,其实只是源文件的一个标记,当源文件失去时,它也就不存在了。符号链接文件只是占用了 inode 来存储符号链接文件属性等信息,但文件存储是指向源文件的。

符号链接没有硬链接的限制,可以对目录文件做符号链接,也可以在不同文件系统之间做符号链接。无论是符号链接还是硬链接,都可以用 rm 来删除。rm 工具是通用的。

符号链接与源文件或目录之间的区别如下。

① 删除源文件或目录时,只删除了数据,不会删除链接。一旦以同样的文件名创建了源文件,链接将继续指向该文件的新数据。

② 在目录长列表中,符号链接作为一种特殊的文件类型显示出来,其第一个字母是 l。

③ 符号链接的大小是其链接文件的路径名中的字节数。

④ 当用 ls-l 命令列出文件时,可以看到符号链接名后有一个箭头指向源文件或目录,例如“lrwxrwxrwx ... 14 Jun 20 10:20 /etc/motd－＞/original_file”。

在上面的代码中,表示文件大小的数字 14 恰好表示源文件名/original_file 由 14 个字符构成。

和硬链接不同的是,符号链接确实是一个新文件,它具有与目标文件不同的 inode 值,而硬链接并没有建立新文件。

4.1.6 文件备份和压缩

用户经常需要备份计算机系统中的数据,为了节省存储空间,常常将备份文件进行压缩。下面分别介绍备份与压缩的命令。

1. 备份压缩命令 tar

tar 可以为文件和目录创建档案。利用 tar,用户可以为某一特定文件创建备份档文件,也可以在备份档中改变文件,或者向备份档中加入新的文件。利用 tar 命令,可以把一大堆的文件和目录全部打包成一个文件,这对于备份文件或将几个文件组合成为一个文件以便于在网络中传输是非常有用的。

语法:

```
[root@localhost~]#tar  [主选项+辅选项]     文件或者目录
```

使用该命令时,主选项是必须要有的,它告诉 tar 要做什么事情,辅选项是辅助使用的,可以选用。

(1) 主选项

① c：创建新的备份档文件。如果用户想备份一个目录或是一些文件，就要选择这个选项。

② r：把要存档的文件追加到备份档文件的末尾。例如用户已经做好备份档，又发现还有一个目录或是一些文件忘记备份了，这时可以使用该选项，将忘记的目录或文件追加到备份档中。

③ u：更新文件。就是说，用新增的文件取代原备份文件，如果在备份文件中找不到要更新的文件，则把它追加到备份文件的最后。

④ x：从备份档文件中释放文件。

(2) 辅助选项

① f：使用备份档或设备，这个选项通常是必选的。

② m：在还原文件时，把所有文件的修改时间设定为现在。

③ v：详细报告 tar 处理的文件信息。若无此选项，tar 不报告文件信息。

④ z：用 gzip 来压缩/解压缩文件，加上该选项后可以将备份档文件进行压缩，但还原时也一定要使用该选项进行解压缩。

⑤ j：用 bz2 来压缩/解压缩文件，加上该选项后可以将备份档文件进行压缩，但还原时也一定要使用该选项进行解压缩。

【例 4-10】 把/home 目录下包括它的子目录全部做备份，备份文件名为 usr. tar。

```
[root@localhost~]#tar cvf usr.tar /home
```

【例 4-11】 把/home 目录下包括它的子目录全部做备份，并进行压缩，压缩文件名为 usr. tar. gz。

```
[root@localhost~]#tar czvf usr.tar.gz /home
```

【例 4-12】 把/home 目录下包括它的子目录全部做备份，并进行压缩，压缩文件名为 usr. tar. bz2。

```
[root@localhost~]#tar cjvf usr.tar.bz2 /home
```

【例 4-13】 把备份文件 usr. tar 还原。

```
[root@localhost~]#tar xvf usr.tar
```

【例 4-14】 把压缩文件 usr. tar. gz 解压缩并还原。

```
[root@localhost~]#tar xzvf usr.tar.gz
```

【例 4-15】 把压缩文件 usr. tar. bz2 解压缩并还原。

```
[root@localhost~]#tar xjvf usr.tar.bz2
```

2. zip 与 unzip 命令

为了压缩和解压 Windows 下常用的. zip 格式，Linux 提供了 zip 和 unzip 程序。可以把多个文件打包压缩成一个文件，也可解压缩 winzip 格式的压缩包。

(1) zip 命令

zip 是个使用广泛的压缩命令,文件经它压缩后会另外产生具有.zip 扩展名的压缩文件。

语法:

```
[root@localhost~]#zip  [-FoqrSt]  zip格式压缩文件 原文件
```

选项的含义如下。

① -F:尝试修复损坏的压缩文件。

② -o:将压缩文件内的所有文件的最新变动时间设为压缩时候的时间。

③ -q:安静模式,在压缩的时候不显示指令的执行过程。

④ -r:将指定的目录下的所有子目录以及文件一起处理。

⑤ -S:包含系统文件和隐含文件。

⑥ -t:日期,把压缩文件的最后修改日期设为指定的日期,日期格式为 mmddyyyy。

【例 4-16】 将/home/zdxy 目录下的所有文件和文件夹打包为当前目录下的 zdxy.zip。

```
[root@localhost~]#zip -q -r zdxy.zip /home/zdxy
```

(2) unzip 命令

unzip 命令用来解压缩 zip 格式的压缩包。

语法:

```
[root@localhost~]#unzip  [-vtdno]  压缩文件名.zip
```

选项的含义如下。

① -v:查看压缩文件目录,但不解压。

② -t:测试文件有无损坏,但不解压。

③ -d:把压缩文件解压到指定目录下。

④ -n:不覆盖已经存在的文件。

⑤ -o:覆盖已存在的文件且不要求用户确认。

【例 4-17】 将压缩文件 text.zip 在当前目录下解压缩。

```
[root@localhost~]#unzip text.zip
```

【例 4-18】 将压缩文件 text.zip 在指定目录/tmp 下解压缩,如果已有相同的文件存在,要求 unzip 命令不覆盖原先的文件。

```
[root@localhost~]#unzip -n text.zip -d /tmp
```

【例 4-19】 查看压缩文件目录,但不解压。

```
[root@localhost~]#unzip -v text.zip
```

4.2 文件属性

4.2.1 显示文件属性

ls 命令是 Linux 系统使用频率最多的命令,它的参数也是 Linux 命令中最多的。根据不同的 Shell 版本,使用 ls 命令时会有几种不同的颜色,其中蓝色表示的是目录,绿色表示可执行文件,红色表示压缩文件,浅蓝色表示链接文件,加粗的黑色表示符号链接,灰色表示其他格式文件。

1. ls 命令长列表显示

使用 ls -l 或 ls -ld 命令显示文件和目录的访问权限,显示结果如图 4-2 所示。

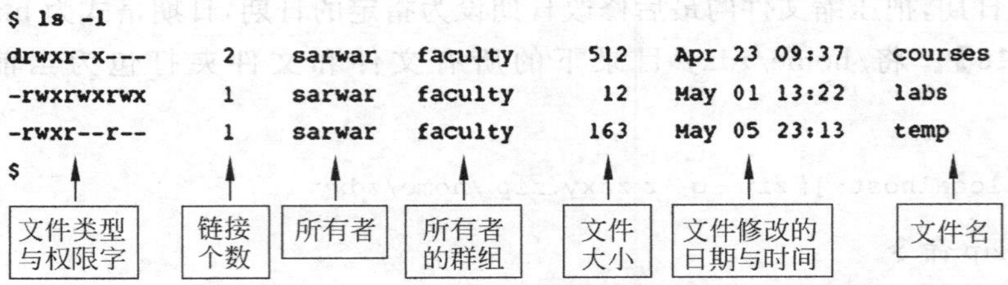

图 4-2 ls 命令长列表格式

从左到右一共分为 7 栏,其含义分别如下。

(1) 第一栏:表示文件类型与权限位。

(2) 第二栏:表示链接个数,为链接占用的节点,跟链接文件有关。

(3) 第三栏:表示这个文件(或目录)的所有者。

(4) 第四栏:表示所有者的群组。

(5) 第五栏:这个文件的容量大小,以字节(byte)为单位。

(6) 第六栏:这个文件的建档日期或者是最近的修改日期,分别为月份、日期及时间。请特别留意,如果是以中文来进行安装 Linux 时,那么默认的语系可能会被改为中文。

(7) 第七栏:文件名,如果文件名之前多一个“.”,则代表这个文件为“隐藏文件”。

与文件权限相关联的是第一、第三、第四栏。第三栏是文件的所有者,第四栏是文件的所属组。第一栏指定了文件的访问权限。对于文件和目录讲,每个文件和目录都有一组权限标志和它们结合在一起,就是第一栏中的内容。特别需要说明一下第一栏。

2. 文件权限

所谓的文件权限,是指对文件的访问权限,包括对文件的读、写、删除、执行操作。Linux 是一个多用户操作系统,它允许多个用户同时登录和工作。因此 Linux 将一个文件或目录与一个用户和组联系起来。

Linux 系统中的每个文件和目录都有存取许可权限,用它来确定谁可以通过何种方式对文件和目录进行访问和操作。

存取权限规定了三种访问文件或目录的方式，即读(r)、写(w)、可执行或查找(x)。

当用 ls-l 命令显示文件或目录的详细信息时，最左边的第一栏为文件的存取权限，其中各位的含义如图 4-3 所示。

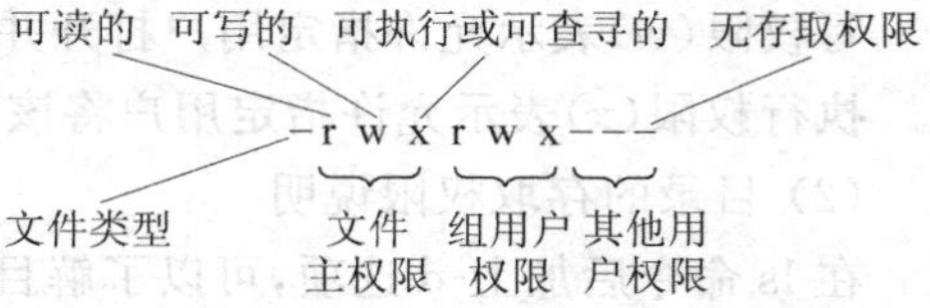

图 4-3 文件权限位

root 自动拥有了所有文件和目录的全面的读、写和执行的权限，所以没有必要明确指定它们的权限。对其他三类用户，一共 9 个权限位与之对应，分为三组，每组三个，分别用 r、w、x 来表示，分别对应文件所有者(Owner)、所有者的群组(Group)、其他人(Other)。

第一个属性代表这个文件是目录、文件或链接文件等，意义分别如下。

(1) 若为[d]则是目录；

(2) 若为[-]则是文件；

(3) 若为[l]则表示为链接文件(Link File)；

(4) 若为[b]则表示为装置文件里面的可供存储的接口设备；

(5) 若为[c]则表示为装置文件里面的串行端口设备，例如键盘、鼠标。

接下来的属性中，三个为一组，且均为 r、w、x 的三个参数的组合。其中，r 代表可读(read)、w 代表可写(write)、x 代表可执行(excute)。

第一组为“文件所有者的权限”；

第二组为“所有者同群组的权限”；

第三组为“其他非本群组的权限”。

例如，若有一个文件的属性为“-rwxr-xr--”，可简单地由下面说明。

```
[-][rwx][r-x][r--]
1 234     567 890
```

(1) 第 1 位：代表这个文件名为目录或文件(上面为文件)；

(2) 第 234 位：所有者的权限(上面为可读、可写、可执行)；

(3) 第 567 位：同组用户权限(上面为可读可执行)；

(4) 第 890 位：其他用户权限(上面为仅可读)。

上面的属性情况代表一个文件、这个文件的所有者可读可写可执行，同群组的人仅可读与执行，非同群组的其他人仅可读。

3. 文件与目录的存取权限

(1) 文件的存取权限说明

Linux 系统中，文件有三种访问权限：

① 读(r)——允许读某个文件；

② 写(w)——允许写、修改和删除某个文件；

③ 执行(x)——允许执行某个文件。

读权限(r)表示只允许指定用户读取相应文件的内容，而禁止对它做任何的更改操作。将所访问的文件的内容作为输入的命令都需要有读的权限，例如 cat、more 等。

写权限（w）表示允许指定用户打开并修改文件，例如命令 vi、cp 等。

执行权限（x）表示允许指定用户将该文件作为一个程序执行。

（2）目录的存取权限说明

在 ls 命令后加上-d 选项，可以了解目录文件的使用权限。

对于一个目录而言：

① 读（r）——允许用户列出目录的内容，使用 ls 命令；

② 写（w）——允许用户在目录下建立新文件，删除子目录和文件；

③ 执行（x）——允许用户搜索这个目录，用 cd 命令。

需要特别留意的是 x 这个权限位，若为一个目录的时候，例如 ssh 这个目录，执行 ls-ld 之后显示：

```
drwx------    3   root   root    4096    Jun 25 08:35    ssh
```

可以看到这是一个目录，而且只有 root 可以读写与执行。但是若为下面的样式时，请问非 root 的其他人是否可以进入该目录呢？

```
drwxr--r--    3   root   root    4096    Jun 25 08:35    ssh
```

似乎可以，因为有可读“r”存在，其实不然。实际上非 root 账号的其他使用者均不可进入 ssh 这个目录。因为 x 与目录的关系相当重要，如果在该目录下不能执行任何指令的话，那么自然也就无法进入了，因此，请特别留意：如果想要开放某个目录让一些人进来的话，请记得将该目录的执行（x）权限给放开。

另外，也必须要更加小心的是，在 Windows 下面一个文件是否具有执行的能力是根据后缀名来判断的，例如. exe、. bat 等。但是在 Linux 下，文件是否能执行，则是根据是否具有执行（x）这个属性来决定的，所以，跟文件名是没有绝对的关系。

每个用户都拥有自己的家目录，通常集中放置在/home 目录下，这些专属目录的默认权限为 rwx------，执行 mkdir 命令所创建的目录，其默认权限为 rwxr-xr-x，用户可以根据需要修改目录的权限。

4. Linux 文件属性的重要性

与 Windows 系统不一样的是，在 Linux 系统中，每一个文件都多加了很多的属性进来，尤其是群组的概念，这样有什么用途呢？最大的用途是在安全性上。例如，在系统中，关于系统服务的文件通常只有 root 才能读写或者执行，例如/etc/shadow 这个账号管理的文件，由于该文件记录了系统中的所有账号的数据，因此是很重要的一个信息文件，当然不能让任何人读取，只有 root 才能够来读取。所以该文件的属性就会成为“-rw-------”。

那么，如果有一个开发团队，在这个团队中，希望每个人都可以使用某一些目录下的文件，而非这个团队的其他人则不予以开放呢？例如，testgroup 的团队共有三个人，分别是 test1、test2、test3。那么就可以将 test1 的文件属性设为“-rwxrwx---”来提供给 testgroup 的工作团队使用。

再举个例子来说，如果目录权限没有设定好的话，可能造成其他人都可以在系统上面胡乱操作。例如本来只有 root 才能做的开关机、ADSL 的连接程序、新增或删除用户等的指令，若被改成任何人都可以执行的话，那么其他用户不小心就会执行重启等，系统就会常常莫名其妙挂掉，而且万一用户密码被其他不明人士取得的话，只要他登录系统就可以轻而易举地执行一些 root 的工作。因此，在修改 Linux 文件与目录的属性之前，一定要先搞清楚，什么是可变的，什么是不可变的。

4.2.2 权限字与权限操作

我们已经知道文件权限对于一个系统安全的重要性了，也知道文件的权限对于用户与群组的相关性，那么如何修改一个文件的权限呢，又有多少文件的权限可以修改呢？其实一个文件的权限很多，例如群组、拥有者、各种身份的权限等。

(1) chgrp：改变文件所属群组；

(2) chown：改变文件所有人；

(3) chmod：改变文件的属性。

1. 改变所属群组 chgrp

改变一个文件的群组很简单，直接用 chgrp 命令，这个命令是 change group 的缩写。不过，要改变成为的群组名称必须是在/etc/group 里面存在的名称才行，否则就会显示错误。

语法：

```
[root@localhost~]#chgrp [-R] 目录或文件名
```

参数如下。

-R：进行递归(recursive)的持续变更，也就是连同子目录下的所有文件、目录都更新成为这个群组，常常用在变更某一目录的情况。

假设是以 root 的身份登入，那么在家目录内有一个 install.log 文件，如何将该文件的群组改变一下呢？假设已经知道在/etc/group 里已经存在一个名为 users 的群组，但是 testing 这个群组名字就不存在，此时改变群组成为 users 与 testing 会有什么现象发生呢？

例：

```
[root@localhost~]#chgrp users install.log
[root@localhost~]#ls -l
-rw-r--r--1 root users 68495 Jun 25 08:53 install.log
[root@localhost~]#chgrp testing install.log
chgrp: invalid group name `testing'          <==发生错误讯息，找不到这个群组名
```

结果是文件的群组被改成 users，但是要改成 testing 的时候，就会发生错误。

2. 改变文件拥有者 chown

那么如何改变一个文件的拥有者呢？既然改变群组是 change group，那么改变拥有

者就是 change owner。那就是 chown 这个指令的用途，要注意的是，用户必须是已经存在系统中的，也就是在/etc/passwd 文件中有记录的用户名称才能改变。

chown 的用途很多，还可以直接修改群组的名称。此外，如果要连目录下的所有子目录或文件同时更改文件拥有者的话，直接加上参数-R 即可。

语法：

```
[root@localhost~]#chown [-R] 账号名称   文件或目录
[root@localhost~]#chown [-R] 账号名称:群组名称 文件或目录
```

参数如下。

-R：进行递归(recursive)的持续变更，也就是目录下的所有文件、目录都更新成这个用户之意，常常用在变更某一目录的情况。

例：

```
[root@localhost~]#chown zdxy install.log
[root@localhost~]#ls -l
-rw-r--r--1 zdxy users 68495 Jun 25 08:53 install.log
[root@localhost~]#chown root:root install.log
[root@localhost~]#ls -l
-rw-r--r--1 root root 68495 Jun 25 08:53 install.log
```

那么什么时候要使用 chown 或 chgrp 呢？确实有时候需要变更文件的拥有者，最常见的例子就是在复制文件给其他人时。

假设今天要将.bashrc 这个文件拷贝成为.bashrc_test，且是要给 zdxy 这个用户，如何操作呢？可以这样做：

```
[root@localhost~]#cp .bashrc .bashrc_test
[root@localhost~]#ls -al .bashrc*
-rw-r--r--1 root root 395 Jul 4 11:45 .bashrc
-rw-r--r--1 root root 395 Jul 13 11:31 .bashrc_test
```

.bashrc_test 还是属于 root 所有，如此一来，即使将文件拿给 zdxy 这个用户了，那他仍然无法修改，所以就必须要将这个文件的拥有者与群组修改一下。大家可以自行尝试。

3. 改变文件属性 chmod

chmod 命令用于改变或设置文件、目录的存取权限。只有文件主或超级用户 root 才有权用 chmod 改变文件或目录的存取权限。属性的设定方法有两种，分别可以使用数字或符号来进行属性的变更。

(1) 以八进制方式改变文件权限

Linux 文件的基本属性就有 9 个，分别是 owner/group/others 组别的 read/write/excute 属性，先复习一下刚刚上面提到的数据：

```
-rwxrwx---
```

这 9 个属性是三个一组的。其中，可以使用数字来代表各个属性，各属性的对照表如下：

```
r:4    w:2    x:1
```

同一组(owner/group/others)的三个属性(r/w/x)是需要累加的，例如当属性为[-rwxrwx---]则是：

所有者 owner=rwx=4+2+1=7

同组用户 group=rwx=4+2+1=7

其他人 others=---=0+0+0=0

所以当设定属性的变更时，该属性代表的八进制权限位就是 770。

变更属性的指令 chmod 的语法：

```
[root@localhost~]#chmod [-R] xyz 文件或目录
```

参数如下。

① xyz：就是八进制的数字类型的权限属性，为 rwx 属性对应数值的相加。

② -R：进行递归(recursive)的持续变更，连同子目录下的所有文件、目录都更新成为新的权限。

【例 4-20】 将 .bashrc 这个文件所有的属性都打开。

```
[root@localhost~]#ls -al .bashrc
-rw-r--r--1 root root 395 Jul 4 11:45 .bashrc
[root@localhost~]#chmod 777 .bashrc
[root@localhost~]#ls -al .bashrc
-rwxrwxrwx 1 root root 395 Jul 4 11:45 .bashrc
```

由于一个文件有三组属性，所以可以发现上面 777 为三组，而由于将所有的属性都打开，所以数字都相加，也就是"r+w+x=4+2+1=7"

那如果要将属性变成"-rwxr-xr--"呢？那么就成为[4+2+1][4+0+1][4+0+0]=754，所以需要下达"chmod 754 filename"命令。

如果有些文件不希望被其他人看到，例如"-rwxr-----"，那么就下达"chmod 740 filename"命令。

将刚刚的.bashrc 文件的属性改回原来的"-rw-r--r--"：

```
[root@localhost~]#chmod 644 .bashrc
```

(2) 以符号方式改变文件权限

还有一个改变属性的方法，9 个属性分别对应所有者、同组用户、其他人三种人群，那么我们就可以使用 u、g、o 来代表三种人群的属性。此外，a 则代表 all，也就是全部的三种人群。那么读写的属性就可以写成 r、w、x。这样可以使用如表 4-2 所示的方式来看。

假如我们要设定一个文件的属性为"-rwxr-xr-x"，意义如下。

① user(u)：具有可读、可写、可执行的权限；

② group 与 others(g/o)：具有可读与执行的权限。

表 4-2 符号方式对应的权限位

chmod	u g o a	+(添加某种权限) -(删除某种权限) =(设定为某种权限)	r w x	文件或目录

所以就是：

```
[root@localhost~]#chmod u=rwx,go=rx .bashrc
```

注意：u=rwx，go=rx 是连在一起的，中间并没有任何空格符。

```
[root@localhost~]#ls -al .bashrc
-rwxr-xr-x 1 root root 395 Jul 4 11:45 .bashrc
```

请注意，"u=rwx，go=rx"这一段字符之间并没有空格符隔开。那么假如是"-rwxr-xr-"？可以使用"chmod u=rwx，g=rx，o=r filename"来设定。此外，如果不知道原先的文件属性，而只想要增加 .bashrc 这个文件的每个人均可写入的权限，那么就可以使用：

```
[root@localhost~]#chmod a+w .bashrc
[root@localhost~]#ls -al .bashrc
-rwxrwxrwx 1 root root 395 Jul 4 11:45 .bashrc
```

而如果是要将属性删掉而不更改其他的属性呢？例如要拿掉所有人的 x 的属性，则命令为：

```
[root@localhost~]#chmod a-x .bashrc
[root@localhost~]#ls -al .bashrc
-rw-rw-rw-1 root root 395 Jul 4 11:45 .bashrc
```

+与 - 的状态下，只要是没有指定到的项目，该属性就不会被变动，例如上面的例子中，由于仅以 - 拿掉 x 则其他两个保持当时的值不变。这些方法在某些情况下很好用。举例来说，如果想要让一个程序可以拥有执行的权限，但又不知道该文件原本的权限为何，此时，利用"chmod a+x filename"命令，就可以让该程序拥有执行的权限了。

4.3 文件编辑工具 vi

文本编辑器有很多，例如图形模式的 gedit、kwrite、OpenOffice 等，文本模式下的编辑器有 vi、vim(vi 的增强版本)和 nano 等。vi 和 vim 是在 Linux 中最常用的编辑器。我们有必要介绍一下 vi(vim)最简单的用法，以让 Linux 入门级用户在最短的时间内学会使用它。

4.3.1 进入 vi

vi 或 vim 是 Linux 最基本的文本编辑工具，vi 或 vim 虽然没有图形界面编辑器那样单击鼠标的简单操作，但 vi 编辑器在系统管理、服务器管理中，永远是图形界面的编辑器所不能比的。当没有安装 X-Window 桌面环境或桌面环境崩溃时,我们仍可以使用字符模式下的编辑器 vi。vi 或 vim 编辑器是创建和编辑简单文档的最高效的工具。

用户如果想使用 vi 进行文本编辑,可以在系统提示符下输入:

```
[root@localhost~]#vim
```

此时就会进入 vi 的编辑环境,如图 4-4 所示。

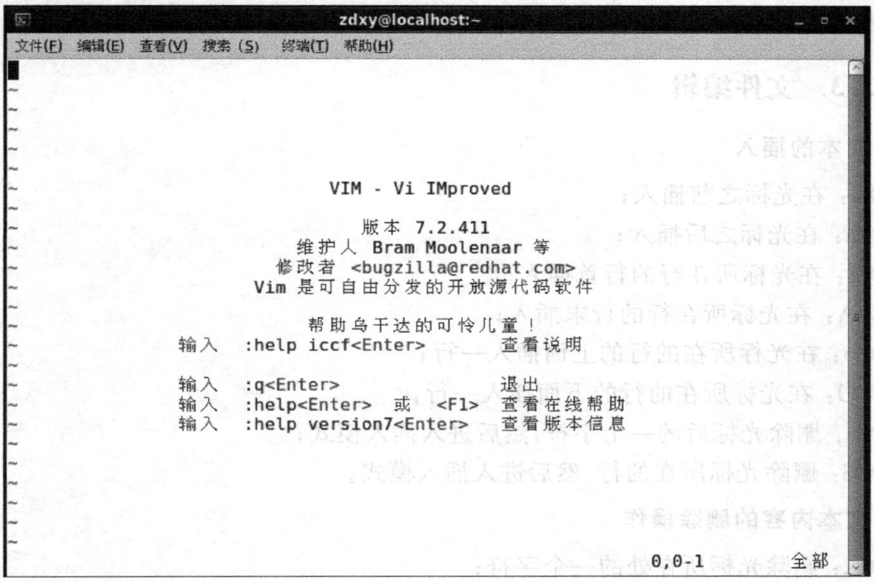

图 4-4 vim 起始界面

如果没有指定要编辑的文件或指定的文件并不存在,则建立一个新的文本。

要编辑的文本被显示在屏幕上,行首处有"～"符号表示该行是一个空行。

vi 有如下三种命令模式。

(1) Command(命令)模式,用于输入命令;

(2) Insert(插入)模式,用于插入文本;

(3) Visual(可视)模式,用于可视化的高亮并选定正文。

刚进入 vi 界面时,用户一般处于命令状态,还不能直接对文本进行字符输入,而只能输入一些命令切换模式或对文件进行其他编辑操作。

4.3.2 移动光标命令

当按 Esc 进入 Command 命令模式后,可以用下面的一些键位来移动光标。

(1) j:向下移动一行;

(2) k:向上移动一行;

(3) h:向左移动一个字符;

(4) l:向右移动一个字符;

(5) Ctrl+b：向上移动一屏；

(6) Ctrl+f：向下移动一屏；

(7) 向上箭头：向上移动；

(8) 向下箭头：向下移动；

(9) 向左箭头：向左移动；

(10) 向右箭头：向右移动。

这些都是最基本的命令。

4.3.3 文件编辑

1. 文本的插入

(1) i：在光标之前插入；

(2) a：在光标之后插入；

(3) I：在光标所在行的行首插入；

(4) A：在光标所在行的行末插入；

(5) o：在光标所在的行的上面插入一行；

(6) O：在光标所在的行的下面插入一行；

(7) s：删除光标后的一个字符，然后进入插入模式；

(8) S：删除光标所在的行，然后进入插入模式。

2. 文本内容的删除操作

(1) x：删除光标所在处的一个字符；

(2) dw：删除光标所在处的一个单词；

(3) dd：删除一行；

(4) #dd：删除多个行，#代表数字，例如 3dd 表示删除光标所在行及光标的下两行；

(5) d$：删除光标到行尾的内容；

(6) J：清除光标所处的行与上一行之间的空格，把光标所在行和上一行接在一起。

3. 恢复修改及恢复删除操作

u：撤销修改或删除操作。

按 Esc 键返回命令(Command)模式，然后按 u 键来撤销删除以前的删除或修改。如果想撤销多个以前的修改或删除操作，只需多按几次 u。这和 Word 的撤销操作没有太大的区别。

4. 复制和粘贴的操作

其实删除也带有剪切的意思，当我们删除文字时，可以把光标移动到某处，然后按 Shift+p 键就把内容贴在原处，然后再移动光标到某处，然后再按 p 或 Shift+p 又能贴上。

(1) p：在光标之后粘贴；

(2) Shift+p：在光标之前粘贴。

【例 4-21】 把一个文档的第三行复制下来，然后粘贴到第五行的后面。

先把第三行删除，把光标移动到第三行处，然后用 dd 动作，接着再按 Shift＋p 键。这样就把刚才删除的第三行贴在原处了。

接着我们再用 k 键移动光标到第五行，然后再按一下 p 键，这样就把第三行的内容又贴到第五行的后面了。

所以复制和粘贴操作是命令模式及插入模式的综合运用，我们要学会各种模式之间的切换，要常用 Esc 键，更为重要的是学会在命令模式下移动光标。

4.3.4　保存与退出

命令（Command）模式是 vi 或 vim 的默认模式，如果处于其他命令模式时，要通过 Esc 键切换过来。

当按 Esc 键后，接着再输入:号时，vi 会在屏幕的最下方等待我们输入命令：

(1) :w：保存；

(2) :w[文件名]：另存为指定文件名；

(3) :wq!：保存退出；

(4) :wq![文件名]：以指定文件名保存后退出；

(5) :q!：不保存退出。

习　题　4

一、选择题

1. Linux 文件系统的文件都按其作用分门别类地放在相关的目录中，对于外部设备文件，一般应将其放在________目录中。

　A. /bin　　B. /etc　　C. /dev　　D. /lib

2. 设用户 someone 当前所在目录为/usr/local，输入 cd 命令后，用户当前所在目录为________。

　A. /home　　B. /root

　C. /home/someone　　D. /usr/local

3. 创建一个新用户之后，该用户的家目录在________目录内。

　A. /home　　B. /root　　C. /share　　D. /usr

4. 在使用 mkdir 命令创建新的目录时，在其父目录不存在时先创建父目录的选项是________。

　A. -m　　B. -d　　C. -f　　D. -p

5. 用 ls -al 命令列出下面的文件列表，________文件是符号连接文件。

　A. -rw-rw-rw-2 hel-s users 56 Sep 09 11:05 hello

　B. -rwxrwxrwx 2 hel-s users 56 Sep 09 11:05 goodbey

　C. drwxr--r--1 hel users 1024 Sep 10 08:10 zhang

D. lrwxr--r--1 hel users 2024 Sep 12 08:12 cheng

6. 用 ls －al 命令列出下面的文件列表，问________是符号连接文件。

A. -rw-------2 hel-s users 56 Sep 09 11:05 hello

B. -rw------2 hel-s users 56 Sep 09 11:05 goodbey

C. drwx-----1 hel users 1024 Sep 10 08:10 zhang

D. lrwx-----1 hel users 2024 Sep 12 08:12 cheng

7. 删除文件命令为________。

A. mkdir　B. rmdir　C. mv　D. rm

8. 对文件进行归档的命令为________。

A. dd　B. cpio　C. gzip　D. tar

9. 改变文件所有者的命令为________。

A. chmod　B. touch　C. chown　D. cat

10. 设超级用户 root 当前所在目录为/usr/local，输入 cd 命令后，用户当前所在目录为________。

A. /home　B. /root　C. /home/root　D. /usr/local

11. 已知某用户 stud1，其用户目录为/home/stud1。如果当前目录为/home，进入目录/home/stud1/test 的命令是________。

A. cd test　B. cd /stud1/test

C. cd stud1/test　D. cd home

12. 用命令 ls -al 显示出文件 ff 的描述如下所示，由此可知文件 ff 的类型为________。

```
-rwxr-xr--1 root root 599 Cec 10 17:12 ff
```

A. 普通文件　B. 硬链接　C. 目录　D. 符号链接

13. 字符设备文件类型的标志是________。

A. p　B. c　C. s　D. l

14. 下列关于链接描述，错误的是________。

A. 硬链接就是让链接文件的 i 节点号指向被链接文件的 i 节点

B. 硬链接和符号连接都是产生一个新的 i 节点

C. 链接分为硬链接和符号链接

D. 硬连接不能链接目录文件

15. Linux 文件权限中保存了________信息。

A. 文件所有者的权限

B. 文件所有者所在组的权限

C. 其他用户的权限

D. 以上都包括

16. 对名为 fido 的文件用 chmod 551 fido 进行了修改，则它的许可权是________。

A. -rwxr-xr-x　B. -rwxr--r--

C. -r--r--r-- D. -r-xr-x--x

17. 某文件的组外成员的权限为只读、所有者有全部权限、组内的权限为读与写，则该文件的权限为________。

A. 467 B. 674 C. 476 D. 764

18. 系统中有用户 user1 和 user2，同属于 users 组。在 user1 用户目录下有一文件 file1，它拥有 644 的权限，如果 user2 用户想修改 user1 用户目录下的 file1 文件，应拥有________权限。

A. 744 B. 664 C. 646 D. 746

19. 文件 exer1 的访问权限为 rw-r--r--，现要增加所有用户的执行权限和同组用户的写权限，下列命令中正确的是________。

A. chmod a+x g+w exer1 B. chmod 765 exer1

C. chmod o+x exer1 D. chmod g+w exer1

20. 所有的 Linux 文件和目录都具有拥有权和许可权，现在我们有一名为 fido 的文件，并用 chmod 551 fido 对其进行了许可权的修改，我们用 ls -al 查看到如下的几个文件许可权信息，________的许可权是 fido 文件的。

A. -rwxr-xr-x B. -rwxr--r--

C. -r--r--r-- D. -r-xr-x--x

21. 一个文件的权限为-rwxr-r--，那么该文件的权限号码为________。

A. 755 B. 744 C. 700 D. 711

22. 一个文件的权限为-rwxrwxrwx，那么该文件的权限号码为________。

A. 755 B. 744 C. 700 D. 777

23. 一个文件的权限号码为 741，那么该文件的权限为________。

A. -rwxrwxrw- B. -rwxr----x

C. -rwxrw---x D. -rwxr---w-

24. 在 vi 编辑器中的命令模式下，输入________可在光标当前所在行下添加一新行。

A. a B. o C. I D. A

25. ________命令是在 vi 编辑器中执行存盘退出。

A. q B. wq C. q! D. WQ

26. 使用 vi 编辑器修改文件时，不保存强制退出的命令是________。

A. q B. ! C. q! D. !quit

二、问答题

1. 什么是绝对路径与相对路径？
2. 如何更改一个目录的名称，例如由/home/test 变为/home/test2？
3. 当要查询/usr/bin/passwd 文件的详细属性时，可以使用什么命令？
4. 如果有下面的两个文件，请说明两个文件的拥有者与其相关的权限是什么。

```
-rw-r--r--   1 root    root      238  Jun 18 17:22 test.txt
-rwxr-xr--   1 test1   testgroup 5238 Jun 19 10:25 ping.c
```

5. 如果目录为如下的样式，请问 testgroup 这个群组的成员与其他人(others)是否可以进入本目录？

```
drwxr-xr--   1 test1   testgroup   5238   Jun 19 10:25 groups/
```

6. 说明以下权限位代表的含义。

(1) -rwx------

(2) -rwxr---r--

(3) -rw-rw-r-x

(4) drwx--x--x

(5) drwx------

第 5 章　Linux 系统管理

5.1　进 程 管 理

5.1.1　进程与程序

程序是为了完成某种任务而设计的软件，例如 OpenOffice 是程序。什么是进程呢？进程就是运行中的程序。

一个运行着的程序，可能有多个程序。例如 Linux 下的 WWW 服务器通常是 Apache 服务器，当管理员启动服务后，可能会有许多人来访问，也就是说许多用户来同时请求 httpd 服务，Apache 服务器将会创建多个 httpd 进程来对其进行服务。

1. 进程分类

Linux 操作系统包括以下三种不同类型的进程，每种进程都有自己的特点和属性。

(1) 交互进程：由一个 Shell 启动的进程。交互进程既可以在前台运行，也可以在后台运行；

(2) 批处理进程：这种进程和终端没有联系，是一个进程序列；

(3) 守护进程：Linux 系统启动时启动的进程，并在后台运行。

值得一提的是守护进程总是活跃的，一般是后台运行，守护进程一般是由系统在开机时通过脚本自动激活启动或超级管理用户 root 来启动。例如在 CentOS 或 Redhat 中，可以定义 httpd 服务器的启动脚本的运行级别，此文件位于/etc/init. d 目录下，文件名是 httpd，/etc/init. d/httpd 就是 httpd 服务器的守护进程，当把它的运行级别设置为 3 和 5 时，当系统启动时，它会跟着启动。

由于守护进程是一直运行着的，所以它所处的状态是等待请求处理任务。例如，不管我们是不是在访问百度网站，百度的 httpd 服务都在运行，等待着用户来访问，也就是等待着任务处理。

如果就我们之前学到的一些命令来看，都很简单，包括用 ls 显示文件、rm/mkdir/cp/mv 等指令管理文件、chmod/chown 等指令管理权限等，不过，这些指令都是执行完就结束了。也就是说，该指令被触发后所产生的 PID 很快就会终止。那有没有一直在执行的进程？当然有，而且还很多。

这些常驻在内存当中的进程有很多，不过有一些系统本身所需要的服务，有一些则是负责网络联机的服务，例如 Apache、named、postfix、vsftpd 等。这些网络服务比较有趣的地方在于这些进程被执行后，它会启动一个可以负责网络监听的端口(Port)，以提供外部客户端(Client)的联机要求。

2. 进程的属性

内核的内部数据结构记录了有关每个进程的各种信息，其中有一些非常重要的。

(1) 进程 ID(PID)：是唯一的数值，用来区分进程；

(2) 父进程和父进程的 ID(PPID)；

(3) 启动进程的用户 ID(UID)和所归属的组(GID)；

(4) 进程状态：状态分为运行 R、休眠 S、僵死 Z；

(5) 进程执行的优先级；

(6) 进程所连接的终端名；

(7) 进程资源占用：例如占用资源大小(内存、CPU 占用量)。

3. 父进程和子进程

它们的关系是管理和被管理的关系，当父进程终止时，子进程也随之而终止。但子进程终止，父进程并不一定终止。例如 httpd 服务器运行时，我们可以杀掉其子进程，父进程并不会因为子进程的终止而终止。

在进程管理中，当我们发现占用资源过多，或无法控制进程时，应该杀死它，以保护系统的稳定安全运行。其实子进程与父进程之间的关系还挺复杂的，最大的复杂点在于进程互相之间的呼叫，以及两者权限的相关性。

5.1.2 进程与资源管理

1. 工作管理

工作管理(Job Control)是用在 bash Shell 环境下的，当我们登录系统进入 bash Shell 之后，在单一终端接口下同时进行多个工作的行为管理。举例来说，我们在登录 Shell 后，想要一边复制文件、一边进行资料搜寻、一边进行编译，还可以一边进行 vi 编辑。当然我们可以重复登录 6 个终端接口环境中，不过，能不能在一个 bash Shell 内实现呢？当然可以，就是使用工作管理：使用 &，直接将命令丢到后台中执行。

在一个 bash 的环境下，什么叫做“前台(Foreground)”与“后台(Background)”，我们先来简单定义一下。

(1) 前台：可以控制的这个工作称为前台的工作；

(2) 后台：在内存内可以自行运作的工作，无法直接控制它，除非以 bg/fg 等指令将该工作呼叫出来。

在只有一个 bash 的环境下，如果想要同时进行多个工作，那么可以将某些工作丢到后台环境当中，让我们可以继续操作前台的工作。那么如何将工作丢到后台中呢？最简单的方法就是利用“&”。例如，我们在后台查看 gedit 文件：

```
[root@localhost~]#gedit a &
[1] 24874                <==[job number] 进程编号 PID
```

```
[root@localhost~]#            <==可以继续作业,不受影响,这就是前台
```

注意,输入一个指令,在该指令的最后面加上一个"&"代表将该指令丢到后台中,此时 bash 会给予这个指令一个工作号码(Job Number),就是[1]。至于后面的 24874 则是该命令所触发的 PID。而且,我们可以继续操作 bash。不过,丢到后台中的工作什么时候完成,完成的时候会显示什么?如果输入几个指令后,突然出现数据:

```
[1]+one
```

就代表[1]这个工作已经完成(Done),该工作的指令则是接在后面的那一串指令列。另外,这个 & 代表将工作丢到后台中去执行。这样的情况最大的好处是不怕被 Ctrl+C 中断。

2. 查询进程信息

我们如何查询系统上面正在运作当中的进程呢?利用静态的 ps 或者是动态的 top,还能以 pstree 来查阅进程树之间的关系。

(1) ps

```
[root@localhost~]#ps aux
```

参数如下。

① -A :所有的进程均显示出来;

② -a :不与终端有关的所有进程;

③ -u :有效使用者(Effective User)相关的进程;

④ x :通常与 a 这个参数一起使用,可列出较完整的信息。

特别说明:

由于 ps 能够支持的操作系统类型相当得多,所以它的参数非常多,而且有没有加上"-"也有区别。更详细的用法应该要参考 man ps。

【例 5-1】 列出目前所有的正在内存当中的进程。

```
[root@localhost~]#ps aux
 USER PID%   CPU%    MEM   VSZ    RSS     TTY    STAT  START TIME  COMMAND
 root     1    0.0   0.1  1740    540       ?      S     Jul25    0:01 init [3]
 root     2    0.0   0.0     0      0       ?     SN     Jul25    0:00 [ksoftirqd/0]
 root     3    0.0   0.0     0      0       ?     S<     Jul25    0:00 [events/0]
.....中间省略.....
 root  5881    0.0   0.3  5212   1204  pts/0      S     10:22    0:00 su
 root  5882    0.0   0.3  5396   1524  pts/0      S     10:22    0:00 bash
 root  6142    0.0   0.2  4488    916  pts/0     R+     11:45    0:00 ps aux
```

一般来说,直接使用"ps aux"这个指令参数即可,显示的结果如【例 5-1】。在【例 5-1】中的各个显示项目代表的意义如下。

① USER:该进程属于哪个使用者账号。

② PID:该进程的号码。

③ %CPU：该进程使用掉的 CPU 资源百分比。

④ %MEM：该进程所占用的物理内存百分比。

⑤ VSZ：该进程使用掉的虚拟内存量(KB)。

⑥ RSS：该进程占用的固定的内存量(KB)。

⑦ TTY：该进程是在哪个终端上面运作，若与终端无关，则显示"?"，另外，tty1-tty6 是本机上面的登入者进程，若为 pts/0 等，则表示为由网络连接进主机的进程。

⑧ STAT：该进程目前的状态，主要的状态有如下几种。

- R：该进程目前正在运行，或者是可被运行；
- S：该进程目前正在睡眠当中，但可被某些信号(Signal)唤醒；
- T：该进程目前正在侦测或者是停止了；
- Z：该进程应该已经终止，但是其父进程却无法正常地终止它，造成僵死进程的状态。

⑨ START：该进程被触发启动的时间。

⑩ TIME：该进程实际使用 CPU 运行的时间。

⑪ COMMAND：该进程的实际指令。

取这一行来做个简单的说明：

```
root    5881  0.0  0.3  5212  1204 pts/0    S    10:22    0:00 su
```

该进程属于 root 所有，它的 PID 号码是 5881，该进程对于 CPU 的使用率很低，至于占用的物理内存大概有 0.3%。该进程使用掉的虚拟内存量为 5212KB，物理内存为 1204KB，该进程属于 pts/0 这个终端，应该是来自网络的联机登入。该进程目前是 Sleep 的状态，但其实是可以被执行的。这个进程由今天的 10:22 开始运行，不过，仅耗去 CPU 运作时间的 0:00 分钟。该进程的执行就是 su 这个指令。

【例 5-2】 列出类似进程树的进程显示。

```
PPID PID PGID SID TTY TPGID STAT UID TIME COMMAND
   0    1    0    0 ?        -1 S      0  0:01 init [3]
   1    2    0    0 ?        -1 SN     0  0:00 [ksoftirqd/0]
.....中间省略.....
   1 5281 5281 5281 ?        -1 Ss     0  0:00/usr/sbin/sshd
5281 5651 5651 5651 ?        -1 Ss     0  0:00  \_ sshd: zdxy [priv]
5651 5653 5651 5651 ?        -1 S    500  0:00      \_ sshd: zdxy@pts/0
5653 5654 5654 5654 pts/0  6151 Ss   500  0:00          \_ -bash
5654 5881 5881 5654 pts/0  6151 S      0  0:00              \_ su
5881 5882 5882 5654 pts/0  6151 S      0  0:00                  \_ bash
5882 6151 6151 5654 pts/0  6151 R+     0  0:00                      \_ ps -axjf
```

其实在进行测试时，都是以网络联机进主机来测试的，所以，其实进程之间是有相关性的。其实还可以使用 pstree 来达成这个进程树。

【例 5-3】 找出和 cron 与 syslog 这两个服务有关的 PID 号码。

```
[root@localhost~]#ps aux | egrep '(cron|syslog)'
```

```
root  1539  0.0  0.1  1616   616 ?          Ss   Jul25   0:03 syslogd -m 0
root  1676  0.0  0.2  4544  1128 ?          Ss   Jul25   0:00 crond
root  6157  0.0  0.1  3764   664 pts/0      R+   12:10   0:00 egrep (cron|syslog)
```

(2) top

```
[root@localhost~]#top [-d] | top [-bnp]
```

参数如下。

① -d：后面可以接秒数，就是整个进程画面更新的秒数，默认是 5s；

② -p：指定某些 PID 来进行观察监测而已。

【例 5-4】 每 2s 更新一次 top，观察整体信息。

```
[root@localhost~]#top -d 2
top -18:30:36 up 30 days, 7 min,  1 user,  load average: 0.42, 0.48, 0.45
Tasks: 163 total,   1 running, 161 sleeping,   1 stopped,   0 zombie
Cpu(s):  4.7%us,  4.0%sy,  6.3%ni, 82.5%id,  0.4%wa,  0.1%hi,  2.0%si
Mem:   1033592k total,   955252k used,    78340k free,   208648k buffers
Swap:  1052216k total,      728k used,  1051488k free,   360248k cached

PID USER     PR  NI  VIRT  RES  SHR S %CPU %MEM   TIME+   COMMAND
3981 apache   34  19 84012  11m 7352 S 17.3  1.2   0:00.09 httpd
1454 mysql    16   0  289m  40m 2228 S  3.8  4.0 115:01.32 mysqld
3985 zdxy     15   0  2148  904  668 R  3.8  0.1   0:00.03 top
   1 root     16   0  3552  552  472 S  0.0  0.1   0:08.90 init
   2 root     RT   0     0    0    0 S  0.0  0.0   0:52.76 migration/0
   3 root     34  19     0    0    0 S  0.0  0.0   0:03.01 ksoftirqd/0
```

top 是个不错的进程观察工具。但不同于 ps 是静态的结果输出，top 这个进程可以持续地监测整个系统的进程工作状态。在默认的情况下，每次更新进程资源的时间为 5s，不过，可以使用-d 来进行修改。

top 主要分为两个画面，上半部分的画面为整个系统的资源使用状态，基本上总共有 5 行，显示的内容依序是如下。

① 第一行：显示系统已启动的时间、目前上线人数、系统整体的负载。比较需要注意的是系统的负载，三个数据分别代表 1、5、10min 的平均负载。一般来说，这个负载值应该不太可能超过 1 才对，除非系统很忙碌。如果持续高于 5 的话，那么需要仔细看看到底是哪个进程在影响整体系统。

② 第二行：显示的是目前的观察进程数量，比较需要注意的是最后的 zombie 那个数值，如果不是 0，好好看看到底是哪个进程已经僵死。

③ 第三行：显示的是 CPU 的整体负载。需要观察的是 id (idle 空闲)的数值，一般来说，应该要接近 100%才好，表示系统中很少资源被使用。

④ 第四行与第五行：表示目前的物理内存与虚拟内存(Mem/Swap)的使用情况。

至于 top 下半部分的画面，则是每个进程使用的资源情况。比较需要注意的有如下几个参数。

① PID：每个进程的 ID；

② USER：该进程所属的使用者；

③ PR：Priority 的简写，进程的优先执行顺序，越小就越早被执行；

④ NI：Nice 的简写，与 Priority 有关，也是越小就越早被执行；

⑤ %CPU：CPU 的使用率；

⑥ %MEM：内存的使用率；

⑦ TIME+：CPU 使用时间的累加。

一般来说，如果想要找出最损耗 CPU 资源的进程时，大多使用的就是 top 命令。然后强制以 CPU 使用资源来排序（在 top 当中按下 p 即可），就可以很快地知道。

【例 5-5】 假设 10 604 是一个已经存在的 PID，观察该进程。

```
[root@localhost~]#top -d 2 -p10604
top -13:53:00 up 51 days,  2:27,  1 user,  load average: 0.00, 0.00, 0.00
Tasks:  1 total,   0 running,   1 sleeping,   0 stopped,   0 zombie
Cpu(s):  0.0%us,  0.0%sy,  0.0%ni, 100.0%id,  0.0%wa,  0.0%hi,  0.0%si
Mem:    385676k total,   371760k used,    13916k free,   131164k buffers
Swap:  1020116k total,      880k used,  1019236k free,    95772k cached

PID USER    PR  NI  VIRT  RES  SHR S %CPU %MEM  TIME+  COMMAND
10604 root     16   0  5396 1544 1244 S  0.0  0.4   0:00.07 bash
```

(3) pstree

```
[root@localhost~]#pstree [-Aup]
```

参数如下。

① -A：各进程树之间的连接以 ASCII 字符来连接；

② -p：同时列出每个进程的 PID；

③ -u：同时列出每个进程的所属账号名称。

【例 5-6】 列出目前系统上所有的进程树的相关性。

```
[root@localhost~]#pstree -A
init-+-atd
     |-crond
     |-dhclient
     |-dovecot-+-dovecot-auth
     |         '-3*[pop3-login]
     |-events/0
     |-2*[gconfd-2]
     |-master-+-pickup
     |        '-qmgr
     |-6*[mingetty]
     |-sshd---sshd---sshd---bash---su---bash---pstree
```

```
|-udevd
'-xinetd
```

注意，为了节省版面，所以删去了很多进程，同时也要注意 sshd---那一行，相关的进程都被列在一起了。

【例 5-7】 继续例 5-6，同时显示出 PID 与 users。

```
[root@localhost~]#pstree -Aup
init(1)-+-atd(16143)
        |-crond(1676)
        |-dhclient(21339)
        |-dovecot(1606)-+-dovecot-auth(1616)
        |               |-pop3-login(747,test)
        |               |-pop3-login(10487, test)
        |               `-pop3-login(10492, test)
        |-events/0(3)
        |-gconfd-2(2352)
        |-gconfd-2(32158)
        |-master(1666)-+-pickup(10817,postfix)
        |              `-qmgr(1675,postfix)
        |-mingetty(1792)
        |-mingetty(21366)
        |-sshd(5281)---sshd(10576)---sshd(10578,zdxy)---bash(10579)
        |-syslogd(1539)
        |-udevd(801)
        `-xinetd(1589)
```

在括号()内的即是 PID 以及该进程的所有者。不过，由于是使用 root 的身份执行这个命令，所以，属于 root 的可能就不会显示出来。

如果要找进程之间的相关性，就要使用 pstree。直接输入 pstree 可以查询进程相关性，不过，有的时候由于语系的问题会出现乱码，因此，建议直接使用-A 用 ASCII 字符作为连结接口，会看得比较清楚。如果子进程僵死或遇到老是杀不掉的子进程时，该如何找到父进程呢？就要用这个 pstree。

3. 进程的删除

(1) kill

kill 的应用是和 ps 或 pgrep 命令结合在一起使用的。

语法：

```
[root@localhost~]#kill  [信号代码]    进程 ID
```

注：信号代码可以省略，常用的信号代码是－9，表示强制终止。

【例 5-8】 终止所有的 httpd 进程。

查看 httpd 服务器的进程，也可以用 pgrep-l httpd 来查看：

```
[root@localhost~]#ps  auxf  |grep  httpd
root   4939   0.0  0.0   5160 708 pts/3  S+   13:10   0:00   \_ grep httpd
root   4830   0.1  1.3   24232 10272 ?   Ss   13:02   0:00  /usr/sbin/httpd
apache 4833   0.0  0.6   24364  4932 ?   S    13:02   0:00   \_/usr/sbin/httpd
apache 4834   0.0  0.6   24364  4928 ?   S    13:02   0:00   \_/usr/sbin/httpd
apache 4835   0.0  0.6   24364  4928 ?   S    13:02   0:00   \_/usr/sbin/httpd
apache 4836   0.0  0.6   24364  4928 ?   S    13:02   0:00   \_/usr/sbin/httpd
apache 4837   0.0  0.6   24364  4928 ?   S    13:02   0:00   \_/usr/sbin/httpd
apache 4838   0.0  0.6   24364  4928 ?   S    13:02   0:00   \_/usr/sbin/httpd
apache 4839   0.0  0.6   24364  4928 ?   S    13:02   0:00   \_/usr/sbin/httpd
apache 4840   0.0  0.6   24364  4928 ?   S    13:02   0:00   \_/usr/sbin/httpd
```

看上面输出中的第二列，就是进程PID，其中4830是httpd服务器的父进程，从4833～4840的进程都是4830的子进程。如果杀掉父进程4830的话，其下的子进程也会跟着终止。

```
[root@localhost~]#kill 4840                    <==杀掉4840这个进程
[root@localhost~]#ps -auxf |grep httpd         <==查看结果，httpd服务器仍在运行
[root@localhost~]#kill 4830                    <==杀掉httpd的父进程
[root@localhost~]#ps -aux |grep httpd
                           <==查看httpd的其他子进程是否存在，httpd服务器是否仍在运行
```

(2) killall

由于kill后面必须要加上PID(或者是Job Number)，所以，通常kill都会配合ps、pstree等指令，因为必须要找到相对应的进程的ID。但是，如此一来很麻烦，有没有可以利用进程的名称来给予信号的命令呢？killall可以通过进程的名称，直接杀死所有进程。

语法：

```
[root@localhost~]#killall 正在运行的进程名
```

killall也和ps或pgrep结合使用，比较方便，通过ps或pgrep来查看哪些程序在运行。

【例5-9】 终止gaim进程。

```
[root@localhost beinan]#pgrep -l gaim
2979 gaim
[root@localhost beinan]#killall gaim
```

4. 资源管理

上面我们介绍了有关进程管理的命令，下面介绍其他资源管理的方法。

(1) 查看内存资源信息free

```
[root@localhost~]#free [-b|-k|-m|-g] [-t]
```

参数如下。

① -b：直接输入free时，显示的单位是KB，也可以使用b(B)、m(MB)、k(KB)，及g

(GB)来显示单位。

② -t ：在输出的最终结果中，显示物理内存与 Swap 的总量。

【例 5-10】 显示目前系统的内存容量。

```
[root@localhost~]#free -m
                      total    used  free  shared  buffers  cached
Mem:                  376      366   10    0       129      94
-/+buffers/cache:     141      235
Swap:                 996      0     995
```

仔细看看，系统当中有 384MB 左右的物理内存，Swap 有 1GB 左右，使用 free-m 以兆(MB)为单位来显示时，就会出现上面的信息。Mem 那一行显示的是物理内存的量，Swap 则是虚拟内存的量。total 是总量，used 是已被使用的量，free 则是剩余可用的量。后面的 shared/buffers/cached 则是在已被使用的量当中，用来作为缓冲及快取的量。

仔细看【例 5-10】的输出，物理内存几乎是被用光，不过，至少有 129MB 用在缓冲工作，94 MB 则用在快取工作，也就是说，系统是很有效率地将所有的内存用光，目的是为了让系统的存取效能加速。

很多朋友都会问到这个问题，系统明明很轻松，为何内存会被用光？被用光是正常的，而需要注意的反而是虚拟内存 Swap 的量。一般来说，Swap 最好不要被使用，尤其 Swap 最好不要被使用超过 20%以上，如果发现 Swap 的用量超过 20%，那么最好还是增加物理内存。因为，Swap 的效能跟物理内存实在差很多，而系统会使用到 Swap，绝对是因为物理内存不足了才会这样做的。

(2) 查看开机信息 dmesg

在开机的时候会发现有很多的讯息出现，例如 CPU 的形式、硬盘、光盘型号及硬盘分割表等，这些信息的产生都是内核(kerne)在进行硬件的测试与驱动。但是这些信息都是刷的一下就跑过去了，完全来不及看。

对于系统管理员这些信息有时候是很重要的，因为它提供了系统的信息，这些讯息可以用 dmesg 指令来查看。因为信息实在太多了，所以可以加入这个管道命令"| more"来使画面暂停，翻页后慢慢研究。

【例 5-11】 输出所有的核心开机时的信息。

```
[root@localhost ~]#dmesg|more
```

【例 5-12】 搜寻开机的时候，硬盘的相关信息。

```
[root@localhost~]#dmesg|grep -i hd
    ide0: BM-DMA at 0xffa0-0xffa7, BIOS settings: hda:DMA, hdb:DMA
    ide1: BM-DMA at 0xffa8-0xffaf, BIOS settings: hdc:DMA, hdd:pio
hda: ST320430A, ATA DISK drive
hdb: Maxtor 5T030H3, ATA DISK drive
hdc: CD-540E, ATAPI CD/DVD-ROM drive
.....以下省略.....
```

由【例 5-12】就知道这部主机的硬盘怎样了,还可以查阅网卡等,网卡的代号是 eth,可以直接输入 dmesg | grep-i eth 试试看。

5.2 文件系统与磁盘管理

系统管理员很重要的任务之一就是管理好自己的磁盘文件系统,每个分区不可太大也不能太小,太大会造成磁盘容量的浪费,太小则会产生文件无法存储的困扰。在本节我们的重点在于如何制作文件系统,包括分区、格式化与挂载等。

5.2.1 文件系统类型与特性

目前 Linux 发行版默认使用的磁盘文件系统使用的是 ext4,所以要了解文件系统就得由认识 ext4 开始。而文件系统是建立在硬盘上面的,因此我们得了解硬盘的物理组成才行。简单回顾一下磁盘物理组成的部分和磁盘分区。

1. 硬盘组成与分区

各种接口的磁盘在 Linux 中的文件名称分别如下。

(1) /dev/sd[a-p][1-15]: 为 SCSI、SATA、U 盘等接口的磁盘文件名;

(2) /dev/hd[a-d][1-63]: 为 IDE 接口的磁盘文件名。

所谓的磁盘分区即指定分区的开始与结束磁柱,如此一来操作系统就能够知道它可以在所指定的区块内进行文件资料的读、写、搜寻等动作。

那么指定分区的磁柱范围记录在哪里?就是第一个扇区的分区表中。但是因为分区表仅有 64B 而已,因此最多只能记录 4 笔分区的记录,这 4 笔记录我们称为主分区或扩展分区,其中扩展分区还可以再分出逻辑驱动器,而能被格式化的则仅有主分区与逻辑驱动器而已。

最后,再说明一下分区的定义。

(1) 主分区与扩展分区最多可以有四个;

(2) 扩展分区最多只能有一个;

(3) 逻辑驱动器是由扩展分区持续分割出来的分区;

(4) 能够被格式化后,作为数据存取的分区为主分区与逻辑驱动器,扩展分区无法格式化;

(5) 逻辑驱动器的数量依操作系统而不同,在 Linux 系统中,IDE 硬盘最多有 59 个逻辑驱动器(5 号~63 号),SATA 硬盘则有 11 个逻辑驱动器(5 号~15 号)。

2. 文件系统特性

磁盘分区完毕后还需要进行格式化,之后操作系统才能够使用这个分区。为什么需要进行格式化呢?这是因为每种操作系统所设定的文件属性或权限并不相同,为了存放这些文件所需的数据,就需要将分区进行格式化,以成为操作系统能够利用的文件系统格式。在文件系统方面,Linux 可以算得上操作系统中的"瑞士军刀"。Linux 支持许多种文件系统,从日志型文件系统到集群文件系统和加密文件系统。

每种操作系统能够使用的文件系统并不相同。举例来说，微软 Windows 98 以前的操作系统主要利用的文件系统是 FAT(或 FAT16)，Windows 2000 以后的版本有 NTFS 文件系统，至于 Linux 的正统文件系统则为 ext4。

2008 年以来，主要的 Linux 版本都支持 ext4 文件系统。ext4 是第四代扩展文件系统，是下一代的日志文件系统，向前向后兼容。ext4 支持很大的文件(可以达到 16TB)，也可以支持容量极大的文件卷(支持大小为 1 048 576 TB 的文件系统)。而且，ext4 还支持就地升级，只需运行一些命令(tune2fs 和 e2fsck)就可以将现有的 ext2 或 ext3 升级为 ext4。

此外，在默认的情况下，Windows 操作系统是不会认识 Linux 的 ext4 的。

文件系统是文件的数据结构或组织方法。那么文件系统是如何运作的呢? 这与操作系统的文件数据有关。较新的操作系统的文件数据除了文件实际内容外，通常含有非常多的属性，例如 Linux 操作系统的文件权限(rwx)与文件属性(拥有者、群组、时间参数等)。文件系统通常会将这两部分的数据分别存放在不同的区块，权限与属性放置到 inode 中，而实际数据则放置到 block 区块中。另外，还有一个超级区块(SuperBlock)会记录整个文件系统的整体信息，包括 inode 与 block 的总量、使用量、剩余量等。

由于 ext4 是日志文件系统，基本上不太需要常常进行磁盘整理。但是如果文件系统使用太久，常常删除、编辑、新增文件的话，那么还是可能会造成文件数据太过于离散的问题，此时或许会需要进行重整一下的。不过，一般很少会在 Linux 操作系统上面进行 ext2/ext3/ext4 文件系统的磁盘整理。

传统的磁盘与文件系统的应用中，一个分区就只能够被格式化成为一个文件系统，所以可以说一个文件系统就是一个分区。但是由于新技术的利用，例如常听到的 LVM 与软件磁盘阵列，这些技术可以将一个分区格式化为多个文件系统(例如 LVM)，也能够将多个分区合成一个文件系统(LVM,RAID)。所以说，目前我们在格式化时已经不再说成针对分区来格式化了，通常我们称呼一个可被挂载的数据为一个文件系统而不是一个分区。

3. 挂载点的意义 (mount point)

将文件系统与目录树结合的动作称为挂载。挂载点一定是目录，该目录为进入该文件系统的入口。因此并不是任何文件系统都能使用，必须要“挂载”到目录树的某个目录后，才能够使用该文件系统。

4. 其他 Linux 支持的文件系统

虽然 Linux 的标准文件系统是 Ext2，还有增加了日志功能的 Ext3，事实上，Linux 还支持很多文件系统格式，尤其是最近这几年推出了好几种速度很快的日志式文件系统，包括 SGI 的 XFS 文件系统、可以适用更小型文件的 Reiserfs 文件系统，以及 Windows 的 FAT 文件系统等，都能够被 Linux 所支持。常见的支持文件系统如下。

(1) 传统文件系统：ext2/minix/MS-DOS/FAT(用 vfat 模块)/ iso9660(光盘)；

(2) 日志式文件系统：ext4/ext3/ReiserFS/Windows' NTFS/IBM's JFS/SGI's XFS；

(3) 网络文件系统：NFS/SMBFS。

想要知道已安装的 Linux 支持的文件系统有哪些，可以查看如下目录，如图 5-1 所示。

```
[root@localhost~]#ls -l /lib/modules/$(uname -r)/kernel/fs
```

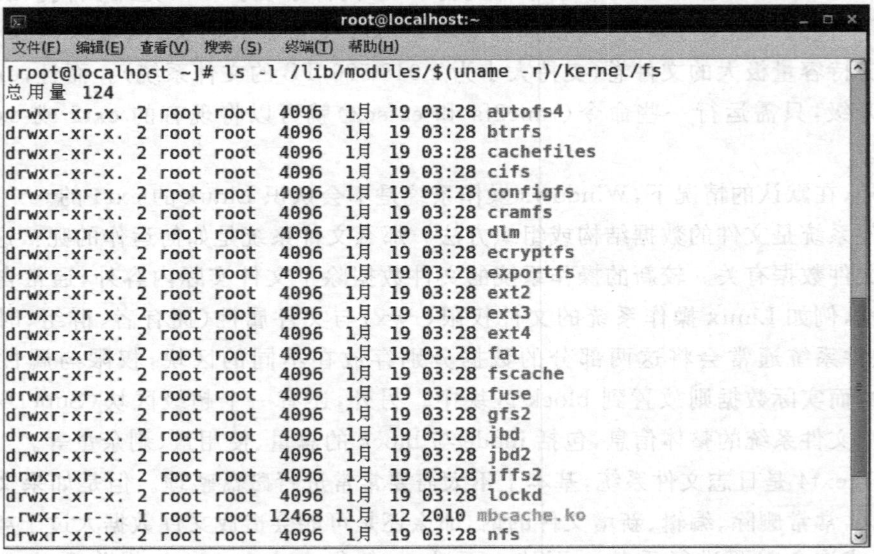

```
root@localhost:~
文件(F) 编辑(E) 查看(V) 搜索(S) 终端(T) 帮助(H)
[root@localhost ~]# ls -l /lib/modules/$(uname -r)/kernel/fs
总用量 124
drwxr-xr-x. 2 root root  4096  1月  19 03:28 autofs4
drwxr-xr-x. 2 root root  4096  1月  19 03:28 btrfs
drwxr-xr-x. 2 root root  4096  1月  19 03:28 cachefiles
drwxr-xr-x. 2 root root  4096  1月  19 03:28 cifs
drwxr-xr-x. 2 root root  4096  1月  19 03:28 configfs
drwxr-xr-x. 2 root root  4096  1月  19 03:28 cramfs
drwxr-xr-x. 2 root root  4096  1月  19 03:28 dlm
drwxr-xr-x. 2 root root  4096  1月  19 03:28 ecryptfs
drwxr-xr-x. 2 root root  4096  1月  19 03:28 exportfs
drwxr-xr-x. 2 root root  4096  1月  19 03:28 ext2
drwxr-xr-x. 2 root root  4096  1月  19 03:28 ext3
drwxr-xr-x. 2 root root  4096  1月  19 03:28 ext4
drwxr-xr-x. 2 root root  4096  1月  19 03:28 fat
drwxr-xr-x. 2 root root  4096  1月  19 03:28 fscache
drwxr-xr-x. 2 root root  4096  1月  19 03:28 fuse
drwxr-xr-x. 2 root root  4096  1月  19 03:28 gfs2
drwxr-xr-x. 2 root root  4096  1月  19 03:28 jbd
drwxr-xr-x. 2 root root  4096  1月  19 03:28 jbd2
drwxr-xr-x. 2 root root  4096  1月  19 03:28 jffs2
drwxr-xr-x. 2 root root  4096  1月  19 03:28 lockd
-rwxr--r--. 1 root root 12468 11月  12 2010 mbcache.ko
drwxr-xr-x. 2 root root  4096  1月  19 03:28 nfs
```

图 5-1　查看 Linux 支持的文件系统

查看系统目前已加载到内存中支持的文件系统，如图 5-2 所示。

```
[root@localhost~]#cat /proc/filesystems
```

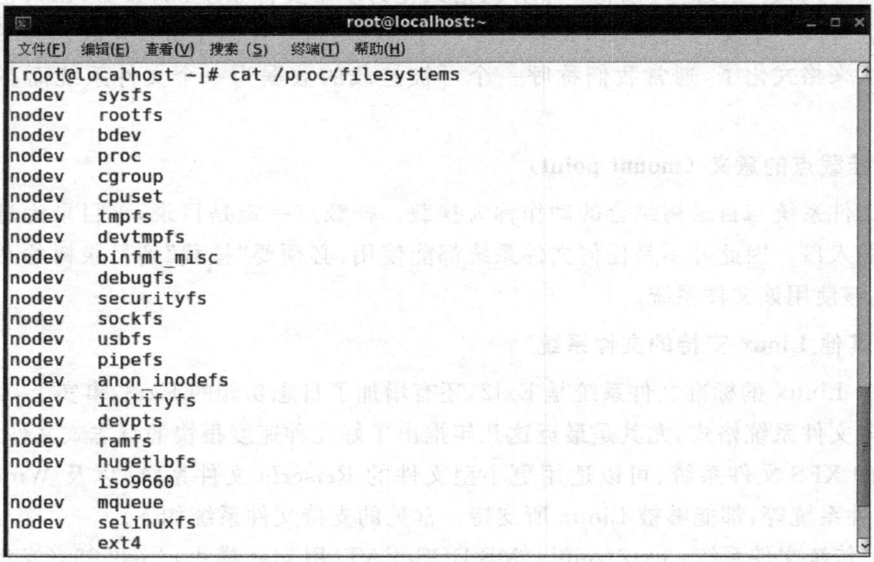

```
root@localhost:~
文件(F) 编辑(E) 查看(V) 搜索(S) 终端(T) 帮助(H)
[root@localhost ~]# cat /proc/filesystems
nodev   sysfs
nodev   rootfs
nodev   bdev
nodev   proc
nodev   cgroup
nodev   cpuset
nodev   tmpfs
nodev   devtmpfs
nodev   binfmt_misc
nodev   debugfs
nodev   securityfs
nodev   sockfs
nodev   usbfs
nodev   pipefs
nodev   anon_inodefs
nodev   inotifyfs
nodev   devpts
nodev   ramfs
nodev   hugetlbfs
        iso9660
nodev   mqueue
nodev   selinuxfs
        ext4
```

图 5-2　查看目前已加载的文件系统

5.2.2 磁盘的简单操作

1. 磁盘与目录的容量

使用命令 df,列出文件系统的整体磁盘使用量。

语法:

```
[root@localhost~]#df [-ahkm] [目录或文件名]
```

选项与参数如下。

(1) -a:列出所有的文件系统,包括系统特有的/proc 等文件系统;

(2) -k:以 KB 的容量显示各文件系统;

(3) -m:以 MB 的容量显示各文件系统;

(4) -h:以人们较易阅读的 GB、MB、KB 等格式自行显示。

【例 5-13】 将系统内所有的文件系统列出来。

```
[root@localhost~]#df
Filesystem  1K-blocks  Used      Available  Use%  Mounted on
/dev/hda2   9920624    3823112   5585444    41%   /
/dev/hda3   4956316    141376    4559108    4%    /home
/dev/hda1   101086     11126     84741      12%   /boot
tmpfs       371332     0         371332     0%    /dev/shm
```

如果 df 没有加任何选项,那么默认会将系统内所有的(不含特殊内存内的文件系统与 Swap)都以 Kb 为单位列出来。至于/dev/shm 是与内存有关的挂载。

先来说明一下【例 5-13】所输出的结果。

(1) Filesystem:代表该文件系统是在哪个分区,列出设备名称;

(2) 1K-blocks:说明以下的数字单位是 KB,可利用-h 或-m 来改变容量单位;

(3) Used:使用掉的硬盘空间;

(4) Available:剩下的磁盘空间大小;

(5) Use%:磁盘的使用率,如果使用率高达 90%以上时,最好需要注意容量不足造成的系统问题;

(6) Mounted on:挂载点,磁盘挂载的目录。

在显示的结果中需要特别留意的是根目录的剩余容量。因为所有的数据都是由根目录衍生出来的,因此当根目录的剩余容量为 0 时,那系统可能就问题很大了。

【例 5-14】 将容量结果以易读的容量格式显示出来。

```
[root@localhost~]#df -h
Filesystem  Size  Used  Avail  Use%  Mounted on
/dev/hda2   9.5G  3.7G  5.4G   41%   /
/dev/hda3   4.8G  139M  4.4G   4%    /home
/dev/hda1   99M   11M   83M    12%   /boot
tmpfs       363M  0     363M   0%    /dev/shm
```

不同于【例 5-13】,这里会以 GB/MB 等容量格式显示出来,比较容易看。

【例 5-15】 将/etc 下可用的磁盘容量以易读的容量格式显示。

```
[root@localhost~]#df -h /etc
Filesystem  Size  Used  Avail  Use%  Mounted on
/dev/hda2   9.5G  3.7G  5.4G   41%   /
```

在 df 后面加上目录或者是文件时,df 会自动地分析该目录或文件所在的分区,并将该分区的容量显示出来,就可以知道某个目录下面还有多少容量可以使用了。

2. 磁盘的分区 fdisk

对于一个系统管理者而言,磁盘的管理是相当重要的一环,尤其近年来硬盘已经渐渐被当成是消耗品了,如果想要在系统里面新增一个硬盘时,应该有如下动作需要做。

第一步:对磁盘进行分区,以建立可用的分区;

第二步:对该分区进行格式化,以建立系统可用的文件系统;

第三步:若想要仔细一点,则可对刚刚建立好的文件系统进行检验;

第四步:在 Linux 系统上,需要建立挂载点(也就是目录),并将它挂载上来。

语法:

```
[root@localhost~]#fdisk [-l] 设备名称
```

选项与参数如下。

-l:输出后面接的设备的所有分区内容。若仅有 fdisk-l 时,则系统将会把整个系统内能够搜寻到的设备的分区均列出来,如图 5-3 所示。

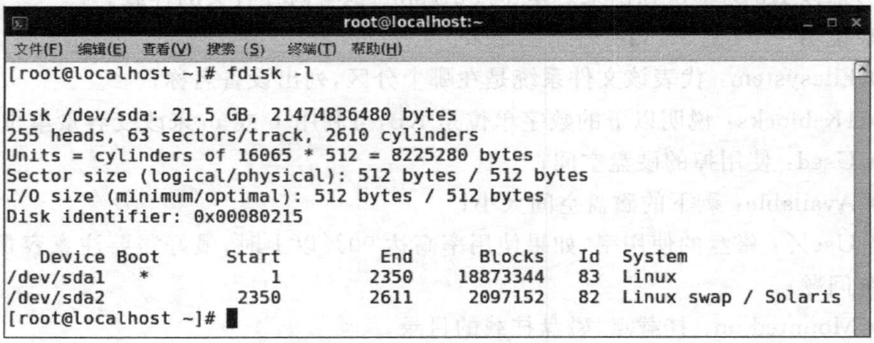

图 5-3 fdisk 查看磁盘总体信息

(1) 查看磁盘信息

【例 5-16】 找出系统中的根目录所在的磁盘,并查阅该硬盘内的相关信息。

```
[root@localhost~]#df /                          <==注意:重点在于找出磁盘文件名而已
Filesystem  1K-blocks  Used     Available  Use%  Mounted on
/dev/hda2   9920624    3823168  5585388    41%   /
[root@localhost~]#fdisk /dev/hda                <==不要加上数字
The number of cylinders for this disk is set to 5005.
```

```
There is nothing wrong with that, but this is larger than 1024,
and could in certain setups cause problems with:
1) software that runs at boot time (e.g., old versions of LILO)
2) booting and partitioning software from other OSs
(e.g., DOS FDISK, OS/2 FDISK)
Command (m for help): <==等待输入
```

由于每个用户的使用环境都不一样，因此每部主机的磁盘数量也不相同。所以可以先使用 df 指令找出可用磁盘文件名，然后再用 fdisk 来查阅。在进入 fdisk 程序的工作画面后，如果硬盘太大的话，就会出现如上信息。这个信息说明，某些旧版的软件与操作系统并无法支持大于 1024 磁柱后的扇区使用，不过新版的 Linux 问题。以下继续来看看 fdisk 是如何操作相关动作的。

```
Command (m for help): m               <==输入 m 后，就会看到指令介绍
Command action
   d  delete a partition              <==删除一个分区
   n  add a new partition             <==新增一个分区
   p  print the partition table       <==在屏幕上显示分区表
   q  quit without saving changes     <==不存储离开 fdisk 程序
   w  write table to disk and exit    <==将刚刚的动作写入分区表
```

使用 fdisk 程序是完全不需要背指令的，如同上面的表格中，只要按下 m 就能够看到所有的动作。其中比较不一样的是 q 与 w。不管进行了什么动作，只要离开 fdisk 时按下 q，那么所有的动作都不会生效。相反的，按下 w 就是动作生效的意思。所以，大家可以随便尝试 fdisk，只要离开时按下的是 q 即可。那么，先来看看分区表信息。

```
Command (m for help): p                                  <==输出目前磁盘的状态
Disk/dev/hda: 41.1 GB, 41174138880 bytes                 <==这个磁盘的文件名与容量
255 heads, 63 sectors/track, 5005 cylinders              <==磁头、扇区与磁柱大小
Units =cylinders of 16065 * 512 =8225280 bytes           <==每个磁柱的大小

Device      Boot  Start   End      Blocks   Id  System
/dev/hda1   *         1    13      104391   83  Linux
/dev/hda2            14  1288   10241437+   83  Linux
/dev/hda3          1289  1925    5116702+   83  Linux
/dev/hda4          1926  5005    24740100    5  Extended
/dev/hda5          1926  2052     1020096   82  Linux swap/Solaris
```

设备文件名 开机区否 开始扇区 结束扇区 容量 磁盘分区内的系统

使用 p 可以列出目前这块磁盘的分区表信息，这个信息的上半部分显示整体磁盘的状态。以这块磁盘为例，这个磁盘共有 41.1GB 左右的容量，共有 5005 个磁柱，每个磁柱通过 255 个磁头在管理读写，每个磁头管理 63 个扇区，而每个扇区的大小均为 512B，因此每个磁柱为 255×63×512B=16 065×512=8 225 280B。

下半部分的分区表信息主要列出每个分区的个别信息项目，每个项目的意义如下。

① Device：设备文件名，依据不同的磁盘接口或分区位置而变化。

② Boot：是否为开机启动区块？通常 Windows 系统的 C 盘就是开机分区。

③ Start，End：这个分区在哪个扇区号码之间，可以决定此分区的大小。

④ Blocks：就是以 KB 为单位的容量。如上所示，/dev/hda1 的大小为 104 391KB=102MB。

⑤ ID，System：代表这个分区内的文件系统，不过这个项目只是一个提示而已，不见得真的代表此分区内的文件系统。

fdisk 还可以直接显示系统内的所有分区。举例来说，刚刚插入一个 USB 磁盘到这个 Linux 系统中，那该如何观察这个磁盘的代号与这个磁盘的分区呢？

查阅目前系统内的所有分区有哪些：

```
[root@localhost~]#fdisk -l
Disk/dev/sda: 8313 MB, 8313110528 B
59 heads, 58 sectors/track, 4744 cylinders
Units =cylinders of 3422 * 512 =1752064 B

Device      Boot  Start   End   Blocks  Id  System
/dev/sda1             1  4745  8118260   b  W95 FAT32
```

fdisk 只有 root 用户才能执行，此外，请注意，使用的设备文件名不要加上数字，因为文件系统是针对整个硬盘而不是某个分区，所以执行 fdisk /dev/hda1 就会发生错误，要使用 fdisk /dev/had。

(2) 删除磁盘分区

【5-17】 将/dev/hda 的全部分区删除。

第一步：先进入 fdisk 的画面。

```
[root@localhost~]#fdisk /dev/hda
```

第二步：先看看整个分区表的情况。

```
Command (m for help): p

Disk/dev/hda: 41.1 GB, 41174138880 B
255 heads, 63 sectors/track, 5005 cylinders
Units =cylinders of 16065 * 512 =8225280 B

Device      Boot  Start   End     Blocks  Id  System
/dev/hda1    *        1    13     104391  83  Linux
/dev/hda2            14  1288  10241437+  83  Linux
/dev/hda3          1289  1925   5116702+  83  Linux
/dev/hda4          1926  5005   24740100   5  Extended
/dev/hda5          1926  2052    1020096  82  Linux swap/Solaris
```

第三步：按下 d 删除。

```
Command (m for help): d
```

```
Partition number (1-5): 4

Command (m for help): d
Partition number (1-4): 3

Command (m for help): p

Disk/dev/hda: 41.1 GB, 41174138880 B
255 heads, 63 sectors/track, 5005 cylinders
Units =cylinders of 16065 * 512 =8225280 B

Device      Boot  Start   End     Blocks   Id  System
/dev/hda1    *              1               13  104391
/dev/hda2           14   1288  10241437+   83  Linux
```

因为/dev/hda5 是由 /dev/hda4 所衍生出来的逻辑驱动器，因此/dev/hda4 被删除，/dev/hda5 就自动不见了。最终就会剩下两个分区。

第四步：保存或不保存。

```
Command (m for help): q
```

这里仅是做一个练习而已，所以，按下 q 就能够离开。

(3) 练习添加磁盘分区

添加磁盘分区有好多种情况，因为添加主分区、扩展分区、逻辑驱动器的显示结果都不太相同。

【例 5-18】 先将/dev/hda 全部删除成干净未分区的磁盘，然后依序添加。

第一步：进入 fdisk 的画面，删除所有分区。

```
[root@localhost~]#fdisk /dev/hda
Command (m for help): d
Partition number (1-5): 4

Command (m for help): d
Partition number (1-4): 3

Command (m for help): d
Partition number (1-4): 2

Command (m for help): d
Selected partition 1
```

由于最后仅剩下一个分区，因此系统主动选取这个分区删除。

第二步：开始添加，先添加一个主分区(Primary)，且指定为 4 号。

```
Command (m for help): n
```

```
Command action                                  <==全新磁盘,因此只会问要建立主分区还是扩展分区
   e   extended
   p   primary partition (1-4)
p                                               <==选择 Primary 分区
Partition number (1-4): 4                       <==设定为 4 号
First cylinder (1-5005, default 1):             <==直接按下 Enter 决定
Using default value 1                           <==起始磁柱就选用默认值
Last cylinder or+size or+sizeM or+sizeK (1-5005, default 5005):+512M
```

我们知道分区是由 n1 到 n2 的扇区号码,但扇区的大小每个磁盘都不相同,这个时候可以填入"+512M"来让系统自动帮我们找出"最接近 512MB 的那个扇区号码",因为不可能刚好等于 512MB。

```
Command (m for help): p
Disk/dev/hda: 41.1 GB, 41174138880 B
255 heads, 63 sectors/track, 5005 cylinders
Units =cylinders of 16065 * 512 =8225280 B

Device      Boot  Start  End  Blocks  Id  System
/dev/hda4             1   63  506016  83  Linux
```

注意:只有 4 号,1~3 保留下来了。

第三步:继续添加一个分区,这次添加扩展分区。

```
Command (m for help): n
Command action
   e   extended
   p   primary partition (1-4)
e                                          <==选择的是 Extended
Partition number (1-4): 1
First cylinder (64-5005, default 64):      <=按下 Enter 键
Using default value 64
Last cylinder or+size or+sizeM or+sizeK (64-5005, default 5005):
                                           <=按下 Enter 键
Using default value 5005
```

在磁盘分区表中曾经谈到,扩展分区最好能够包含所有未分区的区间,所以在这个练习中,我们将所有未配置的磁柱都给这个分区。所以在开始/结束磁柱的位置上,按两次 Enter 键,用默认值即可。

```
Command (m for help): p

Disk/dev/hda: 41.1 GB, 41174138880 B
255 heads, 63 sectors/track, 5005 cylinders
Units =cylinders of 16065 * 512 =8225280 B
```

```
Device       Boot  Start   End    Blocks  Id  System
/dev/hda1             64  5005  39696615   5  Extended
/dev/hda4              1    63    506016  83  Linux
```

如上所示,所有的磁柱都在/dev/hda1 里面。

第四步:随便添加一个 2GB 的分区看看。

```
Command (m for help): n
Command action
   l  logical (5 or over)            <==因为已有扩展分区,所以出现逻辑驱动器的选项
   p  primary partition (1-4)
p                                    <==看能否添加主要分区
Partition number (1-4): 2
No free sectors available            <==不行,因为没有多余的磁柱可供配置

Command (m for help): n
Command action
   l  logical (5 or over)
   p  primary partition (1-4)
l                                    <==只能添加逻辑驱动器
First cylinder (64-5005, default 64): <=按 Enter 键
Using default value 64
Last cylinder or +size or +sizeM or +sizeK (64-5005, default 5005): +2048M

Command (m for help): p

Disk/dev/hda: 41.1 GB, 41174138880 B
255 heads, 63 sectors/track, 5005 cylinders
Units =cylinders of 16065 * 512 =8225280 B

Device       Boot  Start   End    Blocks  Id  System
/dev/hda1             64  5005  39696615   5  Extended
/dev/hda4              1    63    506016  83  Linux
/dev/hda5             64   313  2008093+  83  Linux
```

这样就新增了 2GB 的分区,且由于是逻辑驱动器,所以编号由 5 号开始。

```
Command(m for help): q
```

这里仅是做一个练习而已,所以,按下 q 就能够离开。

上面的练习非常重要,一定要自行练习一下比较好。注意,不要按下 w,如果操作不当会让系统损毁。在上面的一连串练习中,最重要的地方其实就在于建立分区的形式(主分区、扩展分区及逻辑驱动器)以及分区的大小。一般来说建立分区的形式会有以下几种状况:

① 1~4 号尚有剩余,且系统未有扩展分区。

此时会出现可挑选 Primary/Extended 的项目,且可以指定 1~4 号之间的号码。

② 1～4 号尚有剩余，且系统有扩展分区。

此时会出现可挑选 Primary/Logical 的项目，若选择 p 则还需要指定 1～4 号之间的号码；若选择 l 则不需要设定号码，因为系统会自动指定逻辑驱动器的文件名号码。

③ 1～4 没有剩余，且系统有扩展分区。

此时不可挑选分区类型，直接会进入逻辑驱动器(Logical)的分区形式。

3. 磁盘格式化

分区完毕后自然就要进行文件系统的格式化。格式化的指令非常简单，那就是 mkfs (make filesystem 的缩写)这个命令。这个命令其实是个综合的指令，它会去呼叫正确的文件系统格式化工具软件。

```
[root@localhost~]#mkfs [-t 文件系统格式] 设备文件名
```

选项与参数如下。

-t：可以跟文件系统格式，例如 ext4、ext3、vfat 等(系统支持才会生效)。

【例 5-19】 请将上一小节中制作出来的/dev/hda6 格式化为 ext4 文件系统。

```
[root@localhost~]#mkfs -t ext4 /dev/hda5
```

这样就建立起来我们所需要的 ext4 文件系统。

```
[root@localhost~]#mkfs Tab Tab
mkfs  mkfs.cramfs  mkfs.ext2  mkfs.ext3  mkfs.ext4  mkfs.ext4dev  mkfs.msdos
  mkfs.vfat
```

按下两次 Tab 键，会发现 mkfs 支持的文件格式如上所示。

mkfs 其实是个综合命令，当我们使用 mkfs-t ext4 时，系统会去呼叫 mkfs. ext4 命令来进行格式化的动作。这个系统支持的文件系统格式化工具有 cramfs、ext2、ext3、ext4、msdoc、vfat 等，而最常用的应该是 ext4、vfat 两种。vfat 可以用在 Windows/Linux 共享的 U 盘。

4. 磁盘挂载与卸载

我们在本节一开始时的挂载点的意义当中提过挂载点是目录，而这个目录是进入磁盘分区(其实是文件系统)的入口。不过要进行挂载前，最好先确定以下几件事。

(1) 单一文件系统不应该被重复挂载在不同的挂载点(目录)中；

(2) 单一目录不应该重复挂载多个文件系统；

(3) 要作为挂载点的目录，理论上应该都是空目录。

尤其是上述的后两点，如果要用来挂载的目录里面并不是空的，那么挂载了文件系统之后，原目录下的东西就会暂时消失。举个例子来说，假设/home 原本与根目录(/)在同一个文件系统中，下面原本就有/home/test 与/home/zdxy 两个目录。然后想要加入新的硬盘，并且直接挂载到/home 下，那么当挂载上新的分区时，/home 目录显示的是新分区内的资料，至于原先的 test 与 zdxy 这两个目录就会暂时被隐藏掉。注意，并不是被覆盖掉，而是暂时隐藏了起来，等到新分区被卸载之后，则/home 原本的内容就会再次出现。

而要将文件系统挂载到 Linux 系统上，就要使用 mount 命令。

语法：

```
[root@localhost~]#mount -a
[root@localhost~]#mount [-t 文件系统]挂载点
```

选项与参数如下。

① -a：依照设定档/etc/fstab 的数据将所有未挂载的磁盘都挂载上来；

② -t：与 mkfs 的选项非常类似，可以加上文件系统种类来指定欲挂载的类型。

常见的 Linux 支持的类型有 ext2、ext3、ext4、vfat、reiserfs、iso9660(光盘格式)、nfs、cifs、smbfs(后三种为网络文件系统类型)

这个命令比较复杂，在这里仅介绍基本应用方法，如果有兴趣的话可以看一下 man mount。事实上 mount 是个很万能的指令，它可以挂载 ext3/ext4/vfat/nfs 等文件系统，由于每种文件系统的数据并不相同，详细的参数与选项自然也就不相同，不过实际应用时很简单。

(1) 挂载 ext3/ext4 文件系统

【例 5-20】 用默认的方式，将/dev/hda1 挂载到/mnt/test 上。

```
[root@localhost~]#mkdir /mnt/test
[root@localhost~]#mount /dev/hda1 /mnt/test
[root@localhost~]#df
Filesystem          1K-blocks        Used Available Use%Mounted on
.....中间省略.....
/dev/hda1            1976312     42072 1833836   3%/mnt/test
```

利用"mount 设备文件名 挂载点"就能够顺利地挂载了，很方便。

(2) 挂载 CD 或 DVD 光盘

【例 5-21】 将用来安装 Linux 的 FC10 光盘拿出来挂载。

```
[root@localhost~]#mkdir /media/cdrom
[root@localhost~]#mount -t iso9660 /dev/cdrom /media/cdrom
[root@localhost~]#mount /dev/cdrom /media/cdrom
```

可以指定-t iso9660 这个光盘的格式来挂载，也可以让系统自己去测试挂载。所以上述的指令只要做一个就够了，但是目录在建立初次挂载时必须要进行。

```
[root@localhost~]#df
Filesystem          1K-blocks        Used Available Use%Mounted on
.....中间省略.....
/dev/hdd              4493152   4493152         0 100%/media/cdrom
```

光驱一挂载之后就无法退出光盘了，除非将它卸载才能够退出。从上面的数据也可以发现，因为是光盘，所以磁盘使用率达到 100%，因为无法直接写入任何数据到光盘当中。另外，其实/media /cdrom 是个链接文件，正确的磁盘文件名得看光驱用什么连接接口的环境。

(3) 挂载 U 盘为 FAT 文件系统

注意,测试的 U 盘不能是 NTFS 的文件系统。

【例 5-22】 找出 U 盘的设备文件名,并挂载到/mnt/flush 目录中。

```
[root@localhost~]#fdisk -l
.....中间省略.....
Disk/dev/sda: 8313 MB, 8313110528 B
59 heads, 58 sectors/track, 4744 cylinders
Units =cylinders of 3422 * 512 =1752064 B

Device       Boot  Start   End   Blocks   Id  System
/dev/sda1            1   4745  8118260   b  W95 FAT32
```

从上面的特殊字体中,可得知磁盘的大小以及装置文件名,知道是 /dev/sda1。

```
[root@localhost~]#mkdir /mnt/flush
[root@localhost~]#mount -t vfat -o iocharset=utf8 /dev/sda1 /mnt/flush
[root@localhost~]#df
Filesystem              1K-blocks        Used Available Use%Mounted on
.....中间省略.....
/dev/sda1                 8102416    4986228    3116188   62%/mnt/flush
```

如果是带有中文文件名的数据,那么可以在挂载时指定挂载文件系统所使用的语言编码。在 man mount 找到 vfat 文件格式后可以使用 iocharset 来指定语系,而中文语系是 utf8,所以也就有了上述的挂载指令项目。

万一移动硬盘使用的是 NTFS 格式,怎么办？没关系,可以参考下面这个网站。

NTFS 文件系统官网：Linux-NTFS Project：http://www.linux-ntfs.org/。

将提供的驱动程序下载下来并且安装之后,就能够使用 NTFS 的文件系统了。只是由于文件系统与 Linux 核心有很大的关系,因此以后如果 Linux 系统有升级时,就要重新下载一次相对应的驱动程序版本。

(4) 磁盘卸载

有挂载当然就有卸载了。如果把一台光驱用 mount 命令挂载上去了之后,与 DOS 或者 Windows 不一样的是,光盘按跳出按钮也跳不出来。不要以为是光驱坏掉了,是没有正常卸载的缘故。

语法：

```
[root@localhost~]#umount 挂载点或设备文件名
```

如【例 5-21】挂载了光盘,那么就这么卸载：

```
umount/media/cdrom
```

或：

```
umount/dev/cdrom
```

两种都可以。

但是如果现在正在光盘的某一个目录中，那么即使下达 umount 命令，它也不允许卸载，会显示设备繁忙。所以如若进行卸载，必须先将工作目录移到挂载点及其子目录之外。

5.2.3 设定开机挂载

手动处理 mount 不是很人性化，我们总是需要让系统自动在开机时进行挂载。

1. 开机挂载/etc/fstab

刚刚说了许多，那么可不可以在开机的时候就将需要的文件系统都挂载好呢？这样就不需要每次进入 Linux 系统还要再挂载一次。当然可以，那就直接到/etc/fstab 配置文件里面去修改。不过，在开始说明前，这里要先跟大家介绍一下系统挂载的一些限制。

(1) 根目录/是必须挂载的，而且一定要先于其他挂载点被挂载进来；

(2) 其他挂载点必须为已建立的目录，可任意指定，但一定要遵守系统目录架构原则；

(3) 所有挂载点在同一时间之内，只能挂载一次；

(4) 所有分区在同一时间之内，只能挂载一次；

(5) 如若进行卸载，必须先将工作目录移到挂载点及其子目录之外。

先查阅一下文件/etc/fstab 的内容，如图 5-4 所示。

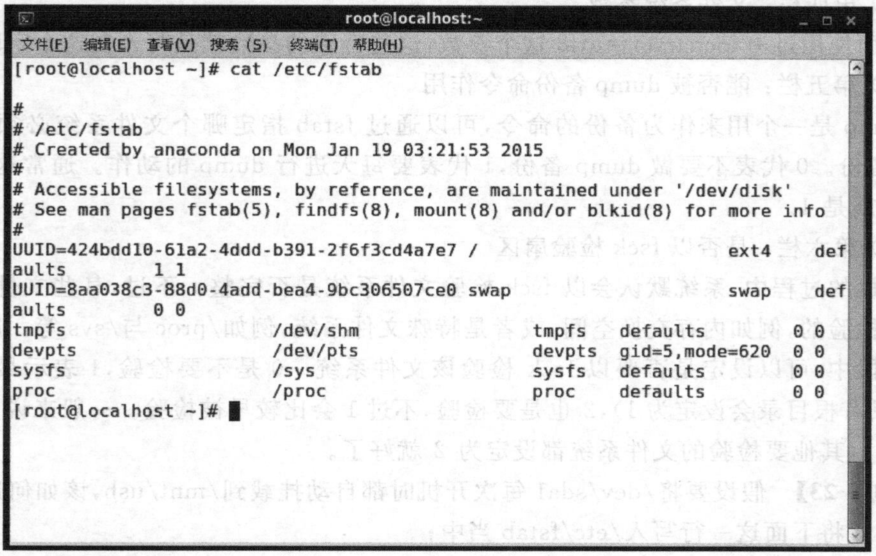

图 5-4 /etc/fstab 文件内容

```
[root@localhost~]#cat /etc/fstab
#Device          挂载点  filesystem parameters     dump fsck
```

```
LABEL=/1            /           ext4     defaults          1 1
LABEL=/home         /home       ext4     defaults          1 2
LABEL=/boot         /boot       ext4     defaults          1 2
tmpfs               /dev/shm    tmpfs    defaults          0 0
devpts              /dev/pts    devpts   gid=5,mode=620    0 0
sysfs               /sys        sysfs    defaults          0 0
proc                /proc       proc     defaults          0 0
LABEL=SWAP-hdc5     swap        swap     defaults          0 0
```

其实/etc/fstab(filesystem table)就是将我们利用 mount 指令进行挂载时，将所有的选项与参数写入到其中的文件。除此之外，/etc/fstab 还支持 dump 这个用于备份的命令，与开机时是否进行文件系统检验 fsck 等指令有关。

2. /etc/fstab 文件详解

这个文件的内容共有 6 栏，这 6 栏非常的重要。各个字段的详细数据如下。

(1) 第一栏：磁盘设备文件名或该设备的 Label

这一栏需要填入文件系统的设备文件名。

(2) 第二栏：挂载点(Mount Point)

挂载点，也就是目录。

(3) 第三栏：磁盘分区的文件系统

在手动挂载时可以让系统自动测试挂载，但在这个文件当中我们必须要手动写入文件系统，包括 ext4、ext3、reiserfs、nfs、vfat 等。

(4) 第四栏：文件系统参数

前面使用过-o iocharset＝utf8 这个参数，这些特殊的参数就是写入在这个字段中。

(5) 第五栏：能否被 dump 备份命令作用

dump 是一个用来作为备份的命令，可以通过 fstab 指定哪个文件系统必须要进行 dump 备份。0 代表不要做 dump 备份，1 代表要每天进行 dump 的动作。通常这个数值不是 0 就是 1。

(6) 第六栏：是否以 fsck 检验扇区

开机的过程中，系统默认会以 fsck 检验文件系统是否完整。不过，某些文件系统是不需要检验的，例如内存交换空间，或者是特殊文件系统，例如/proc 与/sys 等。所以，在这个字段中，可以设定是否要以 fsck 检验该文件系统。0 是不要检验，1 表示最早检验(一般只有根目录会设定为 1)，2 也是要检验，不过 1 会比较早被检验。一般来说，根目录设定为 1，其他要检验的文件系统都设定为 2 就好了。

【例 5-23】 假设要将/dev/sda1 每次开机时都自动挂载到/mnt/usb，该如何进行？

用 vi 将下面这一行写入/etc/fstab 当中；

```
[root@localhost~]#vi /etc/fstab
/dev/sda1/mnt/usb  vfat  iocharset=utf8  0 2
```

最后测试一下刚刚写入/etc/fstab 的语法有没有错误，这点很重要。因为这个文件如果写错了，Linux 很可能将无法顺利开机完成。所以请务必测试。

```
[root@localhost~]#mount -a
[root@localhost~]#df
```

看到/dev/sda1 被挂载起来的信息才是成功地挂载了，而且以后每次开机都会顺利地将此文件系统挂载起来。由于这个范例仅是测试而已，请务必回到/etc/fstab 当中，将上述这行注释掉或者是删除掉。

5.3 Linux 下的软件安装

如果想要在 Linux 服务器上面运行 WWW 网页服务器，那么应该要做些什么事呢？当然就需要安装网页服务器的软件。如果服务器上面没有这个软件的话，那当然也就无法启用 WWW 的服务。所以，想要在 Linux 上面进行各种应用功能，学会如何安装应用软件是很重要的一个课题。

在 Linux 系统中安装和配置应用软件，长期以来被公认为是 Linux 的软肋之一，因为 Linux 到目前还没有像微软 Windows 那样简单的 Setup-And-Run 的安装方法。不过，在 Windows 系统上的软件都是一模一样的，也就是说，无法修改该软件的源代码，因此，万一想要增加或者减少该软件的某些功能时，大概只能求助于软件发行商了。

但是在 Linux 中，随着 KDE 和 GNOME 等桌面环境的完善，安装应用软件的难度降低了许多。下面介绍一下 CentOS 中的几种软件安装方式。

5.3.1 源代码安装

Linux 上面的软件几乎都是经过 GPL 的授权，所以每个软件几乎均提供原始程序代码，并且可以自行修改该程序代码，以符合个人的需求。这就是开放源码(Open Source)的优点。不过，到底什么是开源？这些程序代码又是什么？不同版本的 Linux 之间能不能使用同一个可执行文件？或者是该可执行文件需要由源代码的部分重新进行转换？

1. 什么是源代码软件

所谓的源代码，其实就是一些写满了程序代码的纯文本文件。纯文本文件其实是很浪费硬盘空间的一种文件格式。想一想，一个内核的源代码文件大约要 200～300MB，如果每个人都去下载这样的一个核心文件，那么网络都会被占用。所以，如果能够通过文件的打包与压缩技术将这些源代码文件的数量与容量减小，不但能让使用者容易下载，软件开发商的网站带宽也能够节省很多。这就是 Tarball 文件的由来。

所谓的 Tarball 文件，其实就是将软件的所有源代码文件先以 tar 打包，然后再以压缩技术来压缩，通常最常见的就是以 gzip 来压缩。因为利用了 tar 与 gzip 的功能，所以一般 Tarball 文件的扩展名就会写成 *.tar.gz 或者是简写为 *.tgz。还有如下几种常见的打包格式。

(1) *.Z：compress 程序压缩的文件；

(2) *.bz2：bzip2 程序压缩的文件；

(3) *.gz：gzip 程序压缩的文件；

(4) *.tar：tar 程序打包的数据，并没有压缩过；

(5) *.tar.gz：tar 程序打包的文件，其中并且经过 gzip 的压缩。

Tarball 软件解压缩之后，里面的文件通常就会有：

(1) 程序源代码文件；

(2) 配置文件(可能是 configure 或 config 等文件名)；

(3) 本软件的简易说明与安装说明(INSTALL 或 README)。

其中最重要的是 INSTALL 或 README 这两个文件，通常主要参考这两个文件。

2. Tarball 安装的基本步骤

以 Tarball 解压缩的软件是需要重新编译可执行的二进制文件。而 Tarball 是以 tar 这个指令来打包与压缩的文件，所以，就需要先将 Tarball 解压缩，然后到源代码所在的目录下进行 makefile 的建立，再以 make 来进行编译与安装的动作。所以整个安装的基础动作大致是这样的。

第一步：将 Tarball 文件在/usr/local/src 目录下解压缩；

第二步：进入新建立的目录，查阅 INSTALL 与 README 等相关文件内容(很重要)；

第三步：根据 INSTALL/README 的内容查看并安装好一些具有依赖关系的软件(非必要)；

第四步：以自动配置程序(configure 或 config)检查系统环境，并自动建立 Makefile 文件；

第五步：以 make 这个程序并使用该目录下的 Makefile 作为它的参数配置文件，来进行 make(编译或其他)的动作；

第六步：以 make 这个程序，并以 Makefile 这个参数配置文件，使用 make install 安装到正确的路径。

注意上面的第二步，通常每个软件在解压缩的时候，都会附上 INSTALL 或 README 这种文件名的说明文件，这些说明文件一定要详细阅读，通常这些文件会记录这个软件的安装要求、软件的工作项目与软件的安装参数设定及技巧等。只要仔细地读完这些文件，基本上，要安装好 Tarball 的文件，都不会有什么大问题。至于 makefile 在制作出来之后，会有相当多的目标动作，最常见的就是 install 与 clean。通常 make clean 代表着将目标文件(object file)清除掉，make 则是将源代码进行编译而已。编译完成的可执行文件与相关的配置文件还在源代码所在的目录当中。因此，最后要进行 make install 来将编译完成的所有内容都安装到正确的路径上去，这样才能使用该软件。

大部分的 Tarball 软件安装的命令步骤如下。

(1) ./configure

这个步骤就是在建立 Makefile 文件。通常程序开发者会写一个脚本文件来检查 Linux 系统环境及相关的软件属性等，这个步骤相当重要，因为未来的安装信息都是在这一步骤内完成的。另外，这个步骤的相关信息应该要参考该目录下的 README 或 INSTALL 等相关的文件。基本上，这个步骤完成之后会建立一个 Makefile，这就是参数文件。

(2) make clean

make 会读取 Makefile 中关于 clean 的工作。这个步骤不一定会有，但是希望执行一下。因为在进行编译的时候，会产生一些 *.o 的文件，例如有个 abc.c 的源代码文件，经过编译后会产生 abc.o 的文件，我们称这些 *.o 文件为目标文件。如果这些文件之前已经编译过并留下来的话，那么这次再编译的时候，就不会编译该文件，然而由于可能已经修改了部分参数，因此该文件的编译结果事实上应该会有所不同。因此，为了避免前一次留下来的数据可能影响到这次编译的结果，所以通常进行一下这个步骤。

(3) make

make 会依据 Makefile 当中的默认工作进行编译的行为。编译的工作主要是进行 gcc 来将源代码编译成可以被执行的目标文件，但是这些目标文件通常还需要一些函数库的链接后，才能产生一个完整的可执行文件。使用 make 就是要将源代码编译成为可以被执行的可执行文件，而这个可执行文件会放置在目前所在的目录之下，尚未被安装到预定安装的目录中。

(4) make install

通常这就是最后的安装步骤了，make 会依据 Makefile 这个文件里面关于 install 的项目，将上一个步骤所编译完成的数据安装到预定的目录中，这样就完成安装。

请注意，上面的步骤是一步一步来进行的，而其中只要一个步骤没有成功，那么后续的步骤就完全没有办法进行。因此，要确定每一个步骤都是成功的才可以。举个例子来说，万一在 ./configure 不成功，那么就表示 Makefile 无法被建立起来，而后面的步骤都是根据 Makefile 来进行的，既然无法建立 Makefile，后续的步骤当然无法成功。另外，如果在 make 无法成功的话，那就表示源文件无法被编译成可执行文件，那么 make install 主要是将编译完成的文件进行安装的，既然都没有成功的可执行文件，就无法进行安装。所以，要每一个步骤都正确无误才能继续往下进行。此外，如果安装成功，并且是安装在独立的一个目录中，例如/usr/local/packages 这个目录中，那么就必须手动地将这个软件的帮助文档 man page 放到/etc/man.config 里去。

为了方便 Tarball 的管理，通常会这样建议：

(1) 最好将 Tarball 的原始数据解压缩到/usr/local/src 当中；

(2) 安装时，最好安装到/usr/local 这个默认路径下；

(3) 考虑到未来的卸载步骤，最好将每个软件单独地安装在/usr/local 下。

例如安装 game-2.6.tar.gz 时，则可以指定该软件需要安装于/usr/local/game 当中，如此一来，该软件会将所有的数据都写入/usr/local/game 当中，因此，未来如果要删除该软件，只要将该目录删除即可视为成功地移除了。

【例 5-24】 利用时间服务器(Network Time Protocol)ntp-4.2 这个软件来测试安装。

目前对这个软件的需求如下。

① ntp-4.2.4p7.tar.gz 这个文件放置在/root 目录下；

② 源代码需要解压缩到/usr/local/src 下；

③ 软件要安装到/usr/local/ntp 这个目录中。

第一步：解压缩，并阅读 ntp 下的 README 与 INSTALL：

```
[root@localhost~]#cd /usr/local/src
```

```
[root@localhost src]#tar -zxvf /root/ntp-4.2.4p7.tar.gz
```

这个步骤会让源代码解压缩到/usr/local/src/ntp-4.2.4p7 这个目录。

第二步：进入源代码所在目录，并且查阅安装的技巧：

```
[root@localhost src]#cd ntp-4.2.4p7
[root@localhost ntp-4.2.4p7]#vi INSTALL(或 vi README)
```

第三步：开始配置参数、编译与安装：

```
[root@localhost ntp-4.2.4p7]#./configure --help|more
```

上面这个动作可以查看可用的参数。

```
[root@localhost ntp-4.2.4p7]#./configure --prefix=/usr/local/ntp --enable-
all-clocks --enable-parse-clocks
checking build system type... i686-pc-linux-gnu
checking host system type... i686-pc-linux-gnu
checking target system type... i686-pc-linux-gnu
......中间省略......
config.status: creating util/Makefile
config.status: creating config.h
config.status: executing depfiles commands
```

一般来说 configure 配置参数较重要的就是--prefix=/path，--prefix 后面跟的路径就是这个软件未来要安装的目录。如果没有指定--prefix=/path 这个参数，通常默认参数就是/usr/local，至于其他的参数意义就得参考 ./configure-help。这个动作完成之后会产生 makefile 或 Makefile 文件。这个自动检查的过程会显示在屏幕上，特别留意关于 gcc 的检查，还有最重要的是最后需要成功地建立 Makefile。

第四步：编译与安装：

```
[root@localhost ntp-4.2.4p7]#make clean; make
[root@localhost ntp-4.2.4p7]#make check
[root@localhost ntp-4.2.4p7]#make install
```

将数据安装在/usr/local/ntp 下面，整个过程就这么简单，完成之后可以尝试到/usr/local/ntp 下看看。

5.3.2 RPM 软件包管理

以源代码的方式来安装软件，也就是利用厂商开放的 Tarball 来进行软件与程序的安装，步骤统一，非常方便。不过，应该很容易发现，每次安装软件都需要配置操作系统、配置编译参数、实际编译，最后还要依据个人喜好的方式来安装软件到位。这过程是真的很麻烦，而且对于整个系统不熟的人来说，很累人。

那如果我们安装的 Linux 系统与厂商的系统一模一样，那么在厂商的系统上面编译出来的执行文件，自然也就可以在我们的系统上运行。也就是说，厂商先在他们的系统上面编译好了我们使用者所需要的软件，然后将这个编译好的可执行的软件直接提供给使用者来安装，如此一来，由于我们本来就使用厂商的Linux发行版，所以系统当然是一样的，那么使用厂商提供的编译过的可执行文件就没有问题。

如果在安装的时候还可以加上一些与程序相关的信息，将它建立成为数据库，那就可以进行安装、卸载、升级与验证等的相关功能(类似Windows下的添加/删除程序)。确实如此，在Linux上面至少就有两种常见的这方面的软件管理方式，分别是RPM与Debian的dpkg，其中又以RPM更常见。

由于RPM很好用，目前主要的Linux发行版都是使用RPM来管理它们的软件，例如CentOS、Red Hat系统(含Fedora)、SuSE与改版后的Mandriva。目前新的Linux开发商都提供这样的在线升级机制，通过这个机制，原版光盘就只有第一次安装时需要用到而已，其他时候只要有网络，就能够取得原本开发商所提供的任何软件。在dpkg管理机制上就开发出APT的在线升级机制，RPM则依开发商的不同，有Red Hat系统的yum，SuSE系统的Yast Online Update(YOU)、Mandriva的urpmi软件等，如表5-1所示。

表5-1 不同发行版的软件管理机制

发行版代表	软件管理机制	使用命令	在线升级机制
Red Hat/CentOS	RPM	rpm,rpmbuild	YUM(yum)
Debian/Ubuntu	DPKG	dpkg	APT(apt-get)

1. 什么是RPM与SRPM

RPM(RedHat Package Manager)，顾名思义，当初这个软件管理的程序是由Red Hat这家公司发展出来的，但其实很多的其他软件也有相类似的软件管理程序。不过由于RPM使用上很方便，所以就成了目前最热门的软件管理程序。

那么什么是RPM呢？说得简单一点，RPM是以一种数据库记录的方式来将所需要的软件安装到Linux主机的一套管理程序。它最大的特点就是将要安装的软件先编译过(如果需要的话)并且打包好了，通过包装好的软件里默认的数据库记录，记录这个软件要安装的时候必需要的依赖属性模块(就是Linux主机需要先存在的几个必需的软件)，当安装到目标Linux主机上时，RPM会先依照软件里的记录数据查询Linux主机的依赖属性软件是否满足，若满足则予以安装，若不满足则不予安装。安装的时候就将该软件的信息整个写入RPM的数据库中，以便未来的查询、验证与卸载。

这样一来的优点是：由于已经编译完成并且打包完毕，所以安装上很方便，不需要再重新编译；由于软件的信息都已经记录在Linux主机的数据库上，很方便查询、升级与卸载。

但是这也造成很大的困扰，由于RPM程序是已经包装好的数据，里面的数据已经都编译完成了，所以，安装的时候一定需要当初安装时的主机环境才能安装，也就是说，当初建立这个软件的安装环境必须也要在目标主机上出现。例如rp-pppoe这个ADSL拨号软件，它必须要在ppp这个软件存在的环境下才能进行安装。如果目标主机并没有ppp这个软件，那么很抱歉，除非先安装ppp，否则rp-pppoe就不能安装成功。

所以，通常不同的发行版所发布的 RPM 文件，并不能用在其他的发行版里，举例来说，CentOS 发布的 RPM 文件，通常无法直接在 Fedora 上，更有甚者，不同版本之间也无法互通，例如 CentOS 6.x 的 RPM 文件就无法直接用在 CentOS 5.x 上。

因此，这样可以发现它的缺点是：安装的环境必须与打包时的环境需求一致或相当；需要满足软件的依赖属性需求；卸载时需要特别小心，最底层的软件不可先移除，否则可能造成整个系统的问题。

那怎么办？还有 SRPM。SRPM 是 Source RPM 的意思，也就是这个 RPM 文件里含有源代码(Source Code)。特别注意的是，SRPM 所提供的软件内容并没有经过编译，它提供的是源代码。

通常 SRPM 的扩展名是***.src.rpm。不过，既然 SRPM 提供的是源代码，那么为什么我们不使用 Tarball 直接来安装呢？这是因为 SRPM 虽然内容是源代码，但是仍然含有该软件所需要的依赖性软件说明，以及所有 RPM 文件所提供的数据。同时，它与 RPM 不同的是，也提供了参数配置文件(Configure 与 Makefile)。所以，如果下载的是 SRPM，那么安装该软件时，RPM 软件管理系统会先将该软件以 RPM 管理的方式编译，然后将编译完成的 RPM 文件安装到 Linux 系统当中。与 RPM 文件相比，SRPM 多了一个重新编译的动作，而且 SRPM 编译完成会产生 RPM 文件。

通常一个软件在发行的时候，都会同时发布该软件的 RPM 与 SRPM 版本。RPM 文件必须要在相同的 Linux 环境下才能够安装，而 SRPM 既然是源代码的格式，自然就可以通过修改 SRPM 内的参数配置文件，然后重新编译产生能适合本地 Linux 环境的 RPM 文件，如此一来，就可以将该软件安装到本地系统中，而不必与原作者打包的 Linux 环境相同了，这就是 SRPM 的用处。两者区别如表 5-2 所示。

RPM 与 SRPM 的格式分别如下。

```
xxxxxxxxx.rpm          <==RPM 的格式,已经经过编译且包装完成的 rpm 文件
xxxxx.src.rpm          <==SRPM 的格式,包含未编译的源代码信息
```

表 5-2 RPM 与 SRPM 比较

格式	文件名格式	直接安装与否	内含程序类型	可否修改参数并编译
RPM	xxx.rpm	可	已编译	不可
SRPM	xxx.src.rpm	不可	未编译之源代码	可

那么怎么知道这个软件的版本、适用的平台、打包的次数呢？只要通过文件名就可以知道，例如文件 rp-pppoe-3.5-32.1.i386.rpm 的意义为：

```
rp-pppoe -     3.5     -      32          .i386         .rpm
软件名称  软件的版本信息  发行的次数  适合的硬件平台  扩展名
```

除了后面适合的硬件平台与扩展名外，主要是以“-”来隔开各个部分，这样可以很清楚地发现该软件的名称、版本信息、打包次数与操作的硬件平台。

(1) 软件名称

每一个软件的名称，上面的范例中就是 rp-pppoe。

(2) 版本信息

每一次更新版本就需要有一个版本的信息，以判断新旧，这里通常又分为主版本号和次版本号，以上例为例，主版本号为 3，在主版本的架构下改动部分源代码内容，而发行一个新的版本，就是次版本，就是 5。

(3) 发行版本次数

也就是编译的次数，那么为何需要重复地编译呢？这是由于同一版的软件中，可能由于有某些 Bug 或安全上的顾虑，所以必须要重新配置当初打包时设定的参数，设定完成之后重新编译并打包成 RPM 文件。因此就有不同的打包数出现。

(4) 操作硬件平台

由于 RPM 可以适用在不同的操作平台上，但是由于不同的平台设定的参数还是有所差异的，并且，可以针对比较高级的 CPU 来进行最佳化参数的设定，所以就有所谓的 i386、i586、i686 与 noarch 等的文件名称出现，如表 5-3 所示。

表 5-3 操作硬件平台分类

平台名称	适合平台说明
i386	几乎适用于所有 x8 平台，i 指的是 Intel 兼容的 CPU，至于 386 就是 CPU 的等级
i586	586 等级的计算机，包括 Pentium 第一代 MMX CPU、AMD 的 K5、K6 系列 CPU (socket 7 插脚)等的 CPU 都算是这个等级
i686	在 Pentium II 以后的 Intel 系列 CPU，及 K7 以后等级的 CPU 都属于这个等级
noarch	没有任何硬件等级上的限制。一般来说，这种类型的 RPM 文件，里面应该没有二进制文件存在

需要额外说明的是，i386 的文件可以在任何的机器上面安装，不论是 586 或者是 686 的机器，但是 i686 则不一定可以使用于 386 或者是 586 的硬件上面，这是因为 i686 的 RPM 文件在编译的时候，主要是针对 686 硬件等级的 CPU 来进行最佳化编译，而 386/586 等级的硬件可能由于无法支持该最佳化参数，所以无法使用。另外，在 686 的机器上使用 i686 的文件会比使用 i386 的文件，效能可能会比较好一些。无论如何，使用 i386 应该就是没有问题的。另外，由于不同的发行版有不同的环境与函数库，所以在 i386 之后也有可能会额外再加上该软件的简写。

2. RPM 软件管理程序

RPM 的使用其实不难，只要使用 rpm 命令。

(1) RPM 安装

安装就是 install，使用 rpm 来安装就很简单，假设要安装一个文件名为 rp-pppoe-3.5-32.1.i386.rpm 的文件，那么可以这样：

```
[root@localhost~]#rpm -i rp-pppoe-3.5-32.1.i386.rpm
```

不过，这样的参数无法显示安装的进度，所以，通常我们会这样下达安装指令：

```
[root@localhost~]#rpm -ivh package_name
```

参数如下。

① -i：install 的意思；

② -v：查看更细部的安装信息画面；

③ -h：以安装信息列显示安装进度；

④ --nodeps：强制安装，告知 RPM 不要去检查软件的依赖性，有一定的危险性。

【例 5-25】 安装 rp-pppoe-3.5-32.1.i386.rpm。

```
[root@localhost~]#rpm -ivh rp-pppoe-3.5-32.1.i386.rpm
Preparing...        ########################################### [100%]
1:rp-pppoe          ########################################### [100%]
```

【例 5-26】 直接从网络上面的某个文件安装，以网址来安装。

```
[root@localhost~]#rpm -ivh http://website.name/path/pkgname.rpm
```

另外，如果我们在安装的过程当中发现问题，或者已经知道会发生的问题，而还是执意要安装这个软件时，可以使用--nodeps 参数强制安装。

通常建议直接使用-ivh 就可以，如果安装的过程中发现问题，一个一个去将问题找出来，尽量不要使用暴力安装法，因为可能会发生很多不可预期的问题。

(2) RPM 升级与更新

使用 RPM 来升级很简单，就以-Uvh 参数来升级。

-Uvh：后面跟的软件如果没有安装过，则系统将予以直接安装；若后面跟的软件安装过旧版，则系统自动更新至新版。

(3) RPM 查询

RPM 在查询的时候，查询的是在/var/lib/rpm 目录下的数据库文件。另外，RPM 也可以查询文件内的信息。

语法：

```
[root@localhost~]#rpm -qa
[root@localhost~]#rpm -q[liR] 已安装的软件名称
```

参数如下。

在查询时，所有的参数之前都需要加上-q 才是所谓的查询。

① q：仅查询，后面跟的软件是否有安装；

② -qa：列出所有的，已经安装在本机 Linux 系统上面的软件名称。

【例 5-27】 查看 Linux 是否安装 logrotate 软件。

```
[root@localhost~]#rpm -q logrotate
logrotate-3.7.1-10
[root@localhost~]#rpm -q logrotating
package logrotating is not installed
```

系统会去找是否有安装后面接的软件名称的软件。注意，不必要加上版本号。

(4) 卸载软件

语法：

```
[root@localhost~]#rpm -e 软件名
```

需要说明的是，上面代码中使用的是软件名，而不是软件包名。例如，要卸载 software-1.2.-1.i386.rpm 这个包时，应执行：

```
[root@localhost~]#rpm -e software
```

(5) YUM 网络管理

YUM(Yellow dog Updater Modified)是一个在 Fedora、Red Hat、CentOS 以及 SUSE 中的 Shell 前端软件包管理器。基于 RPM 包管理，能够从指定的服务器自动下载 RPM 包并且安装，可以自动处理依赖性关系，并且一次安装所有依赖的软体包，无需繁琐地一次次下载、安装。YUM 提供了查找、安装、删除某一个、一组甚至全部软件包的命令，而且命令简洁而又好记。

① 自动搜索最快镜像插件

```
[root@localhost~]#yum install yum-fastestmirror
```

程序将自动搜索并获取最适合当前网络环境的镜像，亦称软件源，如图 5-5 所示。

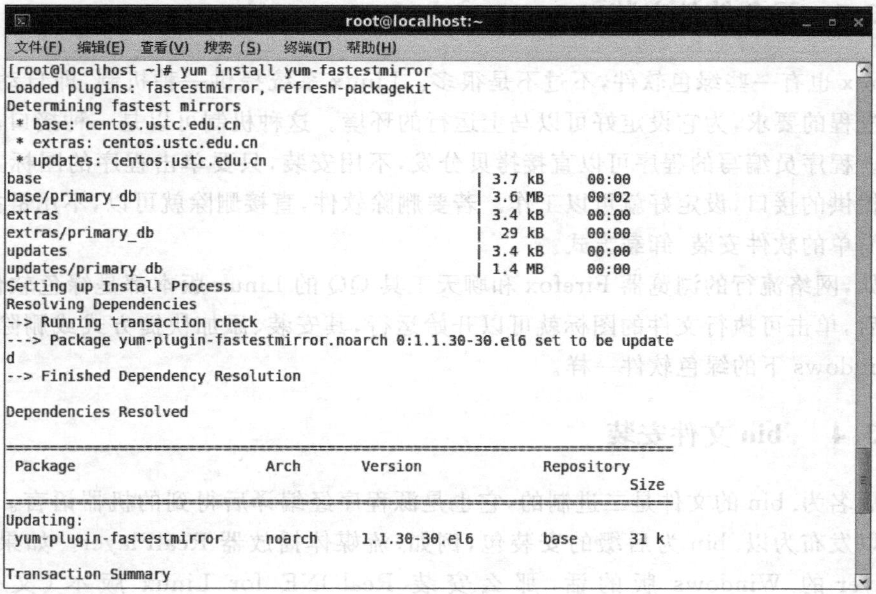

图 5-5 yum 自动搜索最快镜像

② 安装

```
[root@localhost~]#yum install 全部安装
[root@localhost~]#yum install package1 安装指定的安装包 package1
[root@localhost~]#yum groupinsall group1 安装程序组 group1
```

③ 更新和升级

```
[root@localhost~]#yum update 全部更新
[root@localhost~]#yum update package1 更新指定程序包 package1
[root@localhost~]#yum check-update 检查可更新的程序
[root@localhost~]#yum upgrade package1 升级指定程序包 package1
[root@localhost~]#yum groupupdate group1 升级程序组 group1
```

④ 查找和显示

```
[root@localhost~]#yum info package1 显示安装包信息 package1
[root@localhost~]#yum list 显示所有已经安装和可以安装的程序包
[root@localhost~]#yum list package1 显示指定程序包安装情况 package1
[root@localhost~]#yum groupinfo group1 显示程序组 group1 信息
[root@localhost~]#yum search string 根据关键字 string 查找安装包
```

⑤ 删除程序

```
[root@localhost~]#yum remove package1 删除程序包 package1
[root@localhost~]#yum groupremove group1 删除程序组 group1
[root@localhost~]#yum deplist package1 查看程序 package1 依赖情况
```

5.3.3 绿色软件安装

Linux 也有一些绿色软件,不过不是很多。Linux 系统提供一种机制,即自动响应软件运行进程的要求,为它设定好可以马上运行的环境。这种机制可以是一种接口,或者是中间件。程序员编写的程序可以直接拷贝分发,不用安装,只要单击程序的图标,访问操作系统提供的接口,设定好就可以工作。若要删除软件,直接删除就可以,不用链接文件。这是最简单的软件安装、卸载方式。

例如,网络流行的浏览器 Firefox 和聊天工具 QQ 的 Linux 版本都是绿色软件,直接解压缩后,单击可执行文件的图标就可以开始运行,其安装、添加快捷方式或删除等操作如同 Windows 下的绿色软件一样。

5.3.4 .bin 文件安装

扩展名为.bin 的文件是二进制的,它也是源程序经编译后得到的机器语言。有一些软件可以发布为以.bin 为后缀的安装包,例如,流媒体播放器 RealPlayer。如果安装过 RealPlayer 的 Windows 版的话,那么安装 RealONE for Linux 版本(文件名为 RealPlayer10GOLD.bin)就非常简单了。

安装步骤:

```
[root@localhost~]#chmod a+x RealPlayer10GOLD.bin
<==为安装程序添加执行权限
[root@localhost~]#./RealPlayer10GOLD.bin
<==直接运行.bin 文件
```

接下来选择安装方式，有普通安装和高级安装两种。如果不想改动安装目录，就可选择普通安装，整个安装过程几乎和在 Windows 下一样。

. bin 文件的卸载，以 RealONE for Linux 为例，如果采用普通安装方式的话，在用户主目录下会有 Real 和 Realplayer9 两个文件夹，把它们删除即可。

上面介绍了 Linux 软件安装的方法，对于 Linux 初学者来说，RPM 安装是一个不错的选择。如果想真正掌握 Linux 系统，源代码安装仍然是 Linux 下软件安装的重要手段。

习 题 5

一、选择题

1. 下列不是 Linux 系统进程类型的是________。
   A. 交互进程　B. 批处理进程　C. 守护进程　D. 就绪进程
2. ________不是进程和程序的区别。
   A. 程序是一组有序的静态指令，进程是一次程序的执行过程
   B. 程序只能在前台运行，而进程可以在前台或后台运行
   C. 程序可以长期保存，进程是暂时的
   D. 程序没有状态，而进程是有状态的
3. 进程有三种状态，分别是________。
   A. 准备态、执行态和退出态　B. 精确态、模糊态和随机态
   C. 运行态、就绪态和等待态　D. 手工态、自动态和自由态
4. 终止一个前台进程可能用到的命令和操作是________。
   A. poweroff　B. 按 Ctrl+C 键
   C. shut down　D. halt
5. 使用 ps 获取当前运行进程的信息时，输出内容 PPID 的含义为________。
   A. 进程的用户 ID　B. 进程调度的级别
   C. 进程 ID　D. 父进程 ID
6. 在日常管理中，通常 CPU 会影响系统性能的情况是________。
   A. CPU 已满负荷地运转　B. CPU 的运行效率为 30%
   C. CPU 的运行效率为 50%　D. CPU 的运行效率为 80%
7. 从后台启动进程，应在命令的结尾加上符号________。
   A. &　B. @　C. #　D. $
8. Linux 支持的文件系统有________。
   A. ext2　B. ext3　C. ReiserFS　D. 以上均支持
9. Linux 不可以在文件系统________上安装。
   A. ext2　B. ext3　C. swap　D. ReiserFS
10. 关于文件系统的安装和卸载，下列描述正确的是________。
    A. 如果光盘未经卸载，光驱是打不开的
    B. 安装文件系统的安装点只能是/mnt 下

C. 不管光驱中是否有光盘，系统都可以安装 CD-ROM 设备

D. mount/dev/fd0/floppy 命令中的目录/floppy 是自动生成的

11. 系统当前已经加载的所有文件系统在________文件中得到反映。

A. /usr/sbin/cfdisk　　B. /sbin/fdisk

C. /etc/mtab　　D. /etc/fstab

12. 为了统计文件系统中未用的磁盘空间，可以使用________命令。

A. dd　　B. df　　C. mount　　D. ln

13. 使用 fdisk 分区工具的 p 选项观察分区表情况时，为标记可引导分区，使用________标志。

A. a　　B. *　　C. @　　D. +

14. 将光盘 CD -ROM（hdc）安装到文件系统的/mnt/cdrom 目录下的命令是________。

A. mount/mnt/cdrom　　B. mount/mnt/cdrom/dev/hdc

C. mount/dev/hdc/mnt/cdrom　　D. mount/dev/hdc

15. 将光盘/dev/hdc(挂载点为/mnt/cdrom)卸载的命令是________。

A. umount/mnt/cdrom　　B. unmount/dev/hdc

C. umount/mnt/cdrom/dev/hdc　　D. unmount/mnt/cdrom/dev/hdc

16. 如果我们先用 mount 命令加载光驱设备到/mnt/cdrom 下，接着 cd 进入该目录，但用 ls 列出光盘内容后，我们需要换一张 CD，这时我们需要先执行________操作。

A. 使用 umount 卸载该设备　　B. 弹出光盘

C. 退出/mnt/cdrom 目录　　D. 重新加载设备 mount-a

17. 下列关于/etc/fstab 文件的描述，正确的是________。

A. fstab 文件只能描述属于 Linux 的文件系统

B. CD_ROM 和软盘必须是自动加载的

C. fstab 文件中描述的文件系统不能被卸载

D. 启动时按 fstab 文件描述内容加载文件系统

18. 一个完整的/etc/fstab 文件中，表示引导时检查磁盘的次序的 参数是第________列信息。

A. 4　　B. 5　　C. 6　　D. 其他

19. 通过修改文件________，可以设定开机时自动挂载的文件系统。

A. /etc/mtab　　B. /etc/fastboot

C. /etc/fstab　　D. /etc/inetd. conf

20. 一般情况下，挂载 Windows 分区后，发现中文都变成了乱码，可能的原因是________。

A. 文件损坏　　B. 字符编码不统一

C. 该分区不能被使用　　D. 硬盘错误

21. 关于 Linux 下的软件的叙述中，正确的是________。

A. Linux 下的所有软件都是免费的

B. Linux 下也有些软件是需要付费的

C. Linux 下的软件没有中文的

D. Linux 下也可以直接安装 Windows 的软件

二、问答题

1. 如何查询 crond 进程的 PID?

2. 如果 Linux 系统硬盘空间不够了,如何添加一个硬盘?

3. 如果查看一个目录下的容量?

4. 建立一个新的硬盘后,想每次启动时都能挂载在/backup 文件夹下,应该修改哪个文件?

第 6 章　Samba 服务器配置与管理

6.1　Samba 服务器概述

6.1.1　SMB 协议

SMB(Server Message Block)通信协议是微软(Microsoft)和英特尔(Intel)在 1987 年制定的协议，主要是作为 Microsoft 网络的通信协议。SMB 是在会话层(Session Layer)和表示层(Presentation Layer)以及小部分应用层(Application Layer)的协议。SMB 使用了 NetBIOS 的应用程序接口 (Application Program Interface,API)。另外，它是一个开放性的协议，允许协议扩展——使得它变得更大而且复杂：大约有 65 个最上层的作业，而每个作业都超过 120 个函数。

6.1.2　Samba 的主要功能

(1) 文件和打印机共享：文件和打印机共享服务是 Samba 的主要功能，SMB 进程实现资源共享，将文件和打印机发布到网络中，供用户访问。

(2) 身份验证和权限设置：smbd 服务支持 user mode 和 domain mode 等身份验证和权限设置模式，通过加密方式可以保护共享的文件和打印机。

(3) 名称解析：Samba 通过 nmbd 服务可以搭建 NBNS(NetBIOS Name Service)服务器，提供名称解析，将计算机的 NetBIOS 名称解析为 IP 地址。

(4) 浏览服务：局域网中，Samba 服务器可以成为本地主浏览服务器(LMB)，保存可用资源列表，当使用客户端访问 Windows 网上邻居时，会提供浏览列表，显示共享目录、打印机等资源。

6.2　实训任务：Samba 的安装

6.2.1　企业需求

某公司局域网中，一台 Linux 服务器的 IP 地址为 192.168.56.1、子网掩码为

255.255.255.0,网管工作站为 Windows 7 系统,IP 地址为 192.168.56.2,子网掩码为 255.255.255.0。由于工作需要,两台机器经常需要进行文件资料共享,现要求利用 Samba 服务器实现这两台机器之间的文件资料共享。

6.2.2 需求分析

首先要在 Linux 系统中安装 Samba 服务器及其有关组件,安装方式选择比较简便、常用的 RPM 方式,保证服务在默认配置下正常运行。

采用 RPM 安装方式,Samba 软件包有如下几个。

(1) samba-common:该包存放的是通用的工具和库文件,无论是服务器还是客户端都需要安装该软件包。

(2) samba:该包为 Samba 服务的主程序包,服务器必须安装该软件包。

(3) samba-client:该包为 Samba 的客户端工具,是连接服务器和连接网上邻居的客户端工具,并包含其测试工具。

(4) samba-swat:当安装了这个包以后,就可以通过浏览器来对 Samba 服务器进行图形化管理。

以上软件包可以到 http://www.samba.org 下载最新版本,也可以利用 CentOS 系统安装光盘中的 RPM 包来安装。这里选用光盘来安装。

主要安装步骤如下。

(1) 准备好 Samba 安装所需的 RPM 软件包。

(2) 检测系统是否已经安装了 Samba 服务。

(3) 安装软件包。

(4) 测试 Samba 运行情况。

6.2.3 解决方案

(1) 在文本模式下,以超级管理员 root 身份登录到 Linux 系统。

(2) 进入 CentOS 系统安装光盘中的 Packages 目录,命令如下。

```
[root@localhost~]#cd /mnt/cdrom/Packages/
```

(3) 查找 Samba 服务器安装所需的 RPM 软件包,命令如下。

```
[root@localhost Packages]#ls samba*
```

系统列出了与 Samba 有关的 RPM 软件包,如图 6-1 所示。

```
[root@localhost Packages]# ls samba*
samba-3.5.4-68.el6.i686.rpm                    samba-doc-3.5.4-68.el6.i686.rpm
samba4-4.0.0-23.alpha11.el6.i686.rpm           samba-domainjoin-gui-3.5.4-68.el6.i686.rpm
samba4-devel-4.0.0-23.alpha11.el6.i686.rpm     samba-swat-3.5.4-68.el6.i686.rpm
samba4-libs-4.0.0-23.alpha11.el6.i686.rpm      samba-winbind-3.5.4-68.el6.i686.rpm
samba4-pidl-4.0.0-23.alpha11.el6.i686.rpm      samba-winbind-clients-3.5.4-68.el6.i686.rpm
samba-client-3.5.4-68.el6.i686.rpm             samba-winbind-devel-3.5.4-68.el6.i686.rpm
samba-common-3.5.4-68.el6.i686.rpm
```

图 6-1 显示系统安装盘中与 Samba 有关的 RPM 软件包

(4) 查看系统是否已经安装了 Samba 服务器，命令如下。

```
[root@localhost Packages]#rpm -qa|grep samba
```

CentOS 6.0 默认没有安装 Samba 服务器，但系统会显示 samba-common 和 samba-client 等软件包已经安装，如图 6-2 所示。

```
[root@localhost Packages]# rpm -qa|grep samba
samba-winbind-clients-3.5.4-68.el6.i686
samba-3.5.4-68.el6.i686
samba4-libs-4.0.0-23.alpha11.el6.i686
samba-common-3.5.4-68.el6.i686
samba-client-3.5.4-68.el6.i686
```

图 6-2 显示系统 Samba 的安装情况

(5) 安装 Samba 服务器，安装 samba-3.5.4-68.el6.i686.rpm 软件包就可以了，命令如下。

```
[root@localhost Packages]#rpm -ivh samba-3.5.4-68.el6.i686.rpm
```

如果安装成功，终端会如图 6-3 所示。

```
[root@localhost Packages]# rpm -ivh samba-3.5.4-68.el6.i686.rpm
warning: samba-3.5.4-68.el6.i686.rpm: Header V3 RSA/SHA256 Signature, key ID c105b9de: NOKEY
Preparing...                ########################################### [100%]
   1:samba                  ########################################### [100%]
```

图 6-3 Samba 服务器安装成功

(6) 查看系统已经安装的 Samba 服务器的所有组件，命令如下。

```
[root@localhost Packages]#rpm -qa|grep samba
```

如果看到了(5)中安装的软件包，表示安装成功，如图 6-4 所示。

```
[root@localhost ~]# rpm -qa|grep samba
samba-common-3.5.4-68.el6.i686
samba-3.5.4-68.el6.i686
samba-client-3.5.4-68.el6.i686
samba-winbind-clients-3.5.4-68.el6.i686
samba4-libs-4.0.0-23.alpha11.el6.i686
```

图 6-4 系统已经安装的 Samba 组件

(7) 启动 Samba 服务器，并查看已运行状态，命令如下。

```
[root@localhost tmp]#service smb start
```

看到“确定”，表示 Samba 服务器启动成功，如图 6-5 所示。接下来，还可以查看服务器的运行状态，命令如下。

```
[root@localhost ~]# service smb start
启动 SMB 服务：                                            [确定]
```

图 6-5 启动 Samba 服务器

```
[root@localhost tmp]#service smb status
```

系统会提示“smbd 正在运行”，如图 6-6 所示。

```
[root@localhost Packages]# service smb status
smbd (pid  26754) 正在运行...
```

图 6-6 查看 Samba 运行状态

smbd 监听 139TCP 端口，负责处理到来的 SMB 数据包，为使用该软件包的资源与 Linux 进行协商。

6.3　实训任务：Samba 的文件共享

6.3.1　企业需求

某公司使用 Samba 构建文件服务器，实现员工访问共享目录时需要提供账号和密码进行身份确认，并且 Samba 服务器只允许 192.168.56.0/24 网段访问。

6.3.2　需求分析

设置 Samba 的安全级别为 user 就可以实现员工凭账号和密码访问共享目录，主要步骤如下。

(1) 建立共享目录。
(2) 添加访问共享目录的账号和密码。
(3) 配置 Samba 服务，实现共享目录和只允许特定网段访问。
(4) 启动 Samba 服务。

6.3.3　解决方案

(1) 在/tmp 目录下新建 MyShareDir 目录，并在该目录中新建一个空文件 test.txt 用于测试，命令如下。

```
[root@localhost Packages]#cd /tmp
[root@localhost tmp]#mkdir MyShareDir
[root@localhost tmp]#cd MyShareDir/
[root@localhost MyShareDir]#touch test.txt
```

(2) 添加访问共享目录的账号 smbUser，设置密码为"x+y=789"，命令如下。

```
[root@localhost MyShareDir]#useradd smbUser
[root@localhost MyShareDir]#passwd smbUser
```

设置密码时会要求输入两次以确认，如图 6-7 所示。

```
[root@localhost MyShareDir]# useradd smbUser
[root@localhost MyShareDir]# passwd smbUser
更改用户 smbUser 的密码 。
新的 密码：
重新输入新的 密码：
passwd： 所有的身份验证令牌已经成功更新。
```

图 6-7　添加账号和密码

(3) 修改共享目录的 owner 为新建的账号 smbUser，命令如下。

```
[root@localhost tmp]#chown smbUser MyShareDir/
[root@localhost tmp]#ll
```

查看 MyShareDir 目录权限，可以看到该目录的 ownet 改成了 smbUser，如图 6-8 所示。

```
[root@localhost tmp]# chown smbUser MyShareDir/
[root@localhost tmp]# ll
总用量 88
drwxr-xr-x. 2 zdxy     zdxy  4096  1月  25 11:25 hsperfdata_zdxy
drwx------. 2 zdxy     zdxy  4096  1月  25 10:43 keyring-YKCu0U
drwxr-xr-x. 2 smbUser root  4096  1月  25 14:04 MyShareDir
```

图 6-8 设置共享目录的 owner

(4) 添加 Linux 系统账号 smbUser 为 Samba 的账号。

```
[root@localhost tmp]#smbpasswd -a smbUser
```

(5) 备份 Samba 的配置文件，以便恢复默认状态，命令如下。

```
[root@localhost tmp]#cp/etc/samba/smb.conf/etc/samba/smb.conf.bak
```

(6) 修改 Samba 的配置文件，发布共享目录，命令如下。

```
[root@localhost tmp]#vi/etc/samba/smb.conf
```

配置文件/etc/samba/smb. conf 的结构是按照节组织的，节在文件中采用“[]”标记，默认情况下含有[Global]、[Printers]、[Homes]等节，其含义如表 6-1 所示。

表 6-1 smb. conf 配置文件中节的含义

节 的 名 称	含 义
[Global]	定义全局参数和默认值
[Printers]	定义打印机共享
[Homes]	定义用户的家目录共享
[用户自定义共享名]	用户自定义共享

对 smb. conf 的详细修改如下。

① [Global]节

```
[Global]
workgroup =MYGROUP
server string =Samba Server Version %v
hosts allow =192.168.56.
security =user
```

② 用户自定义节

```
[MyShareDir]
comment =smbUsers's share
```

```
path =/tmp/MyShareDir
valid users =smbUser
read only =NO
```

(7) 检查配置文件的正确性,命令如下。

```
[root@localhost tmp]#testparm
```

执行 testparm 指令可以简单测试 Samba 的配置文件 smb.conf,检查结果如图 6-9 所示。

```
[root@localhost tmp]# testparm
Load smb config files from /etc/samba/smb.conf
rlimit_max: rlimit_max (1024) below minimum Windows limit (16384)
Processing section "[homes]"
Processing section "[MyShareDir]"
Loaded services file OK.
Server role: ROLE_STANDALONE
Press enter to see a dump of your service definitions

[global]
        workgroup = MYGROUP
        server string = Samba Server Version %v
        log file = /var/log/samba/log.%m
        max log size = 50
        hosts allow = 192.168.56.
        cups options = raw

[homes]
        comment = Home Directories
        read only = No
        browseable = No

[MyShareDir]
        comment = smbUser's share
        path = /tmp/MyShareDir
        valid users = smbUser
        read only = No
```

图 6-9　检查配置文件 smb.conf 的语法

(8) 为使配置文件生效,重启 Samba 服务,命令如下。

```
[root@localhost tmp]#service smb restart
```

Samba 服务重启成功界面如图 6-10 所示。

```
[root@localhost tmp]# service smb restart
关闭 SMB 服务：                                             [确定]
启动 SMB 服务：                                             [确定]
```

图 6-10　重启 Samba 服务

(9) 登录到 Windows 7 系统中,打开"开始"菜单,单击"运行",输入"\\"加上 Samba 服务器所在 Linux 系统的 IP 地址,如图 6-11 所示。

(10) 单击"确定"按钮,进入如图 6-12 所示的 Samba 登录窗口,要求输入账号和密码,这里输入创建的 smbUser 账号和密码"x+y=789"。

(11) 单击"确定"按钮,登录到 Samba 服务器后会看到如图 6-13 所示的共享窗口,可以看到所创建的共享目录 MyShareDir 和 smbUser 账号自身的家目录 smbUser。

(12) 双击 MyShareDir,在打开的如图 6-14 所示的窗口中,可以看到测试文件 test.txt。

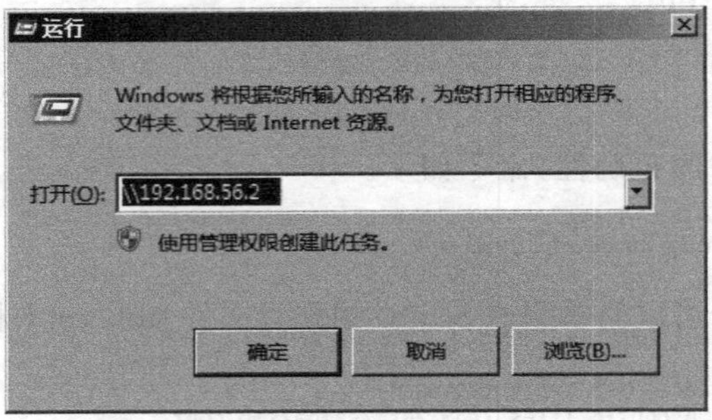

图 6-11 访问共享

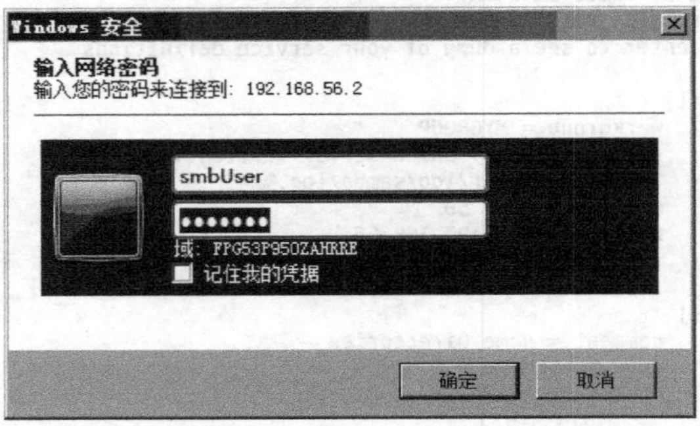

图 6-12 Samba 登录窗口

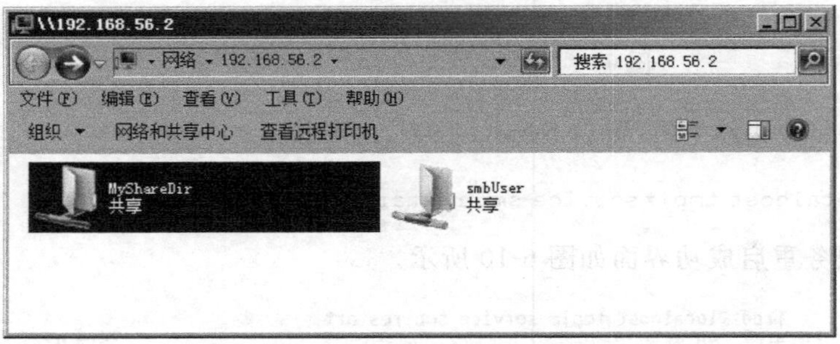

图 6-13 Samba 上的共享目录

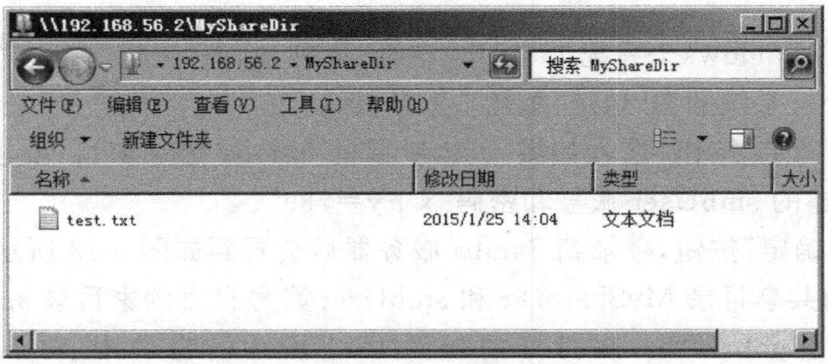

图 6-14 共享目录中的文件

6.4　实训任务：Samba的打印共享

6.4.1　企业需求

某办公室有若干台互相联网的计算机，在一台 Linux 主机上安装了网络上唯一的一台打印机，现需要利用 Samba 的打印共享功能，将打印机共享给办公室所有成员使用。

6.4.2　需求分析

打印共享是 Samba 的主要功能之一。首先要保证打印机的本地打印功能，然后通过 Samba 配置文件中打印共享的有关内容即可实现把打印机共享给网络中的其他用户使用，主要步骤如下。

(1) 保证 Linux 上的打印机安装成功，并设置打印机属性为“共享”。

(2) 配置 Samba 服务器实现打印共享。

6.4.3　解决方案

(1) 将打印机链接并添加到 Linux 主机上，并设置打印机属性为“共享”。

(2) 修改 Samba 的主配置文件/etc/samba/smb.conf，各节中包含的配置如下。

```
[Global]
    Load printers =yes
    printcap name =/etc/printcap
[printers]
    comment =All Printers
    path =/var/spool/samba
    browseable =yes
    guest ok =yes
    writable =yes
    printable =yes
    pringing =cups
    printer admin =root
```

(3) 配置文件修改完毕，重启 Samba 服务。

(4) 登录到 Windows 7 系统中，打开“开始”菜单，单击“运行”，输入“\\”加上 Samba 服务器所在 Linux 系统的 IP 地址”，就可以看到共享的打印机了，如图 6-15 所示。

(5) 双击共享的打印机图标，安装相应的打印驱动程序即可打印。

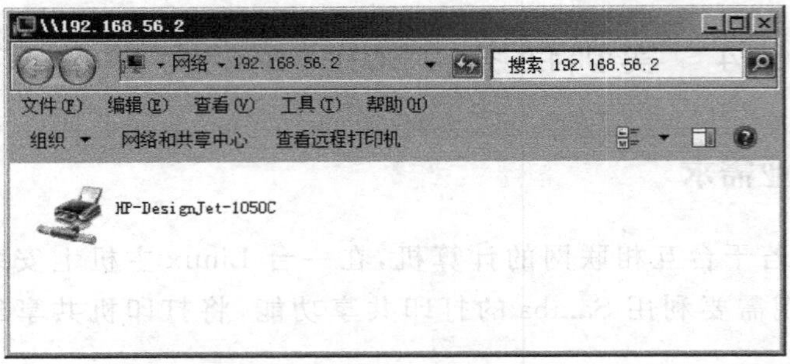

图 6-15 共享打印机

习 题 6

1. 某公司需要配置一台 Samba 服务器。共享目录为/gx,共享名称为 OurFiles,该共享目录只允许 192.168.1.0/24 网段员工访问,请给出详细解决方案。

2. 配置 Samba 服务器,要求如下:Samba 服务器上有个 sales 目录,该目录只有 Rose 用户可以浏览访问,请给出详细解决方案。

第7章　DNS服务器配置与管理

7.1 DNS服务器概述

7.1.1　DNS协议

DNS(Domain Name System,域名系统),因特网上作为域名和IP地址相互映射的一个分布式数据库,能够使用户更方便地访问互联网,而不用去记住能够被机器直接读取的IP数串。通过主机名,最终得到该主机名对应的IP地址的过程叫做域名解析(或主机名解析)。DNS协议运行在UDP协议之上,使用端口号53。在RFC文档中RFC 2181对DNS有规范说明,RFC 2136对DNS的动态更新进行说明,RFC 2308对DNS查询的反向缓存进行说明。

7.1.2　DNS的功能

每个IP地址都可以有一个主机名,主机名由一个或多个字符串组成,字符串之间用小数点隔开。有了主机名,就不用死记硬背每台IP设备的IP地址,只要记住相对直观有意义的主机名就行了。这就是DNS协议所要完成的功能。

主机名到IP地址的映射有以下两种方式。

(1) 静态映射:每台设备上都配置主机到IP地址的映射,各设备独立维护自己的映射表,而且只供本设备使用。

(2)动态映射:建立一套域名解析系统(DNS),只在专门的DNS服务器上配置主机到IP地址的映射,网络上需要使用主机名通信的设备,首先需要到DNS服务器查询主机所对应的IP地址。

通过主机名,最终得到该主机名对应的IP地址的过程叫做域名解析(或主机名解析)。在解析域名时,可以首先采用静态域名解析的方法,如果静态域名解析不成功,再采用动态域名解析的方法。可以将一些常用的域名放入静态域名解析表中,这样可以大大提高域名解析的效率。

7.1.3　DNS的重要性

1. 技术角度

DNS解析是互联网绝大多数应用的实际寻址方式,域名技术的发展,以及基于域名技术的多种应用，丰富了互联网应用和协议。

2. 资源角度

域名是互联网上的身份标识，是不可重复的唯一标识资源，互联网的全球化使得域名成为标识一国主权的国家战略资源。

7.1.4 DNS服务器类型

大多数情况下，常见的DNS服务器有以下几种。

1. 主域名服务器

Master server是一个Domain信息的最根本的来源。它是所有辅域名服务器进行域传输的源。主域名服务器是从本地硬盘文件中读取域的数据的。

2. 辅助域名服务器

Slave Server，或叫做Secondary Server。次级服务器使用一个叫做域转输的复制过程，调入其他服务器中域的内容。通常情况下，数据是直接从主服务器上传输过来的，但也可能是从本地磁盘上的cache中读到的。辅域名服务器可以提供必需的冗余服务。所有的辅域名服务器都应该写在这个域的NS记录中。

3. 高速缓存域名服务器

缓存服务器可以将它收到的信息存储下来，并再将其提供给其他的用户进行查询，直到这些信息过期。它的配置中没有任何本地的授权域的配置信息。它可以响应用户的请求，并询问其他授权的域名服务器，从而得到回答用户请求的信息。

4. 转发服务器

一台缓存名服务器本身不能进行完全的递归查询。相反，它能从缓存向其他的缓存服务器转发一部分或是所有不能满足的查询，一般被称作转发服务器。

可能会有一个或多个转发服务器，它们会按照顺序进行请求，直到全部穷尽或者请求得到回答为止。转发服务器一般用于用户不希望站点内的服务器直接和外部服务器通信的情况下。一个特定的情形是许多DNS服务器和一个网络防火墙。服务器不能透过防火墙传送信息，它就会转发给可以传送信息的服务器，那台服务器就会代表内部服务器询问因特网DNS服务器。使用转发功能的另一个好处是中心服务器得到了所有用户都可以利用的更加完全的信息缓冲。

7.2 实训任务：DNS服务器的安装

7.2.1 企业需求

某公司各个职能部门都建立了各自的部门网站，现需要设置公司内部DNS服务器，以方便互相通过域名访问。

7.2.2 需求分析

首先要在Linux系统中安装DNS服务器及其相关组件，安装方式选用比较简便常用的RPM方式，安装结束后检查服务器的运行状态。

采用RPM安装方式，DNS安装包主要有如下几个。

(1) bind：DNS服务器软件。

(2) bind-chroot：是bind的一个功能，使bind可以在chroot的模式下运行。也就是说，bind运行时的/(根)目录，并不是系统真正的/(根)目录，只是系统中的一个子目录而已，这样做的目的是为了提高安全性。因为在chroot模式下，bind可以访问的范围仅限于这个子目录的范围里，无法进一步提升，进入到系统的其他目录中。

(3) bind-utils：是bind软件提供的一组DNS工具包，里面有一些DNS相关的工具。主要有nslookup、host、dig和nsupdate。使用这些工具可以进行域名解析和DNS调试工作。

以上软件可以到http://www.isc.org下载最新版本，也可以利用CentOS系统安装光盘中的RPM包来安装。

主要安装步骤如下。

(1) 建立挂载点，挂载光驱。

(2) 查看已经安装的bind的RPM软件包。

(3) 安装尚未安装的RPM软件包。

(4) 测试bind的运行。

7.2.3 解决方案

(1) 在文本模式下，以超级管理员root身份登录到Linux系统。

(2) 进入到CentOS系统安装光盘中的Packages目录，命令如下。

```
[root@localhost~]#mkdir /mnt/cdrom
[root@localhost~]#mount /dev/cdrom /mnt/cdrom
[root@localhost~]#cd /mnt/cdrom/Packages/
```

(3) 查找光盘中提供的DNS服务器所需的RPM软件包，因选用bind软件搭建DNS服务器，查找bind相关软件，命令如下。

```
[root@localhost Packages]#ls bind*
```

系统列出了下面7个RPM软件包，如图7-1所示。其中包含想要安装的bind、bind-chroot两个软件包。

(4) 查看系统已经安装的软件包，命令如下。

```
[root@localhost Packages]#rpm -qa|grep bind
```

CentOS 6.0默认没有安装DNS服务器，但bind-utils这个软件包作为组件已经被默

```
[root@localhost Packages]# ls bind*
bind-9.7.0-5.P2.el6.i686.rpm                 bind-libs-9.7.0-5.P2.el6.i686.rpm
bind-chroot-9.7.0-5.P2.el6.i686.rpm          bind-sdb-9.7.0-5.P2.el6.i686.rpm
bind-devel-9.7.0-5.P2.el6.i686.rpm           bind-utils-9.7.0-5.P2.el6.i686.rpm
bind-dyndb-ldap-0.1.0-0.9.b.el6.i686.rpm
```

图 7-1 bind 所提供的软件包

认安装了。

(5) 安装尚未安装的两个软件包,命令如下。

```
[root@localhost Packages]#rpm -ivh bind-9.7.0-5.P2.el6.i686.rpm
[root@localhost Packages]#rpm -ivh bind-chroot-9.7.0-5.P2.el6.i686.rpm
```

安装过程如图 7-2 所示。

```
[root@localhost Packages]# rpm -ivh bind-9.7.0-5.P2.el6.i686.rpm
warning: bind-9.7.0-5.P2.el6.i686.rpm: Header V3 RSA/SHA256 Signature, key ID c105b9de: NOKEY
Preparing...                ########################################### [100%]
   1:bind                   ########################################### [100%]
[root@localhost Packages]# rpm -ivh bind-chroot-9.7.0-5.P2.el6.i686.rpm
warning: bind-chroot-9.7.0-5.P2.el6.i686.rpm: Header V3 RSA/SHA256 Signature, key ID c105b9de: NO
KEY
Preparing...                ########################################### [100%]
   1:bind-chroot            ########################################### [100%]
```

图 7-2 bind 相关软件包安装过程

(6) 查看系统已经安装的 DNS 服务器组件,命令如下。

```
[root@localhost Packages]#rpm -qa|grep bind
```

如果可以看到之前提到的与 bind 相关的两个软件包,则表明安装成功,如图 7-3 所示。

```
[root@localhost Packages]# rpm -qa|grep bind
ypbind-1.20.4-29.el6.i686
bind-chroot-9.7.0-5.P2.el6.i686
samba-winbind-clients-3.5.4-68.el6.i686
PackageKit-device-rebind-0.5.8-13.el6.i686
rpcbind-0.2.0-8.el6.i686
bind-libs-9.7.0-5.P2.el6.i686
bind-utils-9.7.0-5.P2.el6.i686
bind-9.7.0-5.P2.el6.i686
```

图 7-3 查看系统安装的与 bind 相关的软件包

(7) 启动 DNS 服务器,命令如下。

```
[root@localhost Packages]#service named start
```

如图 7-4 所示的界面表明服务器成功运行。

```
[root@localhost Packages]# service named start
启动 named:                                                [确定]
```

图 7-4 DNS 服务器成功运行

(8) 查看 DNS 服务器的运行状态,命令如下。

```
[root@localhost Packages]#service named status
```

如图 7-5 所示的界面表明服务器成功运行。

```
[root@localhost Packages]# service named start
启动 named:                                                [确定]
```

图 7-5 启动 DNS 服务器

系统会提示 bind 服务的运行名称为 named,当前系统的 PID 为 27345,当前 named 进行维护的区域数量为 16,详细信息如图 7-6 所示。

```
[root@localhost Packages]# service named status
version: 9.7.0-P2-RedHat-9.7.0-5.P2.el6
CPUs found: 1
worker threads: 1
number of zones: 16
debug level: 0
xfers running: 0
xfers deferred: 0
soa queries in progress: 0
query logging is OFF
recursive clients: 0/0/1000
tcp clients: 0/100
server is up and running
named (pid  27345) 正在运行...
```

图 7-6 named 服务的状态信息

(9) 查看 DNS 服务器占用端口情况,如图 7-7 所示,命令如下。

```
[root@localhost Packages]# netstat -tnl
Active Internet connections (only servers)
Proto Recv-Q Send-Q Local Address               Foreign Address             State
tcp        0      0 0.0.0.0:2049                0.0.0.0:*                   LISTEN
tcp        0      0 0.0.0.0:37826               0.0.0.0:*                   LISTEN
tcp        0      0 0.0.0.0:39175               0.0.0.0:*                   LISTEN
tcp        0      0 0.0.0.0:875                 0.0.0.0:*                   LISTEN
tcp        0      0 0.0.0.0:111                 0.0.0.0:*                   LISTEN
tcp        0      0 127.0.0.1:53                0.0.0.0:*                   LISTEN
tcp        0      0 0.0.0.0:21                  0.0.0.0:*                   LISTEN
tcp        0      0 0.0.0.0:22                  0.0.0.0:*                   LISTEN
tcp        0      0 127.0.0.1:631               0.0.0.0:*                   LISTEN
tcp        0      0 127.0.0.1:953               0.0.0.0:*                   LISTEN
```

图 7-7 named 服务占用的端口

```
[root@localhost Packages]#netstat -tnl
```

执行 netstat 命令,通过参数 tnl 将所有当前系统运行的 TCP 协议的端口列出来,这里会看到有 53 端口和 953 端口,这两个都是 DNS 服务器运行时需要占用的端口,其中 53 端口为 DNS 服务所需端口,953 为 rndcyun 所需端口。

(10) 设置开机自动启动 DNS 服务器,命令如下。

```
[root@localhost Packages]#chkconfig --level 3 named on
[root@localhost Packages]#chkconfig --list|grep named
```

如图 7-8 所示,named 服务在 level 3 为启用,即开机自动启动。

```
[root@localhost Packages]# chkconfig --level 3 named on
[root@localhost Packages]# chkconfig --list|grep named
named          0:关闭  1:关闭  2:关闭  3:启用  4:关闭  5:关闭  6:关闭
```

图 7-8 named 服务的工作状态

7.3 实训任务：DNS 服务器的基本配置

7.3.1 企业需求

某公司新建域名为 xyz.com，部门内有三台主机，主机名分别为 tech.xyz.com (192.168.56.3)、sale.xyz.com(192.168.56.4)、service.xyz.com(192.168.56.5)。现要求 DNS 服务器 dns.xyz.com(192.168.56.2)可以解析三台主机名和 IP 地址的对应关系。

7.3.2 需求分析

配置一台 DNS 服务器时需要一组配置文件，如表 7-1 所示。其中最关键的是主配置文件/etc/named.conf。named 守护进程运行时首先从 named.conf 文件获取其他配置文件的信息，然后按照各区域文件的设置内容提供域名解析和反解析服务。

表 7-1 DNS 服务器的主要配置文件

文件名	说明
/etc/named.conf	主配置文件，用来设置 DNS 服务器的全局参数
/etc/named.rfc1912.zones	DNS 服务器的区域配置文件
/var/named/xyz.com.zone	正向解析区域文件，用于实现区域内主机名到 IP 地址的正向解析
/var/named/56.168.192.in-addr.arpa.zone	反向解析区域文件，用于实现区域内 IP 地址到主机名的反向解析
/var/named/named.ca	缓冲文件，是缓存服务器的配置文件

为满足任务要求，DNS 服务器的主要配置步骤如下。

(1) 修改主配置文件 named.conf。

(2) 修改区域配置文件 named.rfc1912.zones。

(3) 创建区域正向解析文件 xyz.com.zone。

(4) 创建区域反向解析文件 56.168.192.in-addr.arpa.zone。

(5) 测试解析情况。

7.3.3 解决方案

(1) 修改 DNS 服务器主配置文件/etc/named.conf，该文件中包含 named 服务的主要设置部分，根据设置功能不同，设置部分可分为多种不同类型，具体说明如表 7-2 所示。这里需要将 named.conf 文件中 options 部分的“127.0.0.1”和 localhost 字符串均修改为“any”，options 部分修改后的代码如下。

```
options {
    listen-on port 53 { any; };
    listen-on-v6 port 53 {::1; };
    directory          "/var/named";
    dump-file          "/var/named/data/cache_dump.db";
    statistics-file "/var/named/data/named_stats.txt";
    memstatistics-file "/var/named/data/named_mem_stats.txt";
    allow-query     { any; };
    recursion yes;

    dnssec-enable yes;
    dnssec-validation yes;
    dnssec-lookaside auto;

    /* Path to ISC DLV key */
    bindkeys-file "/etc/named.iscdlv.key";
};
```

表 7-2 named.conf 文件中设置部分的说明

设置类型	说　明
Logging	定义记录文件内容与记录文件内容传送到对象
Options	设置通用的服务器配置与其他选项默认值
Zone	定义区域内容，每个区域中至少存在一台 DNS 服务器
Acl	定义访问控制列表
Key	指定验证和授权时使用的键值信息
Server	设置单个远程服务器的特定配置选项
Controls	声明使用 ndc 程序时的控制方式
Include	参照其他文件的内容

(2) 修改区域配置文件/etc/named.rfc1912.zones，该文件以区域 zone 为主要内容，一个区域 zone 包括定义该区域 zone 的类型以及对应的文件。DNS 区域 zone 分为 5 种类型，具体说明如表 7-3 所示。这里需要在 named.rfc1912.zones 文件中添加如下代码，通知 DNS 服务器主程序，正向解析区域和反向解析区域各增加了 1 个。

```
zone "xyz.com" IN {
    type master;
    file "xyz.com.zone";
```

```
    allow-update { none; };
};
zone "56.168.192.in-addr.arpa" IN {
    type master;
    file "56.168.192.in-addr.arpa.zone";
    allow-update { none; };
};
```

表 7-3 区域类型的说明

区域类型	说　明
Master	DNS 主区域
Slave	DNS 辅助区域是主区域的复制
Stub	与辅助区域类似,但仅复制主区域中的 NS 记录
Forward	转发区域
Hint	用来指定 ROOT 服务器

(3) 编辑正向解析区域文件 xyz. com. zone,命令如下。

```
[root@localhost~]#vi /var/named/xyz.com.zone
```

在/var/named 目录中使用 vi 工具新建一个空文件,命名为 xyz. com. zone,该名称与区域配置文件中对应区域的 file 项指定的名称一致。xyz. com. zone 文件的主要配置代码如下。

```
$TTL 1D
$ORIGIN xyz.com.
@IN SOAdns.xyz.com. root.xyz.com (
            0    ; serial
            1D   ; refresh
            1H   ; retry
            1W   ; expire
            3H)  ; minimum
@           IN  NS  dns.xyz.com.
dns         IN  A   192.168.56.2
tech        IN  A   192.168.56.3
sale        IN  A   192.168.56.4
service     IN  A   192.168.56.5
```

根据任务要求分别给出了 DNS 主机、Tech 主机、Sale 主机和 Service 主机的域名解析资源记录。表 7-4 列出了 DNS 服务器包含的常用资源记录类型及说明。其中 SOA 记录和NS记录是任何区域文件都必须定义的，而其余4种常用记录则根据环境和需求定义。

表 7-4 常用资源记录类型及说明

记录类型	说　明	记录类型	说　明
SOA	开始设置DNS的相关内容	A	正向解析符号
MX	与$TTL类似	PTR	反向解析符号
NS	即域名服务器的名称	CNAME	设置主机的别名

(4) 设置"xyz.com.zone"区域文件的属组为named，命令如下。

```
[root@localhost~]#chgrp named /var/named/xyz.com.zone
```

(5) 编辑反向解析区域文件56.168.192.in-addr.arpa.zone，命令如下。

```
[root@localhost~]#vi /var/named/56.168.192.in-addr.arpa.zone
```

在/var/named目录中使用vi工具新建一个空文件，命名为56.168.192.in-addr.arpa.zone，该名称与区域配置文件中对应区域的file项指定的名称一致。56.168.192.in-addr.arpa.zone文件的主要配置代码如下。

```
$TTL 86400
@   IN   SOA  dns.xyz.com.   root.xyz.com. (
          0    ; serial
          1D   ; refresh
          1H   ; retry
          1W   ; expire
          3H ) ; minimum
@  IN   NS   dns.xyz.com.
2  IN   PTR  dns.xyz.com.
3  IN   PTR  tech.xyz.com.
4  IN   PTR  sale.xyz.com.
5  IN   PTR  service.xyz.com.
```

(6) 设置"56.168.192.in-addr.arpa.zone"区域文件的属组为named，命令如下。

```
[root@localhost~]#chgrp named /var/named/56.168.192.in-addr.arpa.zone
```

(7) 修改Linux系统的/etc/resolv.conf文件以指定DNS服务器地址，命令如下。

```
[root@localhost~]#echo "nameserver 192.168.56.2" >/etc/resolv.conf
```

(8) 使用nslookup命令测试DNS配置情况，测试结果如图7-9所示。

```
[root@localhost named]# nslookup tech.xyz.com
Server:         192.168.56.2
Address:        192.168.56.2#53

Name:   tech.xyz.com
Address: 192.168.56.3

[root@localhost named]# nslookup sale.xyz.com
Server:         192.168.56.2
Address:        192.168.56.2#53

Name:   sale.xyz.com
Address: 192.168.56.4

[root@localhost named]# nslookup 192.168.56.3
Server:         192.168.56.2
Address:        192.168.56.2#53

3.56.168.192.in-addr.arpa       name = tech.xyz.com.

[root@localhost named]# nslookup 192.168.56.4
Server:         192.168.56.2
Address:        192.168.56.2#53

4.56.168.192.in-addr.arpa       name = sale.xyz.com.
```

图 7-9 测试 DNS 服务器配置

习 题 7

配置一台 DNS 服务器（CentOS 6.0），IP 地址为 192.168.0.100，子网掩码为 255.255.255.0，默认网关为 192.168.0.1，能解析域名 www.abc.com，其 IP 地址为 192.168.0.50，请给出详细解决方案。

第 8 章 Web 服务器配置与管理

8.1 Web 服务器概述

8.1.1 Web 服务简介

Web 服务是目前应用最广的一种基本互联网应用,我们每天上网都要用到这种服务。通过 Web 服务,只要用鼠标进行本地操作,就可以到达世界上的任何地方。由于 Web 服务使用的是超文本链接(HTML),所以可以很方便地从一个信息页切换到另一个信息页。它不仅能查看文字,还可以欣赏图片、音乐、动画。

8.1.2 Web 服务器工作原理

Web 服务器的工作原理并不复杂,一般可分成如下 4 个步骤,即连接过程、请求过程、应答过程以及关闭连接。下面对这 4 个步骤做简单的介绍。连接过程就是 Web 服务器和其浏览器之间所建立起来的一种连接。查看连接过程是否实现,用户可以找到和打开 socket 这个虚拟文件,这个文件的建立意味着连接过程这一步骤已经成功。请求过程就是 Web 的浏览器运用 socket 这个文件向其服务器提出各种请求。应答过程就是运用 HTTP 协议把在请求过程中所提出来的请求传输到 Web 的服务器,进而实施任务处理,然后运用 HTTP 协议把任务处理的结果传输到 Web 的浏览器,同时在 Web 的浏览器上展示上述所请求的界面。关闭连接就是当上一个步骤,即应答过程完成以后,Web 服务器和其浏览器之间断开连接的过程。Web 服务器上述 4 个步骤环环相扣、紧密相联,逻辑性比较强,可以支持多个进程、多个线程以及多个进程与多个线程相混合的技术。

8.1.3 Apache 服务器介绍

Apache 仍然是世界上用的最多的 Web 服务器,市场占有率达 50%左右。它源于 NCSA 的 httpd 服务器,当 NCSA 的 WWW 服务器项目停止后,那些使用 NCSA 的 WWW 服务器的人们开始交换用于此服务器的补丁,这也是 Apache 名称的由来(pache 补丁)。世界上很多著名的网站都是 Apache 的产物,它的成功之处主要在于它的源代码开放、有一支开放的开发队伍、支持跨平台的应用(可以运行在几乎所有的 UNIX、Windows、Linux 系统平台上)以及它的可移植性等方面。

8.2 实训任务：Web服务器的基本配置

8.2.1 企业需求

某公司内部需要搭建一台 Web 服务器，采用的 IP 地址和端口为 192.168.56.2：8080，首页名称为 index.htm，客户端访问超时时间为 100s，管理员电子邮箱地址为 admin@xyz.com，网页的编码类型为 GB2312，所有网站资源都存放在/var/www/html 目录下，并将 Apache 的根目录设置为/etc/httpd 目录。

8.2.2 需求分析

由于大多数 Linux 系统默认情况下会安装 Apache 软件，因此只需要配置好 Web 服务器即可满足任务需要，Web 服务器的主要配置参数的含义详如表 8-1 所示。

表 8-1 Web 服务器主要配置参数的含义

基本配置参数	说　明
ServerRoot	设置配置文件根目录
Timeout	设置客户端访问超时时间，单位为 s
Listen	设置监听端口，默认值为 80
ServerAdmin	设置管理员电子邮箱
DocumentRoot	设置主目录路径
AddDefaultCharset	设置服务器默认编码

Web 服务器的主要配置步骤如下。

(1) 修改主配置文件/etc/httpd/conf/httpd.conf。

(2) 将制作好的网页保存到网站默认存放目录中。

(3) 浏览网页。

8.2.3 解决方案

(1) 设置 Apache 的根目录为/etc/httpd，设置客户端访问超时时间为 100s，主配置文件修改内容如下。

```
ServerRoot  "/etc/httpd"
Timeout     100
```

(2) 设置 httpd 的监听端口为 8080，主配置文件修改内容如下。

```
Listen   8080
```

(3) 设置 Apache 文档目录为/var/www/html，主配置文件修改内容如下。

```
DocumentRoot "/var/www/html"
```

(4) 设置管理员电子邮箱地址为 admin@xyz.com，Web 服务器主机名和监听端口为 192.168.56.2:8080，主配置文件修改内容如下。

```
ServerAdmin    admin@xyz.com
ServerName     192.168.56.2:8080
```

(5) 设置服务器的默认编码为 GB2312，主配置文件修改内容如下。

```
AddDefaultCharset    GB2312
```

(6) 设置网站首页名称为 index.html，主配置文件修改内容如下。

```
DirectoryIndex    index.html
```

(7) 在网站首页中写入测试内容，命令如下。

```
[root@localhost~]#echo "Hello Apache.">/var/www/html/index.html
```

(8) 重启 httpd 服务，使得配置文件生效，命令如下。

```
[root@localhost~]#service httpd restart
```

(9) 在浏览器中输入 http://192.168.56.2:8080 访问网站，结果如图 8-1 所示。

图 8-1　访问网站

8.3　实训任务：虚拟主机的配置

8.3.1　企业需求

某公司有三个职能部门需要各自建站，并拥有独立的域名，分别是 tech.xyz.com、sale.xyz.com 和 service.xyz.com。

8.3.2　需求分析

为节省建站成本，希望这三个部门的网站建立在同一台 Web 服务器上，网站之间互不干扰。配置基于域名的虚拟主机，可以实现服务器只有一个 IP 地址，但存放多个网站数据，即通过访问不同的域名浏览到不同的网站。实现虚拟主机，要配合DNS服务器的域名解析功能。DNS服务器的配置详见第7章，配置tech、sale和service分别是www的别名，具体操作就是在区域文件中增加三行CNAME。虚拟主机的配置过程如下。

(1) 在/var/www/html目录下新建三个目录tech、sale和service。

(2) 为不同的域名新建一张网页index.html。

(3) 修改Apache配置文件，配置虚拟主机。

(4) 配置DNS服务器。

(5) 测试结果。

8.3.3 解决方案

(1) 新建虚拟主机的根目录，命令如下。

```
[root@localhost~]#cd /var/www/html
[root@localhost html]#mkdir tech sale service
```

图8-2为虚拟主机创建根目录的过程，三个目录均在/var/www/html目录下，三个目录相互独立。

```
[root@localhost ~]# cd /var/www/html/
[root@localhost html]# mkdir tech sale service
[root@localhost html]# ls
sale  service  tech
```

图8-2 创建虚拟主机根目录

(2) 为每个网站新建一张网页index.html，操作过程如图8-3所示。

```
[root@localhost html]# echo "department tech.">tech/index.html
[root@localhost html]# echo "department sale.">sale/index.html
[root@localhost html]# echo "department service.">service/index.html
```

图8-3 为三个部门分别新建一张网页

(3) 在/etc/httpd/conf.d/目录中新建一个配置文件vh.conf，将和虚拟主机有关参数添加到这个新建的配置文件中。

```
[root@localhost~]#vi /etc/httpd/conf.d/vh.conf
```

为满足任务需要，在配置文件vh.conf中添加如下代码。

```
NameVirtualHost *:80
<VirtualHost *:80>
 ServerName tech.xyz.com
 DocumentRoot/var/www/html/tech
</VirtualHost>
<VirtualHost *:80>
 ServerName sale.xyz.com
```

```
  DocumentRoot/var/www/html/sale
</VirtualHost>
<VirtualHost *:80>
  ServerName service.xyz.com
  DocumentRoot/var/www/html/service
</VirtualHost>
```

该配置文件的首行表明虚拟主机监听任何 IP 的 80 端口，然后是每台虚拟主机对应一对 < VirtualHost > </VirtualHost > 标签。配置文件中的 ServiceName、DocumentRoot 等参数的含义如表 8-2 所示。

表 8-2 虚拟主机主要参数的含义

参 数	含 义
Name VirtualHost	用于设置接收虚拟主机请求的 IP 地址及端口号
VirtualHost	用一对 VirtualHost 标签描述一台虚拟主机
ServerName	用于指定每台虚拟主机的域名
DocumentRoot	用于指定每台虚拟主机的根目录

(4) 配置 DNS 服务，使用 nslookup 命令进行测试，测试结果如图 8-4 所示。

```
[root@localhost named]# nslookup tech.xyz.com
Server:         192.168.56.2
Address:        192.168.56.2#53

tech.xyz.com    canonical name = www.xyz.com.
Name:   www.xyz.com
Address: 192.168.56.2

[root@localhost named]# nslookup sale.xyz.com
Server:         192.168.56.2
Address:        192.168.56.2#53

sale.xyz.com    canonical name = www.xyz.com.
Name:   www.xyz.com
Address: 192.168.56.2

[root@localhost named]# nslookup service.xyz.com
Server:         192.168.56.2
Address:        192.168.56.2#53

service.xyz.com canonical name = www.xyz.com.
Name:   www.xyz.com
Address: 192.168.56.2
```

图 8-4 测试域名解析情况

(5) 为使修改过的 Apache 配置文件生效，重启 httpd 服务，命令如下。

```
[root@localhost~]#service httpd restart
```

(6) 在 Linux 系统中打开浏览器，输入不同的域名可以看到不同的网页，如图 8-5 和图 8-6 所示。

图 8-5 域名 tech. xyz. com 对应的网页

图 8-6 名 service. xyz. com 对应的网页

8.4 实训任务：PHP 运行环境的配置

8.4.1 企业需求

某公司需要构建基于 LAMP(Linux＋Apache＋MySQL＋PHP)架构的动态网站，目前服务器上已经安装 Linux 系统，并且已经默认安装了 Apache、MySQL 数据库，现需要配置 PHP 运行环境。

8.4.2 需求分析

PHP 需要 php 软件包来解释执行，php 软件包又需要 php-common、php-cli 这两款软件包作为支撑，因此主要安装与配置过程如下。

(1) 安装 php-common 软件包。

(2) 安装 php-cli 软件包。

(3) 安装 php 软件包。

(4) 运行测试 PHP 动态网页。

8.4.3 解决方案

(1) 在文本模式下，以超级管理员 root 身份登录到 Linux 系统。

(2) 进入 CentOS 系统安装光盘中的 Packages 目录,命令如下。

```
[root@localhost~]#cd /mnt/cdrom/Packages/
```

(3) 查看系统是否已经安装了 php 相关软件,命令如下。

```
[root@localhost~]#rpm -qa|grep php
```

上述命令的执行结果如图 8-7 所示,可以看到 CentOS 6.0 默认没有安装 php 相关软件。

```
[root@localhost ~]# rpm -qa|grep php
[root@localhost ~]#
```

图 8-7 显示系统 php 软件安装情况

(4) 安装 php-common 软件包,命令如下。

```
[root@localhost Packages]#rpm -ivh php-common-5.3.2-6.el6.i686.rpm
```

如果安装成功,终端显示如图 8-8 所示。

```
[root@localhost Packages]# rpm -ivh php-common-5.3.2-6.el6.i686.rpm
warning: php-common-5.3.2-6.el6.i686.rpm: Header V3 RSA/SHA256 Signature, key ID c105b9de: NOKEY
Preparing...                ########################################### [100%]
   1:php-common             ########################################### [100%]
```

图 8-8 成功安装 php-common 软件包

(5) 安装 php-cli 软件包,命令如下。

```
[root@localhost Packages]#rpm -ivh php-cli-5.3.2-6.el6.i686.rpm
```

如果安装成功,终端显示如图 8-9 所示。

```
[root@localhost Packages]# rpm -ivh php-cli-5.3.2-6.el6.i686.rpm
warning: php-cli-5.3.2-6.el6.i686.rpm: Header V3 RSA/SHA256 Signature, key ID c105b9de: NOKEY
Preparing...                ########################################### [100%]
   1:php-cli                ########################################### [100%]
```

图 8-9 成功安装 php-cli 软件包

(6) 安装 php 软件包,命令如下。

```
[root@localhost Packages]#rpm -ivh php-5.3.2-6.el6.i686.rpm
```

如果安装成功,终端显示如图 8-10 所示。

```
[root@localhost Packages]# rpm -ivh php-5.3.2-6.el6.i686.rpm
warning: php-5.3.2-6.el6.i686.rpm: Header V3 RSA/SHA256 Signature, key ID c105b9de: NOKEY
Preparing...                ########################################### [100%]
   1:php                    ########################################### [100%]
```

图 8-10 成功安装 php 软件包

(7) 在/var/www/html 目录中编辑 php 测试网页 test.php,代码如下。

```
<? php
   phpinfo();
```

```
?>
```

(8) 重启 httpd 服务，命令如下。

```
[root@localhost Packages]#service httpd restart
```

(9) 打开浏览器，访问动态网页 test.php，结果如图 8-11 所示。

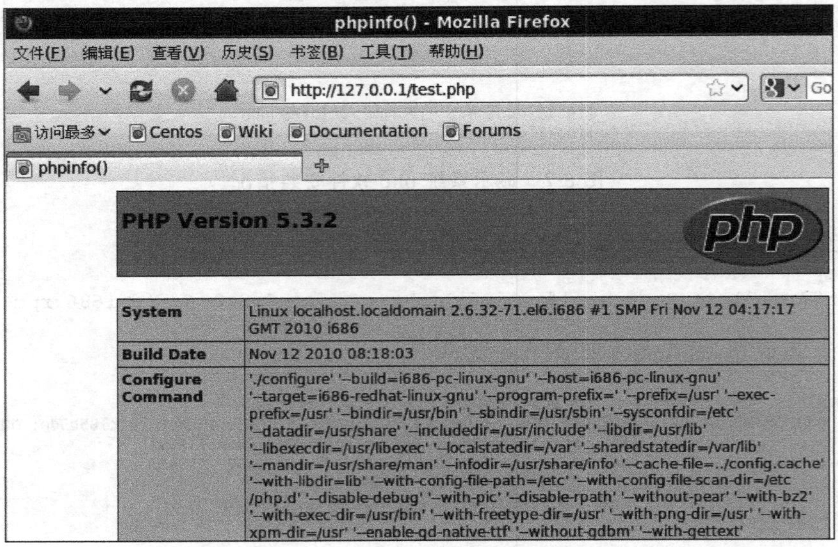

图 8-11 运行 php 动态网页

习 题 8

某公司需要配置一台 Web 服务器(CentOS 6.0)，该服务器 IP 地址为 192.168.0.100、子网掩码为 255.255.255.0、默认网关为 192.168.0.1，而公司申请的域名地址为 dns.abc.cn，需要发布的网站首页为/var/www/html/index.html，请给出详细的解决方案。

第 9 章 FTP 服务器配置与管理

9.1 FTP 服务器概述

9.1.1 FTP 协议

FTP 是 TCP/IP 的一种具体应用，FTP 工作在 OSI 模型的第七层、TCP 模型的第四层上，即应用层。FTP 使用的是传输层的 TCP 协议而不是 UDP，这样 FTP 客户在和服务器建立连接前就要经过一个被广为熟知的"三次握手"的过程，其意义在于客户与服务器之间的连接是可靠的，为数据的传输提供了可靠的保证。

在网络应用中，最广泛的当属 WWW 和 FTP 这两种。FTP 服务器根据服务对象的不同可分为匿名服务器(Anonymous Ftp Server)和系统 FTP 服务器。前者任何人都可以使用，后者就只能是在 FTP 服务器上有合法账号的人才能使用。

9.1.2 FTP 的含义

FTP(File Transfer Protocol)是 TCP/IP 协议族中的一个协议，该协议定义的是一个在远程计算机系统和本地计算机系统之间传输文件的标准，是 Internet 文件传送的基础。

9.1.3 FTP 的工作原理和过程

(1) 打开熟知端口(端口号为 21)，使客户进程能连接上。

(2) 等待客户进程发起连接建立请求。

(3) 启动从属进程来处理客户进程发来的请求。从属进程对客户进程的请求处理完毕后即终止，但从属进程在运行期间根据需要还可能创建其他一些子进程。

(4) 回到等待状态，继续接受其他客户进程发来的请求。主进程与从属进程的处理是并发进行的。

9.1.4 FTP 的用户类型

在 Vsftpd 服务器软件中，默认提供了三类用户，不同的用户对应着不同的权限与操作方式。

(1) 本地用户

这类用户在FTP服务上拥有账号。当这类用户登录FTP服务器的时候，其默认的主目录就是其用户命名的目录。但是，其还可以变更到其他目录中去，如系统的主目录等。

(2) 虚拟用户

在FTP服务器中，往往会给不同的部门或者某个特定的对象设置一个用户。但是，这个用户有个特点，就是其只能够访问自己的主目录，而不得访问主目录以外的文件。服务器通过这种方式来保障FTP服务上其他文件的安全性。这类用户在Vsftpd软件中称为虚拟用户。

(3) 匿名用户

FTP服务有别于Web服务，它首先要求登录到服务器上，然后再进行文件的传输，这对于许多公开提供软件或视频下载的服务器来说十分不便，于是匿名用户访问就诞生了。通过使用一个共同的用户名anonymous，密码不限的管理策略，让任何人都可以访问某些公开的资源。

9.2 实训任务：匿名访问FTP服务器

9.2.1 企业需求

在公司员工之间经常需要共享一些文件资料，以方便交流和提高工作效率。为满足这种需求，可以利用Linux系统构建一台FTP服务器。

9.2.2 需求分析

首先，在Linux系统中采用RPM方式安装FTP服务器及其相关组件。然后，对服务器进行简单的配置。最后，通过网管工作站匿名登录FTP服务器进行上传、下载测试。

Linux系统中FTP软件有多种，这里选用实际使用较多的vsftpd软件，它采用RPM安装方式。该软件可以在http://www.isc.org上下载最新版本，也可以利用CentOS系统安装光盘中的RPM包来安装。

主要安装步骤如下。

(1) 建立挂载点，挂载光驱。

(2) 安装vsftpd软件包。

(3) 设置FTP服务器。

(4) 从网管工作站匿名登录FTP服务器。

9.2.3 解决方案

(1) 在文本模式下，以超级管理员root身份登录到Linux系统。

(2) 进入到CentOS系统安装光盘中的Packages目录，命令如下。

```
[root@localhost~]#mkdir /mnt/cdrom
[root@localhost~]#mount /dev/cdrom /mnt/cdrom
[root@localhost~]#cd /mnt/cdrom/Packages/
```

(3) 查找光盘中提供的 FTP 服务器所需的 RPM 软件包，因选用 vsftpd 软件搭建 FTP 服务器，查找 vsftp 相关软件，命令如下。

```
[root@localhost Packages]#ls vsftp*
```

结果只有一个 RPM 软件包，如图 9-1 所示。

```
[root@localhost Packages]# ls vsftp*
vsftpd-2.2.2-6.el6.i686.rpm
```

图 9-1　vsftpd 软件包

(4) 查看系统已安装的软件包，命令如下。

```
[root@localhost Packages]#rpm -qa|grep vsftpd
```

CentOS 6.0 默认没有安装 FTP 服务器，上述命令将没有返回结果。

(5) 安装 vsftpd 软件包，命令如下。

```
[root@localhost Packages]#rpm -ivh vsftpd-2.2.2-6.el6.i686.rpm
```

安装过程如图 9-2 所示。

```
[root@localhost Packages]# rpm -ivh vsftpd-2.2.2-6.el6.i686.rpm
warning: vsftpd-2.2.2-6.el6.i686.rpm: Header V3 RSA/SHA256 Signature, key ID c10
5b9de: NOKEY
Preparing...                ########################################### [100%]
   1:vsftpd                 ########################################### [100%]
```

图 9-2　安装 vsftpd 软件包

(6) 启动、重启、关闭 vsftpd 服务，命令如下。

```
[root@localhost zdxy]#service vsftpd start
[root@localhost zdxy]#service vsftpd restart
[root@localhost zdxy]#service vsftpd stop
```

(7) 配置 vsftpd 服务器满足匿名用户访问要求。编辑 vsftpd 主配置文件，文件位于/etc/vsftpd/vsftpd.conf。

```
[root@localhost Packages]#vi /etc/vsftpd/vsftpd.conf
```

根据任务需求，找到跟匿名用户相关的选项，设定参数，以达到预期的效果。匿名用户常用参数如表 9-1 所示。在配置文件中加入如下代码：

```
anonymous_enable=YES
anon_umask=022
anon_upload_enable=YES
anon_mkdir_write_enable=YES
anon_other_write_enable=YES
```

其中 umask 分三个数值，分别代表当前用户、同组用户、组外用户的权限。Linux 系统里对于一个文件包含读、写、执行三方面权限，分别赋值为 4、2、1。这里的 022 代表对当前用户不做限制，取消同组用户和组外用户的写权限。

表 9-1　匿名用户主要参数说明

参　　数	说　　明
anonymous_enable	允许匿名用户登录
anon_umask	匿名用户上传的文档权限，默认值为 022
anon_upload_enable	允许匿名用户上传文件
anon_mkdir_write_enable	允许匿名用户建立目录
anon_other_write_enable	允许匿名用户重命名文件和删除文件

系统默认情况下，FTP 服务器根目录指向/var/ftp 文件夹，如图 9-3 所示，文件夹所有者为 root 用户，文件夹属性为 755，可以用如下命令查看。

```
[root@localhost zdxy]#ls -al /var/ftp
```

为了让匿名用户拥有写权限，也就是对 pub 文件夹的组外用户增加写权限，用下面的方法可以修改 pub 文件夹的权限。

```
[root@localhost zdxy]#chmod -R 777 /var/ftp/pub/
```

如图 9-4 所示，pub 文件夹具有了所有的权限，这样匿名用户也可以对其进行增加、删除等操作了。至此完成了对用户 FTP 的配置。

```
[root@localhost zdxy]# ls -al /var/ftp
总用量 12
drwxr-xr-x.  3 root root 4096  1月 25 11:31 .
drwxr-xr-x. 24 root root 4096  1月 25 11:31 ..
drwxr-xr-x.  2 root root 4096 11月 12 2010 pub
```

图 9-3　显示 FTP 服务器根目录权限

```
[root@localhost zdxy]# ls -al /var/ftp
总用量 12
drwxr-xr-x.  3 root root 4096  1月 25 11:31 .
drwxr-xr-x. 24 root root 4096  1月 25 11:31 ..
drwxrwxrwx.  2 root root 4096 11月 12 2010 pub
```

图 9-4　为 pub 文件夹修改权限

(8) 查看系统是否已经安装了 vsftpd 软件，命令如下。

```
[root@localhost zdxy]#rpm -qa|grep vsftpd
```

正常情况下，这里会显示安装成功的软件包名称，如图 9-5 所示。

```
[root@localhost zdxy]# rpm -qa|grep vsftpd
vsftpd-2.2.2-6.el6.i686
```

图 9-5　已经安装的 vsftpd 软件包

(9) 启动 vsftpd 服务器，并查看其运行状态，命令如下。

```
[root@localhost zdxy]#service vsftpd start
```

运行成功，会看到如图 9-6 所示的界面。

```
[root@localhost zdxy]# service vsftpd start
为 vsftpd 启动 vsftpd：                              [确定]
```

图 9-6　启动 vsftpd 界面

(10) 查看 vsftpd 服务器占用端口情况，命令如下。

```
[root@localhost zdxy]#netstat -tnl
```

如图 9-7 所示，执行 netstat 命令通过参数 tnl，将所有当前系统运行的 TCP 协议的端口罗列出来，这样会看到有 21 端口的状态为 Listen，这就是"传输控制信息"通道占用的端口，服务器监听是否有连接请求。

```
[root@localhost zdxy]# netstat -tnl
Active Internet connections (only servers)
Proto Recv-Q Send-Q Local Address           Foreign Address         State
tcp        0      0 0.0.0.0:2049            0.0.0.0:*               LISTEN
tcp        0      0 0.0.0.0:37826           0.0.0.0:*               LISTEN
tcp        0      0 0.0.0.0:39175           0.0.0.0:*               LISTEN
tcp        0      0 0.0.0.0:875             0.0.0.0:*               LISTEN
tcp        0      0 0.0.0.0:111             0.0.0.0:*               LISTEN
tcp        0      0 0.0.0.0:21              0.0.0.0:*               LISTEN
tcp        0      0 0.0.0.0:22              0.0.0.0:*               LISTEN
```

图 9-7　vsftpd 运行时占用的端口

(11) 设定开机自动启动 vsftpd 服务器，命令如下。

```
[root@localhost zdxy]#chkconfig --level 3 vsftpd on
[root@localhost zdxy]#chkconfig --list|grep vsftpd
```

如图 9-8 所示，vsftpd 服务器在 level3 为启动，即系统开机自动启动 vsftpd 服务器。

```
[root@localhost zdxy]# chkconfig --level 3 vsftpd on
[root@localhost zdxy]# chkconfig --list|grep vsftpd
vsftpd          0:关闭  1:关闭  2:关闭  3:启用  4:关闭  5:关闭  6:关闭
```

图 9-8　vsftpd 服务器的工作状态

(12) 从网管工作站匿名登录 FTP 服务器。在网管工作站的浏览器地址栏中输入"ftp://"加上 FTP 服务器 IP，就会以匿名身份登录到 FTP 服务器上，结果如图 9-9 所示。Pub 文件夹即为匿名用户可以上传下载的文件夹。

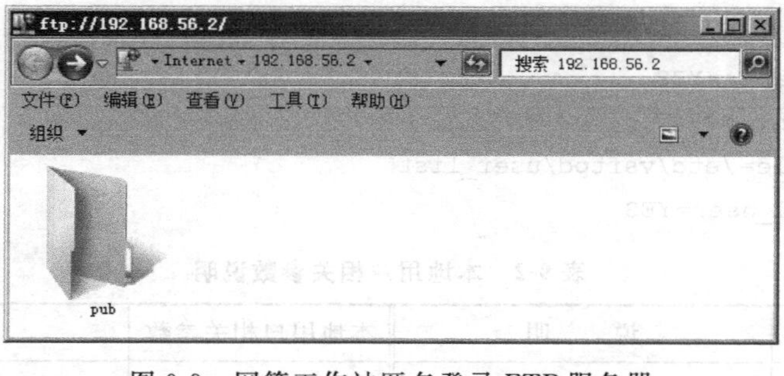

图 9-9　网管工作站匿名登录 FTP 服务器

9.3　实训任务：本地用户登录 FTP 服务器

9.3.1　企业需求

某公司内部的 Web 服务器上的网站需要经常维护，现需要搭建 FTP 服务器，以方便公司日常的网页更新服务，负责网站维护的公司职员是 Mike。

9.3.2 需求分析

首先为 Mike 新建同名的本地账号，为了系统安全，FTP 服务器仅允许 Mike 凭设定的账号和密码登录，并将该账号的根目录限制为网站资源所在目录/var/www/html，不能进入该目录以外的任何目录。该任务主要配置过程如下。

(1) 在 Linux 系统中添加本地用户 Mike。

(2) 修改主配置文件。

(3) 编辑用户列表文件。

(4) 测试。

9.3.3 解决方案

(1) 添加维护网站的 FTP 账号 Mike 并禁止本地登录，命令如下。

```
[root@localhost~]#useradd -s /sbin/nologin Mike
[root@localhost~]#passwd Mike
```

(2) 配置 FTP 主配置文件/etc/vsftpd/vsftpd.conf，命令如下。

```
[root@localhost~]#vi /etc/vsftpd/vsftpd.conf
```

在主配置文件中找到与本地用户相关的选项，根据任务要求设定参数。本地用户常用参数如表 9-2 所示。在配置文件中加入如下代码。

```
local_enable=YES
write_enable=YES
local_root=/var/www/html
userlist_enable=YES
userlist_deny=NO
userlist_file=/etc/vsftpd/user_list
chroot_local_user=YES
```

表 9-2 本地用户相关参数说明

本地用户相关参数	说 明	本地用户相关参数	说 明
local_enable	允许本地用户登录	userlist_file	指定用户列表文件
write_enable	开放本地用户写权限	chroot_local_user	锁定本地用户
local_root	指定 FTP 服务器根目录	chroot_list_enable	启动锁定列表
userlist_enable	启动 vsftpd 检查用户列表	chroot_list_file	锁定列表对应的文件
userlist_deny	拒绝登录的用户列表		

(3) 将 FTP 服务器根目录的控制权限赋予用户 Mike，命令如下。

```
[root@localhost~]#chown -R Mike.Mike /var/www/html
```

用 chown 命令可以改变文件夹的所有者，将 FTP 服务器根目录的所有者赋值给用户 Mike。参数 R 表示递归赋值子目录。命令执行的效果是/var/www/html 目录及其子目录中的所有者均赋值为用户 Mike。

(4) 编辑/etc/vsftpd/user_list 文件，命令如下。

```
[root@localhost~]#vi /etc/vsftpd/user_list
```

在/etc/vsftpd/目录下，新建一个名为 user_list 文件，将用户名写入文件，每个用户名独占一行，代码如下。

```
Mike
```

(5) 重启 vsftpd 服务器，使配置文件生效，命令如下。

```
[root@localhost~]#service vsftpd restart
```

(6) 从网管工作站登录 FTP 服务器。在网管工作站的浏览器地址栏中输入 ftp://FTP 服务器 IP，会弹出如图 9-10 所示的"登录身份"对话框，输入用户名"Mike"及其密码，单击"登录"按钮就可以登录到 FTP 服务器，结果如图 9-11 所示，可以在/var/www/html 目录中上传、下载文件资料。

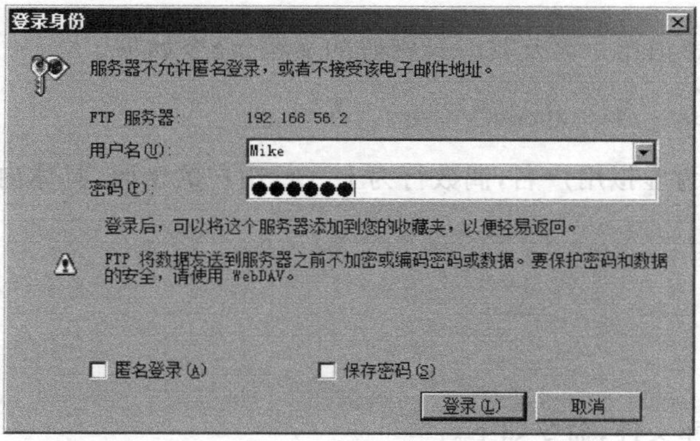

图 9-10　FTP 服务器登录对话框

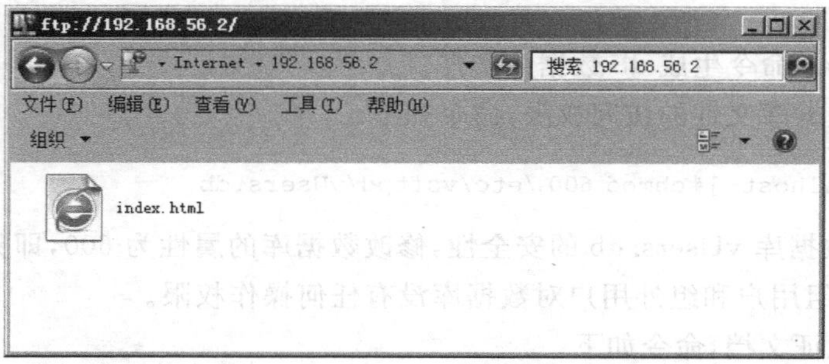

图 9-11　Mike 用户登录到 FTP 服务器

9.4 实训任务：虚拟用户登录FTP服务器

9.4.1 企业需求

某公司经常需要共享一些视频资料，计划搭建FTP服务器，为员工提供相关视频的下载。对公司全体员工开放共享目录，允许下载视频，但不允许上传。公司专门指定的员工可以上传和下载视频。

9.4.2 需求分析

根据企业需求，对不同用户的权限分别进行限制。考虑在公司设置两个账号，一个公共账号vDownloadUser，专门用于下载视频，不可以上传视频；另一个账号名称为vUploadUser，负责上传视频，同时也具备下载视频权限。考虑到服务器的安全性，关闭本地用户登录，仅使用虚拟用户验证机制。

9.4.3 解决方案

(1) 创建存储虚拟用户名及其登录密码的文档，命令如下。

```
[root@localhost~]#vi /home/vUsers.txt
```

该文档奇数行为虚拟用户名，偶数行为上一行用户的密码，具体内容设置如下。

```
vDownloadUser
12345678
vUploadUser
1+2=abc
```

(2) 生成数据库文件，命令如下。

```
[root@localhost~]#db_load -T -t hash -f /home/vUsers.txt /etc/vsftpd/vUsers.db
```

使用db_load命令生成db数据库文件。

(3) 设置数据库文件的访问权限，命令如下。

```
[root@localhost~]#chmod 600 /etc/vsftpd/vUsers.db
```

为了保证数据库vUsers.db的安全性，修改数据库的属性为600，即只有系统超级用户可以读写，同组用户和组外用户对数据库没有任何操作权限。

(4) 创建认证文档，命令如下。

```
[root@localhost~]#vi /etc/pam.d/ftp
```

在/etc/pam.d目录中新建认证文档ftp，输入如下内容：

```
auth required/lib/security/pam_userdb.so db=/etc/vsftpd/vUsers
account required/lib/security/pam_userdb.so db=/etc/vsftpd/vUsers
```

(5) 添加一个虚拟用户，命令如下。

```
[root@localhost~]#useradd -s /sbin/nologin vUser
```

在系统中添加用户 vUser，不允许该用户登录系统，在后续主配置文件中会指定虚拟用户映射到 vUser。这样用户 vUser 虽是系统中的一个本地用户，但不能登录系统。

(6) 将 FTP 服务器根目录权限赋予 vUser，命令如下。

```
[root@localhost~]#chmod -R vUser.vUser /var/ftp/pub
```

(7) 配置主配置文件/etc/vsftpd/vsftpd.conf，使得虚拟用户可以登录 FTP 服务器，具体配置内容如下。

```
anonymous_enable=NO                          #禁止匿名访问
local_enable=YES                             #开启本地账号的支持
write_enable=NO                              #设置用户权限为只读
chroot_local_user=YES                        #锁定账号的根目录
guest_enable=YES                             #允许来宾用户访问
guest_username=vUser                         #指定来宾用户的名字
virtual_use_local_privs=YES                  #使虚拟用户具有本地用户的权限
local_root=/var/ftp/pub                      #指定登录 FTP 时切换到的目录
pam_service_name=ftp                         #指定 pam 认证文档名称
user_config_dir=/etc/vsftpd/userConfigDir    #指定用户个性化配置目录
```

通过以上配置，所有虚拟用户已经具备从 FTP 服务器下载资料的权限，但还不具备上传权限。为了增加虚拟用户 vUploadUser 的上传权限，需要在用户个性化目录中添加 vUploadUser 的个性化配置文件。

(8) 创建用户个性化目录并增加虚拟用户 vUploadUser 的上传权限，命令如下。

```
[root@localhost~]#mkdir /etc/vsftpd/userConfigDir
[root@localhost~]#vi /etc/vsftpd/userConfigDir/vUploadUser
```

在 vUploadUser 文件中添加一行代码，具体如下。

```
write_enable=YES
```

这样 vUploadUser 文件中 write_enable 参数的值就覆盖了主配置文件中 write_enable 的值，使得 vUploadUser 用户具有了读写的权限，即具备了上传和下载资料的权限。

(9) 重启 vsftpd 服务器，使配置文件生效，命令如下。

```
[root@localhost~]#service vsftpd restart
```

(10) 从网管工作站登录 FTP 服务器。在网管工作站的浏览器地址栏中输入“ftp://”加上 FTP 服务器 IP，会弹出登录对话框，输入用户名 vDownloadUser 及其密码

“12345678”,单击“登录”按钮就可以登录到 FTP 服务器,结果如图 9-12 所示,可以下载资料,但上传资料时会出现如图 9-13 所示的对话框,表明当前登录用户无上传权限。而在登录对话框中输入用户名 vUploadUser 及其密码“1+2=abc”后,单击“登录”按钮登录 FTP 服务器后不仅可以下载视频资料还可以上传视频资料。

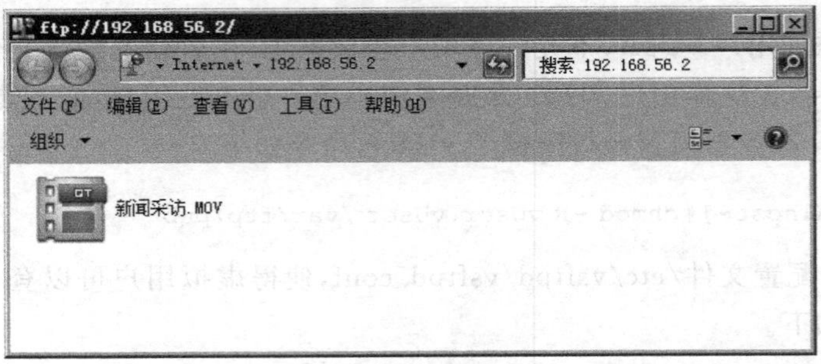

图 9-12　虚拟账号登录 FTP 服务器成功

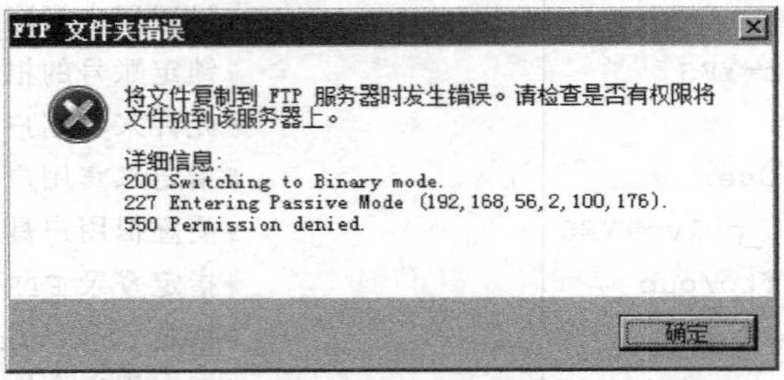

图 9-13　提示当前用户无上传权限

习　题　9

某公司需要建立仅允许本地用户访问的 FTP 服务器,要求①禁止匿名用户访问;②建立 tom 和 bob 账号,并具有读写权限;③限制 tom 和 bob 在/tmp 目录中,请给出详细的解决方案。

第 10 章 DHCP 服务器配置与管理

10.1 DHCP 概述

10.1.1 DHCP 协议

DHCP(Dynamic Host Configuration Protocol,动态主机配置协议)是一个局域网的网络协议,使用 UDP 协议工作,主要有两个用途:给内部网络或网络服务供应商自动分配 IP 地址,给用户或者内部网络管理员对所有计算机作中央管理的手段,在 RFC 2131 中有详细的描述。DHCP 有三个端口,其中 UDP67 和 UDP68 为正常的 DHCP 服务端口,分别作为 DHCP Server 和 DHCP Client 的服务端口;546 号端口用于 DHCPv6 Client,而不用于 DHCPv4,为 DHCP failover 服务,这是需要特别开启的服务,DHCP failover 是用来做“双机热备”的。

10.1.2 DHCP 的工作原理

DHCP 协议采用 UDP 作为传输协议,主机发送请求消息到 DHCP 服务器的 67 号端口,DHCP 服务器回应应答消息给主机的 68 号端口。DHCP Client 以广播的方式发出 DHCP Discover 报文。

所有的 DHCP Server 都能够接收到 DHCP Client 发送的 DHCP Discover 报文,所有的 DHCP Server 都会给出响应,向 DHCP Client 发送一个 DHCP Offer 报文。

DHCP Offer 报文中的 Your(Client) IP Address 字段就是 DHCP Server 能够提供给 DHCP Client 使用的 IP 地址,且 DHCP Server 会将自己的 IP 地址放在 option 字段中以便 DHCP Client 区分不同的 DHCP Server。DHCP Server 在发出此报文后会存在一个已分配 IP 地址的记录。

DHCP Client 只能处理其中的一个 DHCP Offer 报文,一般的原则是 DHCP Client 处理最先收到的 DHCP Offer 报文。

DHCP Client 会发出一个广播的 DHCP Request 报文,在选项字段中会加入选中的 DHCP Server 的 IP 地址和需要的 IP 地址。

DHCP Server 收到 DHCP Request 报文后，判断选项字段中的 IP 地址是否与自己的地址相同。如果不相同，DHCP Server 不做任何处理只清除相应 IP 地址分配记录；如果相同，DHCP Server 就会向 DHCP Client 响应一个 DHCP ACK 报文，并在选项字段中增加 IP 地址的使用租期信息。

DHCP Client 接收到 DHCP ACK 报文后，检查 DHCP Server 分配的 IP 地址是否能够使用。如果可以使用，则 DHCP Client 成功获得 IP 地址并根据 IP 地址使用租期自动启动续延过程；如果 DHCP Client 发现分配的 IP 地址已经被使用，则 DHCP Client 向 DHCP Server 发出 DHCP Decline 报文，通知 DHCP Server 禁用这个 IP 地址，然后 DHCP Client 开始新的地址申请过程。

DHCP Client 在成功获取 IP 地址后，随时可以通过发送 DHCP Release 报文释放自己的 IP 地址，DHCP Server 收到 DHCP Release 报文后，会回收相应的 IP 地址并重新分配。在使用租期超过 50%时刻处，DHCP Client 会以单播形式向 DHCP Server 发送 DHCP Request 报文来续租 IP 地址。如果 DHCP Client 成功收到 DHCP Server 发送的 DHCP ACK 报文，则按相应时间延长 IP 地址租期；如果没有收到 DHCP Server 发送的 DHCP ACK 报文，则 DHCP Client 继续使用这个 IP 地址。

在使用租期超过 87.5%时刻处，DHCP Client 会以广播形式向 DHCP Server 发送 DHCP Request 报文来续租 IP 地址。如果 DHCP Client 成功收到 DHCP Server 发送的 DHCP ACK 报文，则按相应时间延长 IP 地址租期；如果没有收到 DHCP Server 发送的 DHCP ACK 报文，则 DHCP Client 继续使用这个 IP 地址，直到 IP 地址使用租期到期时，DHCP Client 才会向 DHCP Server 发送 DHCP Release 报文来释放这个 IP 地址，并开始新的 IP 地址申请过程。

需要说明的是：DHCP 客户端可以接收到多个 DHCP 服务器的 DHCPOFFER 数据包，然后可能接受任何一个 DHCPOFFER 数据包，但客户端通常只接受收到的第一个 DHCPOFFER 数据包。另外，DHCP 服务器 DHCPOFFER 中指定的地址不一定为最终分配的地址，通常情况下，DHCP 服务器会保留该地址直到客户端发出正式请求。

正式请求 DHCP 服务器分配地址 DHCPREQUEST 时采用广播包，是为了让其他所有发送 DHCPOFFER 数据包的 DHCP 服务器也能够接收到该数据包，然后释放已经 OFFER(预分配)给客户端的 IP 地址。

如果发送给 DHCP 客户端的地址已经被其他 DHCP 客户端使用，客户端会向服务器发送 DHCPDECLINE 信息包拒绝接受已经分配的地址信息。

在协商过程中，如果 DHCP 客户端发送的 REQUEST 消息中的地址信息不正确，如客户端已经迁移到新的子网或者租约已经过期，DHCP 服务器会发送 DHCPNAK 消息给 DHCP 客户端，让客户端重新发起地址请求过程。

10.1.3 DHCP 的功能

DHCP 通常被应用在大型的局域网络环境中，主要作用是集中管理、分配 IP 地址，使网络环境中的主机动态地获得 IP 地址、Gateway 地址、DNS 服务器地址等信息，并能提升地址的使用率。

DHCP 协议采用客户端/服务器模型，主机地址的动态分配任务由网络主机驱动。当 DHCP 服务器接收到来自网络主机申请地址的信息时，才会向网络主机发送相关的地址配置等信息，以实现网络主机地址信息的动态配置。

DHCP 具有以下功能。

(1) 保证任何 IP 地址在同一时刻只能由一台 DHCP 客户机所使用。

(2) DHCP 应当可以给用户分配永久固定的 IP 地址。

(3) DHCP 应当可以同用其他方法获得 IP 地址的主机共存(如手工配置 IP 地址的主机)。

(4) DHCP 服务器应当向现有的 BOOTP 客户端提供服务。

DHCP 有以下三种机制分配 IP 地址。

(1) 自动分配方式(Automatic Allocation)，DHCP 服务器为主机指定一个永久性的 IP 地址，一旦 DHCP 客户端第一次成功从 DHCP 服务器端租用到 IP 地址后，就可以永久性地使用该地址。

(2) 动态分配方式(Dynamic Allocation)，DHCP 服务器给主机指定一个具有时间限制的 IP 地址，时间到期或主机明确表示放弃该地址时，该地址可以被其他主机使用。

(3) 手工分配方式(Manual Allocation)，客户端的 IP 地址是由网络管理员指定的，DHCP 服务器只是将指定的 IP 地址告诉客户端主机。

三种地址分配方式中，只有动态分配可以重复使用客户端不再需要的地址。

DHCP 消息是基于 BOOTP(Bootstrap Protocol)消息格式的，这就要求设备具有 BOOTP 中继代理的功能，并能够与 BOOTP 客户端和 DHCP 服务器实现交互。BOOTP 中继代理的功能，使得没有必要在每个物理网络都部署一个 DHCP 服务器。RFC 951 和 RFC 1542 对 BOOTP 协议进行了详细描述。

10.2 实训任务：DHCP 服务器的基本配置

10.2.1 企业需求

某公司有 100 多台计算机，由于网络管理员为每台计算机人工设置 IP 地址费时费力，因此公司计划配置一台 DHCP 服务器，解决公司计算机的 IP 地址自动配置问题。

10.2.2 需求分析

该公司内网使用的 IP 地址段为 192.168.1.1～192.168.1.254，子网掩码为 255.255.255.0，IP 地址 192.168.1.1 作为路由器地址，192.168.1.2 分配给本地 DNS 服务器使用，192.168.1.3 分配给本地 DHCP 服务器使用，192.168.1.88 分配给网络管理员使用，网络管理员所使用的计算机安装的是 Windows 7 操作系统，其他计算机可以使用的地址段为 192.168.1.4～192.168.1.210，剩下的地址作为保留地址。

10.2.3 解决方案

(1) 在文本模式下,以超级管理员 root 身份登录到 Linux 系统。

(2) 进入 CentOS 系统安装光盘中的 Packages 目录,命令如下。

```
[root@localhost~]#cd /mnt/cdrom/Packages/
```

(3) 安装 DHCP 服务器,安装 dhcp-4.1.1-12.P1.el6.i686.rpm 软件包就可以了,命令如下。

```
[root@localhost Packages]#rpm -ivh dhcp-4.1.1-12.P1.el6.i686.rpm
```

如果安装成功,终端显示会如图 10-1 所示。

```
[root@localhost Packages]# rpm -ivh dhcp-4.1.1-12.P1.el6.i686.rpm
warning: dhcp-4.1.1-12.P1.el6.i686.rpm: Header V3 RSA/SHA256 Signature, key ID c105b9de: NOKEY
Preparing...                ########################################### [100%]
   1:dhcp                   ########################################### [100%]
```

图 10-1 DHCP 服务器的安装

(4) 在网络管理员所用计算机的命令提示符窗口输入"ipconfig /all"查看 MAC 地址,具体操作过程如图 10-2 所示。

```
管理员: C:\Windows\system32\cmd.exe

c:\>ipconfig /all

Windows IP 配置
以太网适配器 本地连接:

   物理地址. . . . . . . . . . . . . : 08-00-27-00-44-3E
   DHCP 已启用 . . . . . . . . . . . : 是
   自动配置已启用. . . . . . . . . . : 是
```

图 10-2 查看计算机 MAC 地址

要为网络管理员分配固定 IP 地址,需要将该用户的 MAC 地址与 IP 地址进行绑定,MAC 地址也称为物理地址,是烧在网卡上的地址,每张网卡的地址均不相同。从图 10-2 中可以看出,网络管理员所使用的计算机的 MAC 地址为"08:00:27:00:44:3E"。

(5) 修改 DHCP 服务器主配置文件/etc/dhcp/dhcpd.conf,内容如下。

```
#dhcpd.conf

default-lease-time 600;
max-lease-time 7200;

subnet 192.168.1.0 netmask 255.255.255.0 {
    range 192.168.1.4 192.168.1.210;                #地址分配范围
    option subnet-mask 255.255.255.0;               #子网掩码
    option domain-name-servers 192.168.1.2;         #DNS 服务器地址
    option routers 192.168.1.1;                     #路由器地址
```

```
    default-lease-time 600;
    max-lease-time 7200;
}

host AdminHost {
    hardware ethernet 08:00:27:00:44:3E;    #网络管理员计算机 MAC 地址
    fixed-address 192.168.1.88;             #为网络管理员计算机分配的固定 IP 地址
}
```

(6) 重启 DHCP 服务器，使配置文件生效，命令如下。

```
[root@localhost~]#service dhcpd restart
```

(7) 将所有计算机的网卡属性设置为“自动获取 IP 地址”，如图 10-3 所示。

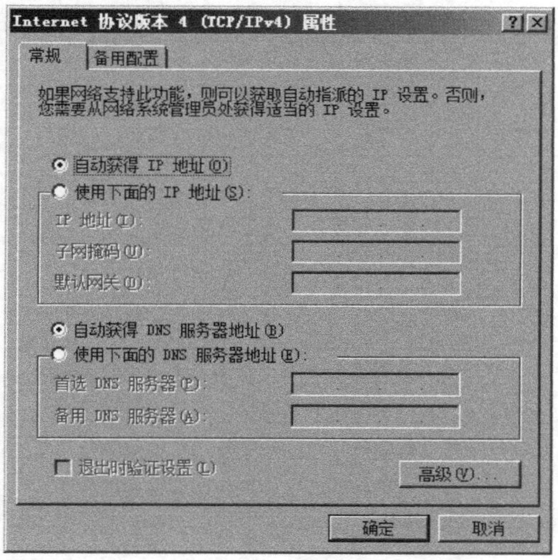

图 10-3 设置“自动获取 IP 地址”

(8) 在网络管理员所用计算机的命令提示符窗口输入“ipconfig /release”命令释放原有的 IP 地址，然后再输入“ipconfig /renew”命令获取由 DHCP 服务器自动分配的 IP 地址，最后输入“ipconfig”命令查看已经分配给网络管理员所用计算机的 IP 地址，具体操作过程如图 10-4 所示。

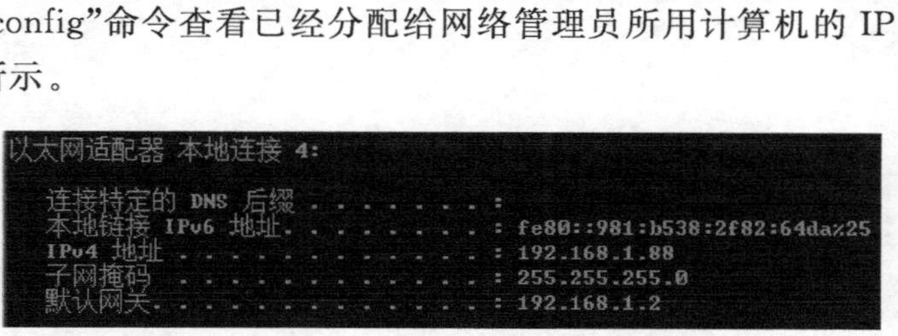

以太网适配器 本地连接 4:
连接特定的 DNS 后缀 . . . . :
本地链接 IPv6 地址. . . . . : fe80::981:b538:2f82:64da%25
IPv4 地址 . . . . : 192.168.1.88
子网掩码 . . . . : 255.255.255.0
默认网关. . . . . : 192.168.1.2

图 10-4 分配给管理员所用计算机的 IP 地址

习　题　10

某公司需要配置一台 DHCP 服务器(CentOS6.0),该服务器的 IP 地址为 192.168.0.100、子网掩码为 255.255.255.0、默认网关为 192.168.0.1,DNS 服务器的 IP 地址为 192.168.0.100,提供的 IP 地址范围为 192.168.0.30～192.168.0.60,请给出详细的解决方案。

第 11 章　MySQL 服务器配置与管理

11.1　MySQL 概述

11.1.1　MySQL 简介

MySQL 是一种开放源代码的关系型数据库管理系统（RDBMS），MySQL 数据库系统使用最常用的结构化查询语言 SQL 进行数据库管理。

由于 MySQL 是开放源代码的，因此任何人都可以在 General Public License 的许可下下载并根据个性化的需要对其进行修改。MySQL 因为其速度、可靠性和适应性而备受关注。大多数人都认为在不需要事务化处理的情况下，MySQL 是管理内容最好的选择。

11.1.2　MySQL 的应用场合

与其他大型数据库，例如 Oracle、Sybase、SQL Server、DB2 等相比，MySQL 自有它的不足之处，例如规模小、功能有限等，但这丝毫没有影响它的大量应用。目前对于一般的个人使用者和中小型企业来讲，MySQL 提供的功能已经足够，并且因为 MySQL 是开放源代码的，所以能够较大地降低成本。

目前 Internet 上流行的网站架构方式是 LAMP（Linux＋Apache＋MySQL＋PHP），即使用 Linux 作为网络操作系统、Apache 作为 Web 服务器、MySQL 作为数据库、PHP 作为服务器端脚本解释器。由于这 4 款软件都是遵循 GPL 的开放源码软件，因此使用这种方式可以零成本建立一个稳定的网站系统。现在 MySQL 广泛应用在 Internet 网站、电子政务、电子商务、搜索引擎和在线教育等各个方面。

11.2　实训任务：MySQL 服务器中数据库的创建

11.2.1　企业需求

某软件公司需要开发一个基于 MySQL 的学生信息管理系统，需要创建数据库用于存储学生信息，主要包括学号、姓名、电子邮箱、出生日期和成绩等信息。

11.2.2 需求分析

在已经安装的 MySQL 服务器中创建 db_stuInfo 数据库，并在该数据库中创建数据表 tb_stuInfo，包含 5 个字段，详见表 11-1。

表 11-1 数据表 tb_stuInfo 结构信息

字段名称	数据类型	是否为主键	是否允许为空	字段含义
Id	varchar(10)	是	否	学号
Username	varchar(20)	否	否	姓名
Email	varchar(60)	否	否	电子邮箱
Birthday	Datetime	否	否	出生日期
Score	Int	否	否	成绩

在数据表中添加两条记录用于测试，然后把数据库备份到/home/stuInfoDir 目录下，主要配置步骤如下。

(1) 为默认安装的 MySQL 数据库的 root 账号设置密码。

(2) 创建数据库。

(3) 创建数据表。

(4) 添加数据。

(5) 备份数据库。

11.2.3 解决方案

(1) 登录到 Linux 系统，启动 MySQL 服务，命令如下。

```
[root@localhost~]#service mysqld start
```

(2) MySQL 服务默认管理员账号 root 密码为空，为了系统安全，需要为 root 账号设置密码，命令如下。

```
[root@localhost~]#mysql
```

因为 MySQL 初始密码为空，所以可以直接登录 MySQL 客户端，如图 11-1 所示。

```
[root@localhost ~]# mysql
Welcome to the MySQL monitor.  Commands end with ; or \g.
Your MySQL connection id is 2
Server version: 5.1.47 Source distribution

Copyright (c) 2000, 2010, Oracle and/or its affiliates. All rights reserved.
This software comes with ABSOLUTELY NO WARRANTY. This is free software,
and you are welcome to modify and redistribute it under the GPL v2 license

Type 'help;' or '\h' for help. Type '\c' to clear the current input statement.

mysql>
```

图 11-1 登录 MySQL 客户端

修改管理员账号 root 的密码,具体操作如图 11-2 所示。

```
mysql> use mysql
Reading table information for completion of table and column names
You can turn off this feature to get a quicker startup with -A

Database changed
mysql> update user set password=PASSWORD('a+b=123') where user='root';
Query OK, 3 rows affected (0.00 sec)
Rows matched: 3  Changed: 3  Warnings: 0

mysql> flush privileges;
Query OK, 0 rows affected (0.01 sec)

mysql>
```

图 11-2 设置 MySQL 管理员密码

(3) 创建数据库 db_stuInfo,在“mysql>”提示符后执行的命令如下。

```
mysql>create database db_stuInfo;
```

数据库创建完毕,可以使用“show databases”命令查看当前系统的所有数据库列表,如图 11-3 所示。

(4) 选择数据库 db_stuInfo,命令如下。

```
mysql>use db_stuInfo
```

(5) 在数据库中创建数据表 tb_stuInfo,命令如下。

```
mysql>create table tb_stuInfo
        ->(
        ->Id varchar(10) not null primary key,
        ->Username varchar(20) not null,
        ->Email varchar(60) not null,
        ->Birthday datetime,
        ->Score int
        ->);
```

数据表创建完毕,可以使用“show tables”命令查看当前数据库中的所有数据表,如图 11-4 所示。

```
mysql> show databases;
+--------------------+
| Database           |
+--------------------+
| information_schema |
| db_stuInfo         |
| mysql              |
| test               |
+--------------------+
4 rows in set (0.01 sec)

mysql>
```

图 11-3 查看数据库列表

```
mysql> show tables;
+----------------------+
| Tables_in_db_stuInfo |
+----------------------+
| tb_stuInfo           |
+----------------------+
1 row in set (0.00 sec)

mysql>
```

图 11-4 查看数据库中的数据表

需要查看数据表 tb_stuInfo 的结构信息,可以使用“desc tb_stuInfo”命令,如图 11-5

所示。

```
mysql> desc tb_stuInfo;
+----------+-------------+------+-----+---------+-------+
| Field    | Type        | Null | Key | Default | Extra |
+----------+-------------+------+-----+---------+-------+
| Id       | varchar(10) | NO   | PRI | NULL    |       |
| Username | varchar(20) | NO   |     | NULL    |       |
| Email    | varchar(60) | NO   |     | NULL    |       |
| Birthday | datetime    | YES  |     | NULL    |       |
| Score    | int(11)     | YES  |     | NULL    |       |
+----------+-------------+------+-----+---------+-------+
5 rows in set (0.11 sec)

mysql>
```

图 11-5 查看数据表 tb_stuInfo 的结构信息

(6) 添加两条记录用于测试,命令如下。

```
mysql>insert into tb_stuInfo values('13330566','Tom','Tom@xyz.com',19950128,
98);
mysql> insert into tb_stuInfo values('13330588','Rose','Rose@xyz.com',
19961016,92);
```

添加记录完毕,可以查询数据表 tb_stuInfo 中的数据,命令如下。

```
mysql>select * from into tb_stuInfo;
```

数据表 tb_stuInfo 中存储的数据如图 11-6 所示。

```
mysql> select * from tb_stuInfo;
+----------+----------+--------------+---------------------+-------+
| Id       | Username | Email        | Birthday            | Score |
+----------+----------+--------------+---------------------+-------+
| 13330566 | Tom      | Tom@xyz.com  | 1995-01-28 00:00:00 |    98 |
| 13330588 | Rose     | Rose@xyz.com | 1996-10-16 00:00:00 |    92 |
+----------+----------+--------------+---------------------+-------+
2 rows in set (0.33 sec)

mysql>
```

图 11-6 查询数据表 tb_stuInfo 中的数据

(7) 提交对数据库的修改操作,操作过程如图 11-7 所示。

```
mysql> commit;
Query OK, 0 rows affected (0.00 sec)
```

图 11-7 提交添加的数据后退出 MySQL

(8) 退出 MySQL 客户端,操作过程如图 11-8 所示。

```
mysql> \q
Bye
```

图 11-8 提交添加的数据后退出 MySQL

(9) 创建目录用于存储备份数据,并备份数据到该目录,命令如下。

```
[root@localhost~]#mkdir /home/stuInfoDir
```

```
[root @ localhost ~] # mysqldump - u root - p db _ stuInfo >/home/stuInfoDir/
stuInfo.sql
```

执行备份操作时系统会提示输入 MySQL 管理员 root 账号的密码，备份后可以查看/home/stuInfoDir 下生成的 stuInfo. sql 数据库备份文件，如图 11-9 所示。

```
[root@localhost ~]# mkdir /home/stuInfoDir
[root@localhost ~]# mysqldump -u root -p db_stuInfo>/home/stuInfoDir/stuInfo.sql
Enter password:
[root@localhost ~]# ls /home/stuInfoDir/
stuInfo.sql
[root@localhost ~]#
```

图 11-9 备份 db_stuInfo 数据库

习 题 11

某公司需要配置一台 MySQL 服务器(CentOS 6. 0)用于存储员工基本信息(职工编号、姓名、性别、出生日期等)，该服务器的 IP 地址为 192. 168. 0. 100、子网掩码为 255. 255. 255. 0，请给出详细的解决方案。

第 12 章 Linux 网络防火墙

12.1 防火墙概述

防火墙是一套能够在两个或两个以上的网络之间，明显区隔出实体线路联机的软硬件设备组合。被区隔开来的网络，可以通过封包转送技术来相互通信，通过防火墙的安全管理机制，可以决定哪些数据可以流通，哪些数据无法流通，借此达到保护网络安全的目的。

12.1.1 防火墙简介

防火墙产品可以概括归类为硬件式防火墙和软件式防火墙，但实际上无论是硬件式还是软件式防火墙，它们都需要使用硬件作为联机介质，也需要使用软件来设定安全策略，严格来说两者区别并不太大。我们只能从使用的硬件与操作系统来加以区分，硬件式防火墙是使用专有的硬件，而软件式防火墙则是使用一般的计算机硬件。防火墙依照其运作方式来分类，可以区分为封包过滤式防火墙(Packet Filter)、应用层网关式防火墙(Application-Level Gateway，也称为 Proxy 防火墙)、电路层网关式防火墙(Circuit-Level Gateway)。其中采用最多的是封包过滤式防火墙，本节要介绍的 iptables 防火墙就属于这一种。封包过滤是最早被实际做出来的防火墙技术，它是在 TCP/IP 四层架构下的 IP 层中运作的。封包过滤器的功能主要是检查通过的每一个 IP 资料封包，如果标头中所含的资料内容符合过滤条件的设定就进行进一步的处理，主要的处理方式包括放行(Accept)、丢弃(Drop)或拒绝(Reject)。要进行封包过滤，防火墙必须要能分析通过封包的来源 IP 与目的地 IP，还必须能检查封包类型、来源地号与目的地号、封包流向、封包进入防火墙的网卡接口、TCP 的联机状态等资料。

硬件防火墙由于种种原因价格一直居高不下，对于资金实力不足的单位来讲，简直是不可能的任务，而由于 Linux 的风行，使用 Linux 来充作软件式防火墙，似乎是个不错的解决之道。

12.1.2 防火墙分类

1. 包过滤防火墙

第一代防火墙和最基本形式的防火墙检查每一个通过的网络包，或者丢弃，或者放行，取决于所建立的一套规则，这称为包过滤防火墙。本质上，包过滤防火墙是多址的，表明它有两个或两个以上网络适配器或接口。例如，作为防火墙的设备可能有两块网卡(NIC)，一块连到内部网络，一块连到公共的Internet。防火墙的任务，就是作为“通信警察”，指引包和截住那些有危害的包。

包过滤防火墙检查每一个传入包，查看包中可用的基本信息(源地址和目的地址、端口号、协议等)，然后将这些信息和设立的规则相比较。如果已经设立了阻断Telnet连接，而包的目的端口是23，那么该包就会被丢弃。如果允许传入Web连接，而目的端口为80，则包就会被放行，多个复杂规则的组合也是可行的。如果允许Web连接，但只针对特定的服务器，目的端口和目的地址二者必须与规则相匹配，才可以让该包通过。

最后，可以确定当一个包到达时，如果该包没有规则被定义，通常，为了安全起见，与传入规则不匹配的包就被丢弃了。如果有理由让该包通过，就要建立规则来处理它。

通过包过滤防火墙规则的例子如下。

对来自专用网络的包，只允许来自内部地址的包通过，因为其他包包含不正确的包头部信息。这条规则可以防止网络内部的任何人通过欺骗性的源地址发起攻击，如果黑客对专用网络内部的机器具有了不知从何而来的访问权，这种过滤方式可以阻止黑客从网络内部发起攻击。

在公共网络，只允许目的地址为80端口的包通过。这条规则只允许传入的连接为Web连接，这条规则也允许与Web连接使用相同端口的连接，所以它并不是非常安全。

丢弃从公共网络传入的包，而这些包都是网络内的源地址，从而减少IP欺骗性的攻击。

丢弃包含源路由信息的包，以减少源路由攻击。要记住，在源路由攻击中，传入的包包含路由信息，它覆盖了包通过网络应采取的正常路由，可能会绕过已有的安全程序。通过忽略源路由信息，防火墙可以减少这种方式的攻击。

2. 应用程序代理防火墙

应用程序代理防火墙实际上并不允许在它连接的网络之间直接通信。相反，它是接收来自内部网络特定用户应用程序的通信，然后建立于公共网络服务器上单独的连接。网络内部的用户不直接与外部的服务器通信，所以服务器不能直接访问内部网的任何一部分。

另外，如果不为特定的应用程序安装代理程序代码，这种服务是不会被支持的，不能建立任何连接。这种建立方式拒绝任何没有明确配置的连接，从而提供了额外的安全性与控制性。

例如，一个用户的Web浏览器可能在80端口，但也经常可能在2080端口，连接到内部网络的HTTP代理防火墙。然后防火墙会接收这个连接请求，并把它转到所请求的Web服务器。

这种连接与转移对该用户来说是透明的，因为它完全是由代理防火墙来自动处理的。

代理防火墙通常支持的一些常见的应用程序有：

(1) HTTP；

(2) HTTPS/SSL；

(3) SMTP;

(4) POP3;

(5) IMAP;

(6) NNTP;

(7) TELNET;

(8) FTP;

(9) IRC。

应用程序代理防火墙可以配置成允许来自内部网络的任何连接,它也可以配置成要求用户认证后才建立连接。要求认证的方式有只为已知的用户建立连接的限制,为安全性提供了额外的保证。如果网络受到危害,这个特征使得从内部发动攻击的可能性大大减少。

3. 状态/动态检测防火墙

状态/动态检测防火墙,试图跟踪通过防火墙的网络连接与包,这样防火墙就可以使用一组附加的标准,以确定是否允许与拒绝通信。它是在使用了基本包过滤防火墙的通信上应用一些技术来做到这点的。

当包过滤防火墙见到一个网络包,包是孤立存在的。它没有防火墙所关心的历史与未来。允许与拒绝包的决定完全取决于包自身所包含的信息,如源地址、目的地址、端口号等。包中没有包含任何描述它在信息流中的位置信息,则该包被认为是无状态的,它仅仅是存在而已。

一个有状态包检查防火墙跟踪的不仅仅是包中所含的信息。为了跟踪包的状态,防火墙还记录有用的信息以帮助识别包,例如已有的网络连接、数据的传出请求等。

例如,如果传入的包含有视频数据流,而防火墙可能已经记录了有关信息,是关于位于特定 IP 地址的应用程序最近向发送包的源地址请求视频信号的信息。如果传入的包是要传给发出请求的系统,防火墙进行匹配,包就可以被允许通过。

一个状态/动态检测防火墙可截断所有传入的通信,而允许所有传出的通信。因为防火墙跟踪内部出去的请求,所有按要求传入的数据被允许通过,直到连接被关闭为止。只有未被请求的传入通信被截断。

如果在防火墙内正运行一台服务器,配置就会变得稍微复杂一些,但状态包检查是很有力与适应性的技术。例如,可以将防火墙配置成只允许从特定端口进入的通信,只可传到特定服务器。如果正在运行 Web 服务器,防火墙只将 80 端口传入的通信发到指定的 Web 服务器。

状态/动态检测防火墙可提供的其他一些额外的服务有以下两种。

(1) 将某些类型的连接重定向到审核服务中去。例如,到专用 Web 服务器的连接,在 Web 服务器连接被允许之前,可能被发送到 SecuitID 服务器(用一次性口令来使用)。

(2) 拒绝携带某些数据的网络通信,如带有附加可执行程序传入的电子信息,或包含 ActiveX 程序的 Web 页面。

跟踪连接状态方式取决于包通过防火墙的类型。

(1) TCP 包:当建立起一个 TCP 连接时,通过的第一个包被标注上包的 SYN 标志。

通常情况下，防火墙丢弃所有外部的连接企图，除非已经建立起某条特定的规则来处理它们。对内部的连接试图连到外部主机，防火墙注明连接包，允许响应随后在两个系统之间的包，直到连接结束为止。在这种方式下，传入的包只有在它是响应一个已经建立的连接时，才会被允许通过。

(2) UDP包：UDP包比TCP包简单，因为UDP包不含有任何连接或序列信息，只包含源地址、目的地址、校验与携带的数据。这种信息的缺乏使得防火墙确定包的合法性非常困难，因为没有打开的连接可以利用，以测试传入的包是否应被允许通过。对传入的包，假如它所使用的地址与UDP包携带的协议和传出的连接请求匹配，该包就被允许通过。和TCP包一样，没有传入的UDP包会被允许通过，除非它是响应传出的请求或已经建立了指定的规则来处理它。对其他类型的包，情况与UDP包类似。防火墙仔细地跟踪传出的请求，记录下所使用的地址、协议与包的类型，然后对照保存过的信息核对传入的包，以确保这些包是被请求的。

4. 个人防火墙

现在网络上流传着非常多的个人防火墙软件，它们是应用程序级的。个人防火墙是一种能够保护个人计算机系统安全的软件，它可以直接在用户的计算机上运行，使用和状态/动态检测防火墙相同的方式，保护一台计算机免受攻击。通常，这些防火墙是安装在计算机网络接口的较低级别上，使得它们可以监视传入传出网卡的所有网络通信。

一旦安装上个人防火墙，就可以把它设置成“学习模式”，这样一来，对遇到的每一种新的网络通信，个人防火墙就都会提示用户一次，询问如何处置那种通信。然后个人防火墙便记住响应方式，并应用于以后的相同网络通信。

例如，如果用户已经安装了一台个人Web服务器，个人防火墙可能将第一个传入的Web连接做上标志，并询问用户是否允许它通过。用户可能允许所有的Web连接、来自某些特定IP地址范围的连接等，个人防火墙然后把这条规则应用于所有传入的Web连接。

基本上，可以将个人防火墙想象成在用户计算机上建立的一个虚拟网络接口。不再是计算机的操作系统直接通过网卡进行通信，而是操作系统通过与个人防火墙对话，仔细检查网络通信，然后再通过网卡通信。

12.1.3 防火墙的工作原理

1. 包过滤防火墙

防火墙对每条传入与传出的网络信息实行低水平的控制。每个IP包的字段都被检查，例如源地址、目的地址、协议、端口等。防火墙将基于这些信息应用过滤规则，防火墙可以识别与丢弃带欺骗性源IP地址的包。包过滤防火墙是两个网络之间访问的唯一来源，因为所有的通信必须通过防火墙，绕过是困难的。

包过滤通常被包含在路由器数据包中，所以不必要额外的系统来处理这个特征。但是，使用包过滤防火墙存在一些缺点。

因为包过滤防火墙非常复杂，人们经常会忽略一些必要的规则的建立，或者错误配置了已有的规则，在防火墙上留下漏洞。可喜的是，在市场上，很多新版本的防火墙正在针对这个缺点做改进，如开发者实现了基于图形化用户界面(GUI)的配置与更直接的规则定义。

为特定服务开放的端口存在着危险，可能会被用于其他传输。例如，Web 服务器默认端口为 80，而计算机上又安装了 RealPlayer，那么它会搜寻可以允许连接到 RealAudio 服务器的端口，这样无意中，RealPlayer 就利用了 Web 服务器的端口。

2. 应用程序代理防火墙

指定对连接的控制，例如允许或拒绝基于服务器 IP 地址的访问，或者是允许与拒绝基于用户所请求连接的 IP 地址的访问。通过限制某些协议的传出请求，来减少网络中不必要的服务。大多数代理防火墙能够记录所有的连接，包括地址与持续时间，这些信息对追踪攻击与发生的未授权的访问事件是非常有用的。

3. 状态/动态检测防火墙

检查 IP 包的每个字段，并遵循从基于包中信息的过滤规则，能够识别带有欺骗性的源 IP 地址包。

动态检测防火墙具有基于应用程序信息验证一个包的状态的能力，例如基于一个已经建立的 FTP 连接，允许返回的 FTP 包通过；或者，允许一个先前认证过的连接继续和被授予的服务通信。

动态检测防火墙还具有记录有关通过的每个包的详细信息的能力。基本上，防火墙用来确定包状态的所有信息都可以被记录，包括应用程序对包的请求、连接的持续时间、内部与外部系统所做的连接请求等。

4. 个人防火墙

它增加了保护级别，不需要额外的硬件资源。个人防火墙除了抵挡外来攻击的同时，还可以抵挡内部的攻击。个人防火墙是对公共网络中的单个系统提供了保护。例如一个家庭用户使用的是 ISDN/ADSL 上网，可能一个硬件防火墙对他来讲实在是太过昂贵了，或者说是太麻烦了，而个人防火墙已经能够为用户隐蔽暴露在网络上的信息，例如 IP 地址之类的信息等。

12.2 iptables 简介

netfilter/iptables(简称 iptables)组成了 Linux 平台下的包过滤防火墙，和大多数的 Linux 软件一样，这个包过滤防火墙是免费的，它可以代替昂贵的商业防火墙解决方案，完成封包过滤、封包重定向与网络地址转换(NAT)等功能。iptables 官方网站 http://www.netfilter.org 提供了 iptables 软件最新版本的下载，如图 12-1 所示。

Linux 最早出现的防火墙软件称为 ipfw。ipfw 能通过 IP 封包标头的分析，分辨出封包的来源 IP 与目的地 IP、封包类型、来源地号和目的地号、封包流向、封包进入防火墙的网卡接口等，并以此分析结果来比对规则进行封包过滤。同时也支持 IP 伪装的功能，利用这个功能可以解决 IP 不足的问题，可惜此程序缺乏弹性设计，无法自行建立规则组合

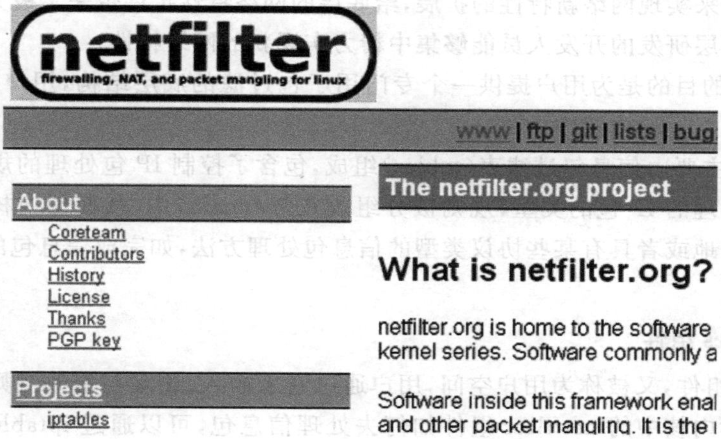

图 12-1　iptables 官方首页

(ruleset)做更精简的设定。同时也缺乏网址转译功能,无法应付越来越复杂的网络环境,而逐步被淘汰。

取而代之的 ipchains,不但指令语法更容易理解,功能也较 ipfw 优越。ipchains 允许自订规则组合(ruleset),称为 user-define chains。透过这种设计,我们可以将彼此相关的规则组合在一起,在需要的时候跳到该组规则进行过滤,有效将规则的数量大幅度缩减。除了这个明显的好处以外,ipchains 能结合本身的端口对应功能与 redir 程序的封包转送机制,仿真出网址转译的能力,而满足网络地址转换的完整需求,堪称为一套成熟的防火墙产品。防火墙软件的出现,确实曾经让黑客们寝食难安,因为防火墙的阻隔能够有效让内部网络不设防的单机不至于暴露在外,也能有效降低服务器的能见度,减少被攻击的机会,黑客过去所采用的网络探测技术因此受到严峻挑战,越来越多的被攻击对象躲藏在防火墙后面,让黑客无法接近,因此必须针对新的情势,研究出新的探测技术,藉此规避防火墙的检查,达到发现目标并进而攻击入侵的目的。

iptables 作为 ipchains 的新一代,当然也对黑客不断推陈出新的探测技术设计出一些针对措施,那就是封包的联机状态,作出更详细的分析。例如,是否为新联机或响应封包、是否为转向联机、联机是否失去响应,联机时间是否过长等,透过这样的分析能对一些可能被黑客利用的弱点加以阻隔。另外也开发出真正的封包改写能力,不需要透过其他程序的协助来仿真网址转译,除此之外,iptables 也获得系统核心的直接支持,不需要像 ipchains 那样需要自行重新编译核心。iptables 优越的性能使它取代了 ipchains,成为网络防火墙的主流,而 ipchains 并未被淘汰,目前 ipchains 已经转型成单机防火墙,在安装新版 Linux 时,会自动被安装启动,以保护单机上未被使用的通信端口。

1. netfilter 组件

netfilter 组件称为内核空间,它继承在 Linux 的内核中。netfilter 是一种内核中用于扩展各种网络服务的结构化底层框架。netfilter 的设计思想是生成一个模块结构使之能够比较容易地扩展。新的特性加入到内核并不需要重新启动内核,这样可以简单地构造一个内核模块来实现网络新特性的扩展，给底层的网络特性扩展带来了极大的便利，使更多从事网络底层研发的开发人员能够集中精力实现新的网络特性。

netfilter 的目的是为用户提供一个专门用于包过滤的底层结构，用户与开发人员可以将其内建在 Linux 内核中。

netfilter 主要由信息包过滤表(tables)组成，包含了控制 IP 包处理的规则集(rules)。根据规则所处理的 IP 包的类型，规则被分组放在链(chain)中，从而使内核来自某些源、前往某些目的地或者具有某些协议类型的信息包处理方法，如完成信息包的处理、控制与过滤等工作。

2. iptables 组件

iptables 组件，又被称为用户空间，用户通过它来插入、删除与修改规则链中的规则，这些规则告诉内核中的 netfilter 组件如何去处理信息包，可以通过 iptables 控制防火墙与信息包过滤。

12.3 iptables 基础

本节主要介绍规则、链与表三个概念，这几个概念在 iptables 中很重要。

12.3.1 规则

规则就是指标，在一条链上，针对不同的连接与数据包阻塞或允许它们去向何处。插入链的每一行都是一条规则。存储在内核空间的信息包过滤表中，这些规则分别指定了源地址、目的地址、传输协议与服务类型。当数据包和规则匹配时，iptables 就根据规则所定义的方法来处理这些数据包，如放行(Accept)、拒绝(Reject)与丢弃(Drop)等。配置防火墙的主要工作就是增加、修改与删除这些规则。

12.3.2 链

顾名思义，链是数据包传播的路径，每一条链其实就是众多规则中的一个规则清单，每一条清单由一条或数条规则。在 Linux 中包括了以下几种链。

(1) INPUT：位于 filter 表，匹配目的 IP 是本机的数据包。

(2) FORWARD：位于 filter 表，匹配穿过本机的数据包。

(3) PREROUTING：位于 nat 表，用于修改目的地址(DNAT)。

(4) POSTROUTING：位于 nat 表，用于修改源地址(SNAT)。

(5) OUTPUT：位于 filter 表，匹配所有从本机送出去的数据包。

12.3.3 表

表提供特定的功能，iptables 内置了三个表，即 filter 表、nat 表与 mangle 表，分别用于实现包过滤、网络地址转换与包重构的功能。

1. filter 表

此表用来过滤数据包，我们可以在任何时候匹配包并过滤它们。我们就是在这里根据包的内容对包做 Drop 或 Accept 的。当然，我们也可以预先在其他地方做些过滤，但是这个表才是设计用来过滤的。几乎所有的 target 都可以在这儿使用。规则表顾名思义是用来进行封包过滤的处理动作（例如 Drop、Log、Accept 或 Reject），我们会将基本规则都建立在此规则表中。

2. nat 表

此表仅仅用于 NAT，也就是转换包的源或目标地址。注意，就像我们前面提过的，只有链的第一个包会被这个链匹配，其后的包会自动被做相同处理。实际的操作分为以下几类：

(1) DNAT；

(2) SNAT；

(3) MASQUERADE。

DNAT 操作主要用在这样一种情况，用户有一个合法的 IP 地址，要把对防火墙的访问重定向到其他的计算机上。也就是讲，需要改变目的地址，以使包能重新路由到某台主机。

SNAT 改变包的源地址，这可以在极大程度上隐藏本地网络。一个很好的例子就是我们知道防火墙的外部地址，但必须用这个地址替换本地网络地址。有了这个操作，防火墙就能自动地对包做 SNAT 与 De-SNAT（即反向 SNAT），以使 LAN 连接到 Internet。如果使用类似 192.168.0.0/24 这样的地址，是不会从 Internet 得到任何回应的。因为 IANA（非路由地址）定义这些网络为私有的，只能用于 LAN 内部。

MASQUERADE 的作用与 SNAT 完全一样，只是计算机的负荷稍微多一点。因为对每个匹配的包，MASQUERADE 都要查找可用的 IP 地址，而不像 SNAT 用的 IP 地址是配置好的。当然，这也有好处，就是我们可以使用通过 PPP、PPPOE、SLIP 等拨号得到的地址，这些地址是由 ISP 的 DHCP 随机分配的。

3. mangle 表

这个表主要用来 mangle 包，可以使用 mangle 匹配来改变包的 TOS（type-of-service）等特性。建议不要在这个表里做任何过滤，不管是 DANT、SNAT 或者是 MASQUERADE。

以下就是 mangle 表中仅有的几种操作。

(1) TOS

TOS 操作用来设置或改变数据包的服务类型域。这常用来设置网络上的数据包如何被路由等策略。注意这个操作并不完善，有时事与愿违。它在 Internet 上还不能使用，而且许多路由器不会注意到这个域值。换句话说，不要设置发往 Internet 的包，除非你打算依靠 TOS 来路由。

(2) TTL

TTL 操作用来改变数据包的生存时间域，我们可以让所有数据包只有一个特殊的 TTL。它的存在有非常好的理由，那就是我们可以欺骗一些 ISP（互联网服务提供商）。

为何要欺骗它们呢？因为它们不愿意让我们共享一个连接。那些 ISP 会查找一台单独的计算机是否使用了不同的 TTL，并且以此作为判断连接是否被共享的标志。

(3) MARK

MARK 用来给包设置特殊的标记。iproute2 能识别这些标记，并根据不同的标记（或没有标记）决定不同的路由。用这些标记可以做带宽限制与基于请求的分类。

12.3.4 iptables 传输数据包的过程

iptables 的包传输过程有严格的方式，图 12-2 说明了 iptables 传输数据包的过程。

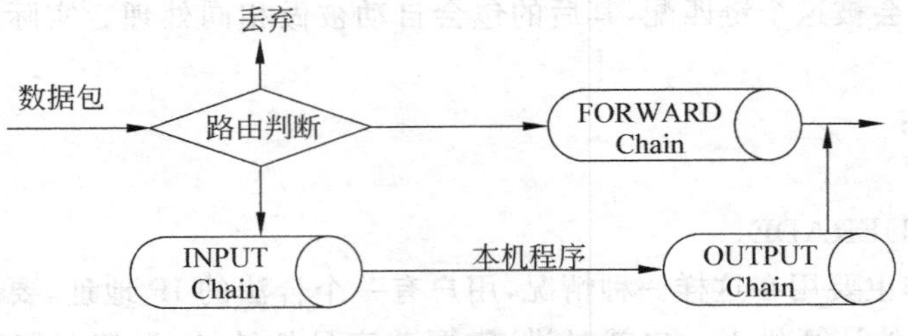

图 12-2 iptables 传输数据包的过程

图 12-2 表示，当一个数据包抵达任何一个链，则这个链就会开始检查这个数据包，以决定后续的处理，如丢弃或接收。

其实每个链都是一个检查列表，它会利用预先设置的规则来对数据包进行判断，如果判断的结果不符合，就会交给链中的下一个规则继续处理。如果到最后已经没有任何规则可供判断，那内核就会利用链的规则来做出决定，但是为了安全起见，规则通常会要求内核丢弃此数据包。

以下就是防火墙发送数据包的流程说明。

(1) 当防火墙拦截到数据包后，内核首先会检查数据包的目的地，而这个检查的过程便称为“路由”。

(2) 如果目的地址为本机，则此数据包就会流向 INPUT 链，而由本机程序来负责接管。然后由 OUTPUT 链处理，如果此数据包可被此处的规则接收，则这个数据包可送到它所指向的接口。

(3) 此时如果内核没有启动转送功能，或不知道如何转送此数据包，则这个数据包就会被丢弃。

(4) 如果转送功能已经启动，那么此数据包就会被指向另一个网络接口，而流向 FORWARD 链，如果此数据包可被此处的规则接收，这个数据包就可送到它所指向的接口。

12.4 关闭系统防火墙

关闭系统防火墙表示没有启动防火墙的功能，也就是说，系统可以提供客户端所有的服务，而且不做任何安全性检查，它比较适合使用在内部的网络环境（不连 Internet）或系统测试时。在本节中先关闭防火墙的功能，然后自己添加安全规则。

(1) 在终端中执行 setup 命令，出现如图 12-3 所示的画面。

(2) 选择“防火墙配置”选项，然后单击“运行工具”，出现如图 12-4 所示的“防火墙配置”界面，把防火墙设置为禁用。

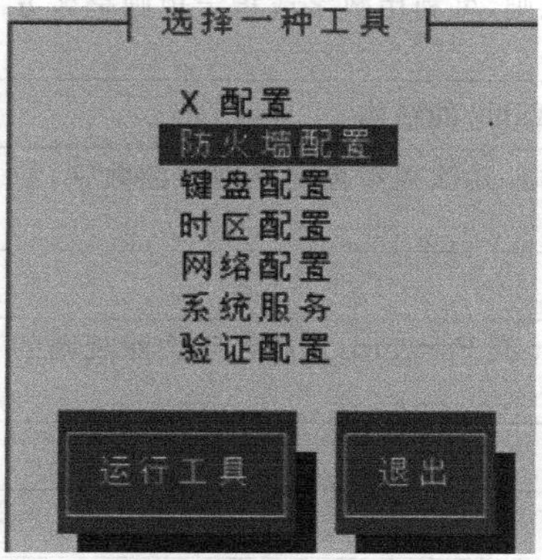

图 12-3 应用程序配置程序

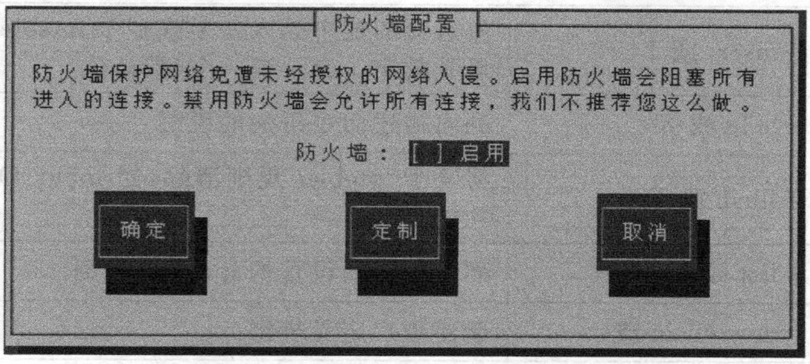

图 12-4 防火墙配置

12.4.1 iptables 命令格式

在了解 iptables 程序的基本原理后，接下来将介绍 iptables 程序的使用方法，以及各个选项和参数。iptables 的语法结构如表 12-1 所示。

表 12-1 iptables 语法格式

iptables	-t Table 类型	指令	链名称	参数	选项

1. Table 类型

“Table 类型”是指目前内核的 Rule Table 类型，而在指定 Table 类型时必须配合“--table”或“-t”参数使用，表 12-2 列出了可供设置的 Table 类型与说明。

表 12-2 可供设置的 Table 类型与说明

Table 类型	说 明
-table filter 或-t filter	表示使用默认的 Filter Table，如果未指定此项，系统也会以 Filter Table 来处理，它内置的链包括 INPUT Chain、OUTPUT Chain 与 FORWARD Chain 等
--table nat 或-t nat	表示命名用 NAT Table，它内置的链包括 PREROUTING Chain 与 OUTPUT Chain 等

2. 指令(Command)

指令表示要求 iptables 程序运行的工作，而在每一个 iptables 指令中，只允许使用一个指令。除了 help 指令以外，所有的指令都必须用大写字母来表示，表 12-3 列出了可供使用的指令名称与说明。

表 12-3 可供使用的指令名称与说明

指 令	说 明
--append 或-A	将一个或多个 iptables 规则附加到链中，如果来源或目的地包含多个地址，则此规则会新建每个可能的地址组合
--delete 或-D	由选择的链中，删除一个或多个 iptables 规则，可利用数字或指定规则全名方式来进行删除
--rename-chain 或-E	修改由用户定义的链名称，这并不会影响 Table 的结构
--insert 或-I	由选择的链中插入一个或多个 iptables 规则，其插入需指定规则中的数字，如果是数字 1 表示第一个(默认值)
--help 或-h	列出描述命令语法的说明
--flush 或-F	将某个 iptables 规则清除，如 Input、Output 或 Forward，这相当于去除规则的功能
--list 或-L	列出所选择设置的 iptables 规则
--new-chain 或-N	新建用户定义规则
--policy 或-P	设置目标的规则，但只限于 Input、Output 或 Forward 规则可以设置
--replace 或-R	取代所选择的规则，需指定规则中的数字
--delete-chain 或-X	删除用户定义的规则，但不包括内置的规则
--zero 或-Z	将所有规则中的数据包与字节计算器归零，它也可以配合-L 或-list 选项使用，列出之前的数据，再列出归零的数据

3. 参数

在指定 iptables 参数选项时，如果在选项前加入感叹号“!”则表示否定的意思。例如，“-s! localhost”表示除了 localhost 的来源地址都可以，可以使用如表 12-4 所示的参数。

表 12-4 参数表

参 数	说 明
--set-counters 或-c	重新设置规则的计算器，这个参数可接收 PKTS 与 BYTES 选项，以指定要重新设置规则的计算器
--destination 或-d	指定套用规则的目的主机名称、IP 地址或网络地址。如果指定的是网络地址时，必须同时设置子网掩码的值
--in-interface 或-i	指定数据包进口网络接口名称，如 Io、eth0 与 eth1 等，如果没指定则表示命名用所有的适配器
--jump 或-j	指定规则的目标，如果没有指定则表示此规则没有任何效果
--protocol 或-p	指定规则中检查的通信协议，可在此设为 icmp、tcp、udp 或 all，如果没有指定就表示此规则适用于所有的通信协议
--source 或-s	指定套用规则的源主机名称、IP 地址或网络地址。如果指定的是网络地址时，必须同时设置子网掩码的值

注：来源(-s)与目的地(-d)的表示法有以下 3 种。

(1) 使用完整的主机名称，如 www. xyz. com 或 localhost。

(2) 使用 IP 地址，如 211.65.111.112。

(3) 使用网络地址，如 192.168.1.0/24 或 192.168.1.0/255.255.255.0，两者都是包含 192.168.1.1～192.168.1.255 的 IP 地址。斜线后的数字表示子网掩码的位数，例如/8 表示子网掩码是 255.0.0.0。

4. 选项

iptables 指令的最后一部分为“选项”，但这部分的可设置项目会随着前面的“参数”而变。因此在此分别介绍不同情形下的选项说明。

(1) 通信协议选项

在“参数”部分如果使用“--protocol”或“-p”，可以指定使用的通信协议种类，其中包括 TCP、UDP、ICMP 或全部(all)。此处的写法不区分大小写，而且能以数字代替，如果要知道每种通信协议代表的数字，可以查阅/etc/protocols 文件中的内容，例如 UDP 为 17，而 TCP 为 6。表 12-5～表 12-7 列出了在选择不同通信协议时可用的选项名称与说明。

表 12-5 选择 TCP 通信协议时的可选名称与说明

参数：TCP 通信协议(-p tcp)	
选　项	说　明
--source-port 或--sport	指定来源的连接端口，此处允许输入服务名称或连接端口号，也可以在此定制一个连接端口范例。例如，如果允许来源数据包由连接端口 xxx 到 yyy 进入，那么可以设为“xxx:yyy”。如果 xxx 的部分不写，那么表示连接端口编号由 0 开始，而如果 yyy 的部分不写，就表示结束的连接端口编号为 65 535
--destination-port 或--dport	指定发送数据包的目的地连接地址，此处允许输入服务名称、连接端口号或某一范围的连接端口
--syn	表示此规则只适用于已设置 SYN 位的数据包，此类数据包是在请求 TCP 连接的初始阶段
--tcp-option	这个选项后需接一个数字，用来匹配 TCP 选项等于该数字的数据包。如果需要检查 TCP 选项，那么 TCP 表头不完整的数据就会被自动删除
--tcp-flags	此选项后需要接两个参数，以对 TCP 标志进行筛选。第一个参数表示屏蔽，它可用的标志包括 SYN、ACK、ALL 等，如果指定多个标志，则每个标志间需以逗号分隔。以下范例表示所有标志都要检查，但只有 SYN 与 ACK 被设置：iptables-A INPUT--protocol tcp--tcp-flags ALL SYN,ACK-I DENY

表 12-6 选择 UDP 通信协议时的可选名称与说明

参数：UDP 通信协议(-p udp)	
选　项	说　明
--source-port 或--sport	指定来源的连接端口，此处允许输入服务名称或连接端口号，也可以在此定制一个连接端口范例。例如，如果允许来源数据包由连接端口 xxx 到 yyy 进入，那么可以设为“xxx:yyy”。如果 xxx 的部分不写，那么表示连接端口编号由 0 开始，而如果 yyy 的部分不写，就表示结束的连接端口编号为 65 535
--destination-port 或--dport	指定发送数据包的目的地连接地址，此处允许输入服务名称、连接端口号或某一范围的连接端口

表 12-7 选择 ICMP 通信协议时的可选名称与说明

参数：ICMP 通信协议(-p icmp)	
选 项	说 明
--icmp-type	这个选项后需接一个 ICMP 名称类型(如 host-unreachable)、数字类型(如 3),或一对用"/"分隔的转置类型与编码(如 3/3)。以下指令可获得 ICMP 类型名称列表：iptables-p icmp-h

(2) 目标选项

在"参数"部分如果使用"-j"或"--jump",就可设置此规则的"目标",这可以说是最重要的设置项目,如果少了这个选项,此规则就形同虚设。在此选项后必须使用大写来指定规则的目标,其中可用的目标选项与说明如表 12-8 所示。

表 12-8 可用的目标选项与说明

目标选项(标准)	说 明
用户定义链名称	将数据包转送到用户自定义的链中检验,该链事先必须用-N 选项建立。如果在定制中找不到复合的规则,则会自动返回原来链的下一行规则,继续检验
ACCEPT	允许这个数据包通过
DROP	丢弃这个数据包
RETURN	直接跳离目前的链。如果是用户自定义的链,就会返回原链的下一个规则继续检验,如果是内置的链,则会参考规则来处理数据包
QUEUE	将数据包重导入本机的队列中
目标选项(扩展)	说 明
LOG	启动内核记录功能并且记录此数据包的链接内容
MARK	为数据进行标记,供其他规则或数据包处理程序使用,此选项只在使用 Mangle Table 时才有效
REJECT	删除通过的数据包,但会产生 ICMP 响应以告之源主机,此数据包无法到达的端口
TOS	这是用来设置 IP 表头中 8 位长度的 TOS(Type of Server)字段,但是此选项只在使用 Mangle Table 时有效

12.4.2 iptables的使用

本小节将通过各种不同类型的范例来说明 iptables 的实际设置,可以先由这些练习开始尝试,待熟练后再修改其中的内容,以符合实际情况的需要。

1. 新建链

以下的例子将新建一个简单链,可以定制链的名称,不过最多不可超过 31 个字符,在此以 chain-1 为例。在新建后,才可以开始将规则加入其中,在此应该使用"-N"或"--new-chain"选项：

```
[root@localhost root]#iptables -N chain-1
```

或

```
[root@localhost root]#iptables --new-chain chain-1
```

如果使用的链名已经存在,系统会出现以下的错误信息:

```
iptables: Chain already exists
```

2. 删除链

以下的例子将删除一个链,这里应该用“-X”或“--delete-chain”选项,同时指定要删除的链名:

```
[root@localhost root]#iptables -X chain-1
```

或

```
[root@localhost root]#iptables --delete-chain chain-1
```

但是在删除链时需注意以下几个重点。

(1) 在此链中必须没有存在任何规则。

(2) 此链不可为任何规则的目标。

(3) 不可删除任何内置链。

(4) 如果没有指定链名,可能会误删所有用户定义的链。

3. 删除链的内容

以下的例子将删除一个链的内容,在此应该使用“-F”或“--flush”选项,同时指定要删除的链名,否则会删除所有链的内容:

```
[root@localhost root]#iptables -F chain-1
```

或

```
[root@localhost root]#iptables --flush chain-1
```

4. 列出链的内容

以下的例子将列出一个链的内容,在此应该使用“-L”或“--list”选项,同时指定要列出的链名,否则会列出所有链的内容:

```
[root@localhost root]#iptables -L chain-1
```

或

```
[root@localhost root]#iptables --list chain-1
```

因为目前例子为新建的链,因此列出的内容中只包含字段名称,如果希望得到较详细的内容,可以同时使用“-Y”选项:

```
Chain chain-1 (0 references)
Target prot opt source destination
```

5. 关闭所有服务

为了达到最高的安全性，可以禁止所有进出 INPUT Chain、FORWARD Chain 与 OUTPUT Chain 的数据包。但因为此举具有最高的优选权，即如果选择设置禁止服务，此后的所有允许的规则都将失效，所以建议将此步骤列为最后的步骤。以下是关闭所有服务的方法：

```
[root@localhost root]#-P INPUT DENY
[root@localhost root]#-P FORWARD DENY
[root@localhost root]#-P OUTPUT DENY
```

要注意的是，在设置任何的规则后，千万不可重新启动 iptables 服务，否则所有的设置都会被删除。

6. 开放特定服务

如果主机上提供某些服务，可以利用启动该服务的连接端口，允许客户端使用该服务。以下的例子表示开放 FTP 服务，因为 FTP 使用连接端口 20 与 21，所以必须使用两行指令：

```
[root@localhost root]#iptables -A INPUT -i eth1 -p tcp --dport20 -j ACCEPT
[root@localhost root]#iptables -A INPUT -i eth1 -p tcp --dport21 -j ACCEPT
```

7. 关闭特定服务

关闭原本提供的服务，其设置方法与开放服务时非常类似，只是将“-j ACCEPT”修改为“-j DROP”。以下的例子表示关闭原来开放的 FTP 服务：

```
[root@localhost root]#iptables -A INPUT -i eth1 -p tcp --dport20 -j DROP
[root@localhost root]#iptables -A INPUT -i eth1 -p tcp --dport21 -j DROP
```

8. 数据包过滤

如果希望禁止网络上某台主机或某个网络节点发送数据包，可以使用“数据包过滤”功能。以下的例子会禁止所有来自 192.168.1.0/24 网络区段的主机，连接 IP 地址为 211.65.111.112 的 Web 服务器：

```
[root@localhost root]#iptables -A FORWARD -p TCP -s 192.168.1.0/24 -d 211.65.
111.112 -dport www -j DROP
```

习　题　12

某公司需要通过设置 iptables 防火墙，以能够对内部员工的上网行为进行限制，例如禁止在上班期间上 QQ 聊天、登录淘宝网购物等，请给出详细的解决方案。

第 13 章　Shell 简易编程

13.1　Shell 简介

Shell 俗称操作系统的“外壳”，实际上就是命令解释程序，它提供了用户与 Linux 内核之间的接口。Shell 负责与用户交互，它会分析、执行用户输入的命令，给出结果或出错信息提示。

在创建每个用户账号时都要给它指定一个 Shell。当用户以该账号注册成功后，此指定的 Shell 就马上被执行，用户可以在屏幕上看到 Shell 的提示符处于交互状态，直到 logout。用户、Shell、内核的关系如图 13-1 所示。

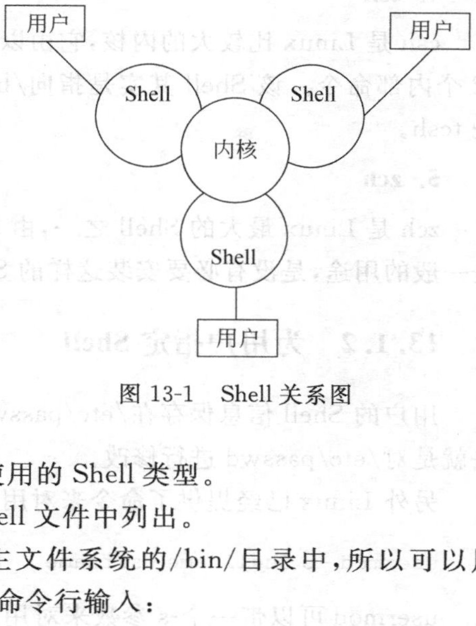

图 13-1　Shell 关系图

13.1.1　几个常用的 Shell

Linux 下常用的 Shell 有 bash、ash、csh、tcsh、zsh、sh 等，可以通过下面的命令来查看用户当前的 Shell：

```
[root@localhost root]#echo $SHELL
```

$SHELL 是一个环境变量，它记录用户所使用的 Shell 类型。

Linux 系统中能使用的 Shell 必须在/etc/Shell 文件中列出。

所有 Shell 均以可执行文件的方式保存在主文件系统的/bin/目录中，所以可以用 Shell 名作为命令切换到想尝试的 Shell。例如在命令行输入：

```
[root@localhost root]#sh
```

这时在原来的 Shell 基础上又启动了一个 Shell，这个 Shell 在最初登录的那个 Shell 之后，称为下级 Shell 或子 Shell。使用命令 exit 可以退出这个子 Shell。

不同的 Shell 在操作上有不同的特点，最常用的是 bash，即 Bourne-Again Shell。它与 UNIX 下传统的 Shell——sh 兼容，并且具有 ksh 与 csh 的一些特点，功能强大，操作简便，在 Linux 中使用最广泛，它也是用户设定时默认使用的 Shell。下面对几个常用的 Shell 作一个简单的介绍。

1. ash

ash Shell 是由 Kenneth Almquist 编写的，是 Linux 中占用系统资源最少的一个小 Shell，它只包含 24 个内部命令，因而使用起来非常不方便。

2. bash

bash 是 Linux 系统默认使用的 Shell，它由 Brian Fox 与 Chet Ramey 共同完成，内部命令一共有 40 个。Linux 使用它作为默认的 Shell 是因为它有如下的特色。

(1) 可以使用类似 DOS 下面的 doskey 的功能，用方向键查阅与快速输入并修改命令。

(2) 自动通过查找匹配的方式给出以某字符串开头的命令。

(3) 包含了自身的帮助功能，只要在提示符下输入 help 就可以得到相关的帮助。

3. ksh

ksh 是 Korn Shell 的缩写，由 Eric Gisin 编写，共有 42 条内部命令。该 Shell 最大的优点是几乎与商业发行版的 ksh 完全兼容，这样就可以在不用花钱购买商业版本的情况下尝试商业版本的性能了。

4. csh

csh 是 Linux 比较大的内核，它由以 William Joy 为代表的共计 47 位作者编成，共有 52 个内部命令。该 Shell 其实是指向/bin/tcsh 这样的一个 Shell，也就是说，csh 其实就是 tcsh。

5. zch

zch 是 Linux 最大的 Shell 之一，由 Paul Falstad 完成，共有 84 个内部命令。如果只是一般的用途，是没有必要安装这样的 Shell 的。

13.1.2 为用户指定 Shell

用户的 Shell 信息保存在/etc/passwd 中，所以要为用户指定新的 Shell，最本质的做法就是对/etc/passwd 进行修改。

另外 Linux 已经提供了命令来对用户使用的 Shell 进行修改。请看下面的命令：

```
usermod -s Shellname username
```

usermod 可以带一个-s 参数来对用户使用的 Shell 进行修改。Shellname 是新 Shell 的名称。username 是想修改的用户。

13.2 Shell 变量

13.2.1 什么是 Shell 变量

变量可以定制用户本身的工作环境。使用变量可以保存有用信息，使系统获知用户相关设置。变量也可以用于保存临时信息。

按照变量的作用来分，可以分为环境变量与本地变量。

13.2.2 本地变量

登录进程称为父进程。Shell 中执行的用户进程均称为子进程。本地变量，是在当前 Shell 环境、当前进程的生存期内的有效变量。即用户的当前 Shell 环境，当用户注销，或者启动子 Shell、子进程时不起作用。

例如：LOGNAME＝user1

其作用是指定当前用户的登录名。

在当前 Shell 下自己定义的变量，都是本地变量。

例如：COLOR＝BLUE。

1. 定义本地变量

在 bash Shell 环境下，定义本地变量的设置格式如下：

```
变量名=变量值
export 变量名=变量值
```

例如：COLOR＝BLUE 等价于 export COLOR＝BLUE

变量名可以大小写。要注意的是当"＝"两边有空格，必须使用引号括起来。

2. 显示本地变量

显示本地变量使用 echo 命令，格式如下：

```
echo $变量名 或 echo ${变量名}
```

3. 释放本地变量

释放本地变量使用 unset 命令，格式如下：

```
unset 变量名
```

13.2.3 环境变量

环境变量，用于所有用户进程（经常称为子进程）。不像本地变量（只用于现在的 Shell），环境变量可用于所有子进程，包括编辑器、脚本。

例如：

```
HOME HOSTNAME
```

当想切换到用户目录时可以使用命令：

```
cd $HOME↙
```

环境变量的设置、显示、释放都与本地变量一样。

13.2.4 两个重要的环境变量设置文件

/etc/profile 与/etc/bashrc 文件是设置 bash Shell 的环境变量，所有用户只要是使用了 bash 做了登录 Shell，那么这两个文件里面的环境变量对该用户有效。它们分别位于用户目录下的. bash_profile 与. bashrc 中。另外用户可以定义自己的环境变量。

13.3 Shell 脚本

Shell 还可以提供复杂的控制机制，如分支、判断、循环等，使用户可将 Linux 命令组合起来，编制成功能更强大、更易于使用的命令。实际上 Shell 也充当了命令程序设计语言的角色。

13.3.1 使用 Shell 脚本的原因

Shell 脚本是一类与 DOS 中的批处理起类似作用的特殊文本文件。它里面包含一系列可在提示符下执行的命令，以及 Shell 提供的专用控制语句。在执行过程中，其内所包含的命令将依次被执行。使用 Shell 脚本可以将各种命令组合在一起，形成功能更完善、更便于使用的新命令。

13.3.2 Shell 脚本的内容

Shell 脚本的内容，通常是一些 Shell 命令的集合，另外再加上一些条件判断、流控制，把原先的简单的 Shell 命令，组装成功能更强大，更适合自己使用的命令。

下面用 vi 编辑一个简单的 Shell 脚本文件 first. sh，内容如下。

```
#!/bin/bash
cal 1 98
cal 2 98
cal 3 98
```

其第一行"#! /bin/bash"意指使用/bin/bash 作为 Shell 解释执行此 Shell 脚本中的命令。如果没有这一行，系统自动使用默认的 Shell，也就是执行此脚本的用户的 Shell。

13.3.3 运行 Shell 脚本

Shell 脚本的内容编写好了以后，要执行它必须改变该脚本文件的属性，为它加上可执行的属性。

现在为 first. sh 加上可执行的属性，输入：

```
chmod a+x first.sh
```

然后在提示符下执行：

```
./first.sh
```

Shell 脚本 first.sh 中的命令被依次逐条执行，原本需要输入多条命令才能完成的工作，现在只需要输入一条命令就可完成。

习　题　13

1. 论述 Shell 与系统用户、系统内核的关系。
2. Shell 的类型有哪些？
3. 如何正确运行 Shell 程序？

参 考 文 献

[1] 赵凯. Linux 网络服务与管理[M]. 北京：清华大学出版社,2013.
[2] 曹占涛,曾小波,王渊. Linux 服务器配置与管理[M]. 北京：电子工业出版社,2008.
[3] 杨云,马立新. 网络服务器搭建、配置与管理——Linux 版[M]. 北京：人民邮电出版社,2011.
[4] 郝维联. Linux 服务器配置实训教程[M]. 北京：机械工业出版社,2014.
[5] 郇涛,陈萍. Linux 网络服务器配置与管理[M]. 北京：机械工业出版社,2013.
[6] 竺士蒙. Linux 操作系统[M]. 北京：清华大学出版社,2010.